·시험 전에 꼭 풀어봐야 할 문제·

화학공학 일반

PREFACE

'정보사회', '제3의 물결'이라는 단어가 낯설지 않은 오늘날, 과학기술의 중요성이 날로 증대되고 있음은 더 이상 말할 것도 없습니다. 이러한 사회적 분위기는 기업뿐만 아니라 정부에서도 나타났습니다.

기술직공무원의 수요가 점점 늘어나고 그들의 활동영역이 확대되면서 기술직에 대한 관심이 높아져 기술직공무원 임용시험은 일반직 못지않게 높은 경쟁률을 보이고 있습니다.

시험 전에 꼭 풀어봐야 할 문제 기술직공무원 시리즈는 기술직공무원 임용시험에 도전하려는 수험생들에게 도움이 되고자 발행되었습니다.

본서는 그동안 치러진 기출문제를 분석하여 출제가 예상되는 문제만을 단원별로 엄선하였고, 자신의 실력을 최종적으로 평가해 볼 수 있는 실력평가모의고사를 수록하였습니다. 그리고 다음과 같은 포인트로 구성되었습니다.

포인트 1.

철저한 기술직공무원 시험 기출문제 분석을 통한 경향 파악 및 문제풀이 연습을 위해 단원별로 방대한 양의 문제를 엄선하여 수록하였습니다.

포인트 2.

단원별 예상문제를 풀이한 후에 실전에 대비할 수 있게끔 실력평가모의고사를 5회 수록하여 기술직공무원 시험에 대비할 수 있도록 하였습니다.

포인트 3.

기술직공무원 시험이 처음이거나 공부에 어려움이 있는 수험생들을 위하여 매 문제마다 상세한 해설을 달아 공부하기에 부족함이 없도록 하였습니다.

신념을 가지고 도전하는 사람은 반드시 그 꿈을 이룰 수 있습니다. 서원각이 수험생 여러분의 꿈을 응원합니다.

특징 및 구성 STRUCTURE

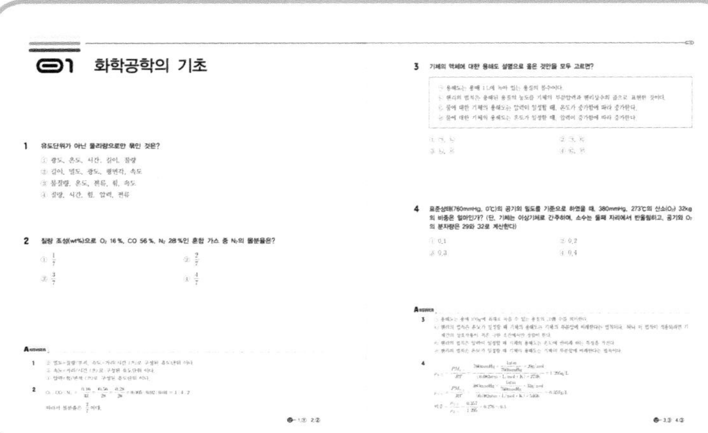

01 단원별 출제예상문제

각 단원별로 기술직공무원 기출문제를 상세하게 분석한 방대한 양의 예상 문제를 수록하여 다양한 유형과 난도의 문제풀이에 도움이 되도록 하였습니다.

02 실력평가모의고사

기술직공무원 실제 시험과 유사하게 엄선한 문제로 구성된 모의고사를 총 5회분 수록하여 최종적으로 실력을 점검할 수 있도록 하였습니다.

03 상세한 해설

기술직공무원 수험생들을 위하여 매 문제마다 핵심을 놓치지 않는 상세한 해설을 달아 학습 효율을 높이고 체계적으로 공부하기에 부족함이 없도록 하였습니다.

CONTENTS 차례

PART 01 화공양론

01 화학공학의 기초

1 유도단위가 아닌 물리량으로만 묶인 것은?

① 광도, 온도, 시간, 길이, 질량
② 길이, 밀도, 광도, 평면각, 속도
③ 물질량, 온도, 전류, 힘, 속도
④ 질량, 시간, 힘, 압력, 전류

2 질량 조성(wt%)으로 O_2 16 %, CO 56 %, N_2 28 %인 혼합 가스 중 N_2의 몰분율은?

① $\frac{1}{7}$
② $\frac{2}{7}$
③ $\frac{3}{7}$
④ $\frac{4}{7}$

ANSWER

1 ② 밀도=질량/부피, 속도=거리/시간 (으)로 구성된 유도단위 이다.
③ 속도=거리/시간 (으)로 구성된 유도단위 이다.
④ 압력=힘/면적 (으)로 구성된 유도단위 이다.

2 $O_2 : CO : N_2 = \frac{0.16}{32} = \frac{0.56}{28} = \frac{0.28}{28} = 0.005 : 0.02 : 0.01 = 1 : 4 : 2$

따라서 몰분율은 $\frac{2}{7}$ 이다.

답 1.① 2.②

3 기체의 액체에 대한 용해도 설명으로 옳은 것만을 모두 고르면?

> ㉠ 용해도는 용매 1L에 녹아 있는 용질의 몰수이다.
> ㉡ 헨리의 법칙은 용해된 용질의 농도를 기체의 부분압력과 헨리상수의 곱으로 표현한 것이다.
> ㉢ 물에 대한 기체의 용해도는 압력이 일정할 때, 온도가 증가함에 따라 증가한다.
> ㉣ 물에 대한 기체의 용해도는 온도가 일정할 때, 압력이 증가함에 따라 증가한다.

① ㉠, ㉡
② ㉠, ㉢
③ ㉡, ㉣
④ ㉢, ㉣

4 표준상태(760mmHg, 0℃)의 공기의 밀도를 기준으로 하였을 때, 380mmHg, 273℃의 산소(O_2) 32kg의 비중은 얼마인가? (단, 기체는 이상기체로 간주하며, 소수는 둘째 자리에서 반올림하고, 공기와 O_2의 분자량은 29와 32로 계산한다)

① 0.1
② 0.2
③ 0.3
④ 0.4

ANSWER

3 ㉠ 용해도는 용매 100g에 최대로 녹을 수 있는 용질의 그램 수를 의미한다.
㉡ 헨리의 법칙은 온도가 일정할 때 기체의 용해도는 기체의 부분압에 비례한다는 법칙이다. 허나 이 법칙이 적용되려면 기체간의 상호작용이 적은 극한 조건에서만 성립이 한다.
㉢ 헨리의 법칙은 압력이 일정할 때 기체의 용해도는 온도에 반비례 하는 특징을 가진다.
㉣ 헨리의 법칙은 온도가 일정할 때 기체의 용해도는 기체의 부분압에 비례한다는 법칙이다.

4

$$\rho_{공기} = \frac{PM_{공기}}{RT} = \frac{760\text{mmHg} \times \frac{1\text{atm}}{760\text{mmHg}} \times 29\text{g/mol}}{(0.082\text{atm}\cdot\text{L/mol}\cdot\text{K}) \times 273\text{K}} = 1.295\text{g/L}$$

$$\rho_{산소} = \frac{PM_{산소}}{RT} = \frac{380\text{mmHg} \times \frac{1\text{atm}}{760\text{mmHg}} \times 32\text{g/mol}}{(0.082\text{atm}\cdot\text{L/mol}\cdot\text{K}) \times 546\text{K}} = 0.357\text{g/L}$$

$$비중 = \frac{\rho_{산소}}{\rho_{공기}} = \frac{0.357}{1.295} = 0.276 \fallingdotseq 0.3$$

답 — 3.③ 4.③

5 표면장력(surface tension)의 단위는?

① N ② Pa

③ J/m^2 ④ Btu/ft

6 다음 중 열교환기의 장치배치상 유체를 병류로 흐르게 하는 경우가 아닌 것은?

① 열경제성을 고려한 특수한 경우
② 높은 전열효율을 요하는 경우
③ 장치배치상 부득이한 경우
④ 갑자기 유체에 큰 온도변화를 주어야 하는 경우

7 파스칼(Pa)과 같은 압력 단위는?

① $\frac{kg \cdot m^2}{s^2}$ ② $\frac{kg \cdot m}{s^2}$

③ $\frac{kg}{m \cdot s^2}$ ④ $\frac{kg}{m^2 \cdot s^2}$

ANSWER

5 $\text{표면장력} = \frac{\text{표면을 만드는데 필요한 에너지(J)}}{\text{면적}(m^2)} = \frac{J}{m^2} = \frac{N}{m}$

6 ② 열교환기를 향류흐름으로 해야 하는 경우로, 향류흐름은 대수온도차가 커져 전열효율이 높아지므로 일반적으로 기본설계에 이용한다.

※ 병류흐름이 필요한 경우
㉠ 장치배치상 부득이한 경우
㉡ 열경제성을 고려한 특수한 경우
㉢ 갑자기 유체에 큰 온도변화를 주어야 하는 경우
㉣ 찬 유체의 최대 허용온도에 제한을 받는 경우

7 $\text{압력} = \frac{\text{힘}}{\text{면적}} \Rightarrow \frac{N}{m^2} = \frac{kg \cdot m}{m^2 \cdot s^2} = \frac{kg}{m \cdot s^2}$

답 5.③ 6.② 7.③

8 다음 중 이산화탄소 50kg의 물질량[kgmol]은? (단, 이산화탄소의 분자량 = 44kg/kgmol)

① 0.880kgmol
② 1.136kgmol
③ 2.486kgmol
④ 5.256kgmol

9 물, 얼음, 수증기가 동시에 공존하는 계의 자유도는?

① 0
② 1
③ 2
④ 3

10 액체상태의 물과 톨루엔이 층 분리되어 있고 두 성분은 모두 기－액 평형을 이루고 있다. 물과 톨루엔을 제외한 다른 성분은 없다고 가정할 때 자유도(degree of freedom)의 수는?

① 0
② 1
③ 2
④ 3

ANSWER

8 $\text{물질량} = \frac{\text{질량}}{\text{분자량}} = \frac{50}{44} = 1.136\text{kgmol}$

9 깁스상률 : $F = 2 - \pi + N$ (F는 계의자유도, π는 상의 수, N는 화학종의 수)
㉠ 상의 수 : 기체, 액체, 고체 3개
㉡ 화학종의 수 : H_2O 1개
$\therefore\ F = 2 - 3 + 1 = 0$

10 깁스상률 : $F = 2 - \pi + N$ (F는 계의자유도, π는 상의 수, N는 화학종의 수)
㉠ 상의 수 : 기체, 액체 2개
㉡ 화학종의 수 : 물, 톨루엔 2개
$\therefore\ F = 2 - 2 + 1 = 1$

답 — 8.② 9.① 10.②

11 A통의 20% 메탄올 수용액 100g과 B통의 10% 메탄올 수용액 400g을 혼합하면 몇 %의 메탄올 수용액이 되는가?

① 6%
② 12%
③ 18%
④ 24%

12 화학반응식 $2H_2 + O_2 \rightleftharpoons 2H_2O$에서 H_2 100g을 반응기에서 일정시간 반응시켜 H_2O 720g이 생성되었을 경우의 H_2의 전환율은?

① 0.4
② 0.5
③ 0.8
④ 0.9

13 기체의 용해도에 관한 일반적인 설명으로 옳은 것은?

① 암모니아 기체는 용해도가 작은 편이다.
② 수소 기체는 헨리의 법칙을 잘 따르지 않는다.
③ 용해도는 용매 100g에 대한 최대로 녹을 수 있는 용질의 g수를 의미한다.
④ 온도가 높을수록 용해도는 증가한다.

ANSWER

11 $MV = M_1 V_1 + M_2 V_2$에서

$(100+400) \times V = (100 \times 0.2) + (400 \times 0.1)$

$$V = \frac{(100 \times 0.2) + (400 \times 0.1)}{(100+400)} = 0.12$$

12 초기공급 H_2의 양 $= \frac{100}{2} = 50\text{mol}$, 반응 H_2O의 양 $= \frac{720}{18} = 40\text{mol}$

$H_2 : H_2O = 1 : 1$ 반응하므로 H_2는 40mol이 반응한다.

$\therefore$ 전환율 $= \frac{40}{50} = 0.8$

13 ① 암모니아 기체는 용해도가 비교적 큰 편이다.
② 수소 기체는 헨리의 법칙을 잘 따른다.
④ 온도가 높을수록 용해도는 감소한다.

답 — 11.② 12.③ 13.③

14 Gibbs 상률을 적용할 때, 기체, 액체, 고체가 동시에 존재하는 에탄올의 열역학적 상태를 규정하기 위한 자유도(degree of freedom)는 몇 개인가?

① 0 ② 1
③ 2 ④ 3

15 질량의 50%가 수분인 젖은 설탕을 건조기에 보내서 질량의 10%의 수분을 함유한 설탕을 시간당 10kg 생산하고자 한다. 이때 건조기에서 시간당 제거해야 하는 수분의 양[kg]은?

① 5 ② 6
③ 7 ④ 8

16 두 가지 성분의 기체가 섞여 있는 혼합물에서 성분 1의 분자량은 40이고 성분 2의 분자량은 60이며, 각각의 몰조성은 3 : 1일 경우 이 기체혼합물의 평균분자량은?

① 40g/gmol ② 45g/gmol
③ 50g/gmol ④ 55g/gmol

ANSWER

14 깁스상률 : $F=2-\pi+N$ (F는 계의자유도, π는 상의 수, N는 화학종의 수)
㉠ 상의 수 : 기체, 액체, 고체 3개
㉡ 화학종의 수 : 에탄올 1개
$\therefore F=2-3+1=0$

15 X = 유입량, Y = 수분량이라고 할 때
$X = Y + 10$ ································ ㉠
$0.5X = (0.1\times 10) + Y$ ·················· ㉡
㉡에 ㉠식을 대입하여 풀어주면,
$0.5(Y + 10) = 1 + Y$
$-0.5Y = -4$
$\therefore Y = 8\text{kg}$

16 Amagat의 운용법칙 ⋯ T, P가 일정할 때 혼합기체의 V는 각 성분기체의 분체적의 합과 같다.
$V \cdot \overline{M} = V_1 \cdot M_1 + V_2 \cdot M_2 = 3\times 40 + 1\times 60 = 4\times \overline{M}$, $\therefore \overline{M} = 45\text{g/gmol}$

답 14.① 15.④ 16.②

17 벤젠과 에틸벤젠의 두 성분으로 이루어진 계가 있다. 이 계는 Raoult의 법칙을 따른다. 70℃에서 두 물질이 평형상태에 있고, 액상에서 벤젠의 몰분율이 0.6이라면 기상에서 벤젠의 몰분율은? (단, 70℃에서 벤젠과 에틸벤젠의 포화증기압은 각각 160, 60kPa이다)

① 0.5
② 0.6
③ 0.7
④ 0.8

18 탄소(C)를 완전 연소시켜서 이산화탄소(CO_2) 22kg을 생성시킬 때, 25% 과잉산소를 사용할 경우 필요한 산소량[kg]은?

① 16
② 18
③ 20
④ 24

19 온도와 압력이 일정할 때, CO_2 20%, O_2 10%, N_2 70%의 부피조성을 가진 혼합기체의 평균분자량은?

① 31.6
② 35.5
③ 38.6
④ 40.0

ANSWER

17 Raoult의 법칙 $P = P_t y_A = P_A^* x_A$

(y_A : 기상의 몰분율, P_A : 포화증기압, x_A : 액상의 몰분율)

$P_t = P_A^* x_A + P_B^* (1 - x_A)$

$P_t = 160 \times 0.6 + 60 \times 0.4 = 120 \text{ kPa}$

$120 \times y_A = 160 \times 0.6$

$\therefore y_A = 0.8$

18 $C \quad + \quad O_2 \rightarrow CO_2$

$\begin{pmatrix} 1 & : & 1 & 1 \\ & & 0.5 \times 1.25 & 0.5 \end{pmatrix}$

CO_2의 mol수 $= \frac{22}{44} = 0.5\text{kgmol}$, O_2의 양[kg] $= 0.625\text{kgmol} \times \frac{32\text{kg}}{1\text{kgmol}} = 20\text{kg}$

19 평균분자량 $\overline{M} = x_1 \cdot M_1 + x_2 \cdot M_2 + x_3 \cdot M_3 + \cdots = 44 \times 0.2 + 32 \times 0.1 + 28 \times 0.7 = 31.6$

답 – 17.④ 18.③ 19.①

20 40wt% 벤젠, 60wt% 톨루엔의 혼합물에서 벤젠의 몰분율은? (단, 벤젠의 분자량 = 78, 톨루엔의 분자량 = 92)

① 0.26　　② 0.40
③ 0.44　　④ 0.53

21 에탄올이 40mol%이고 물이 60mol%인 혼합물을 상압하에서 플래시(Flash)증류로 분리한다. 이때 공급되는 혼합물 중 40%가 증발되고 60%는 액상으로 남으며 액상에서 에탄올의 몰분율이 0.3일 경우, 기상에서 에탄올의 몰분율은?

① 0.45　　② 0.55
③ 0.65　　④ 0.75

22 단위들의 정의 중 옳지 않은 것은?

① $Pa = kg \cdot m^{-1} \cdot s^{-2}$
② $Pa = J \cdot m^{-2}$
③ $J = N \cdot m$
④ $J = kg \cdot m^2 \cdot s^{-2}$

ANSWER

20

$$\text{벤젠몰분율} = \frac{\frac{40}{78}}{\frac{40}{78} + \frac{60}{92}} = \frac{0.512}{0.512 + 0.652} = \frac{0.512}{1.164} = 0.44$$

21 기준을 100으로 하면 $100 = 40 + w$, $w = 60$(액상)
$100 \times 0.4 = (40 \times x) + (60 \times 0.3)$
그러므로 기상에서 몰분율 $x = 0.55$

22 압력의 단위는 면적당 힘이다. 따라서 Pa의 단위는 $N \cdot m^{-2}$이다.

답 — 20.③　21.②　22.②

23 다음과 같은 반응에서 1gmol의 암모니아를 산화시킬 때 산소를 20% 과잉으로 사용한다. 만일 반응완결도가 85%라 할 때 남아 있는 산소의 gmol수는?

$$NH_3 + 2O_2 \rightarrow HNO_3 + H_2O$$

① 0.2
② 0.3
③ 3.5
④ 0.7

24 벤젠과 톨루엔의 혼합액에서, 1기압, 95℃에서 기상과 액상이 평형에 도달하였을 때 액 중의 벤젠의 조성은? (단, 벤젠과 톨루엔의 혼합액은 이상용액이라고 가정하고, 벤젠의 증기압은 1,180mmHg, 톨루엔의 증기압은 480mmHg이다)

① 0.40
② 0.45
③ 0.50
④ 0.55

ANSWER

23 반응완결도 … 한정반응물의 전화율로 반응률이라고 한다.

$\text{반응률} = \dfrac{\text{반응량}}{\text{공급량}} = \dfrac{X}{1\text{gmol}} = 0.85$, $X = 0.85\text{gmol}$ 이고,

처음 산소량 − 반응산소량 = 남은 산소량이므로

$2 \times 1.2 - 2 \times 0.85 = 0.7$

24 $P_t = P_A + P_B = P_A^* x_A + P_B^* (1 - x_A)$ (P_A, P_B : 분압, P_A^*, P_B^* : 증기압)

$760\text{mmHg} = 1,180\text{mmHg} \times x_A + 480\text{mmHg} \times (1 - x_A)$

$760 = 1,180 x_A + 480(1 - x_A)$

$700 x_A = 280$

$\therefore x_A = 0.4$

답 23.④ 24.①

25 아래 용기의 왼쪽에는 N_2, 오른쪽에는 O_2기체가 각각 들어 있다. 용기 중간의 밸브를 열어 평형에 이르게 하였을 때, 용기 내의 최종 압력[atm]은? (단, 용기 내의 온도는 일정하다)

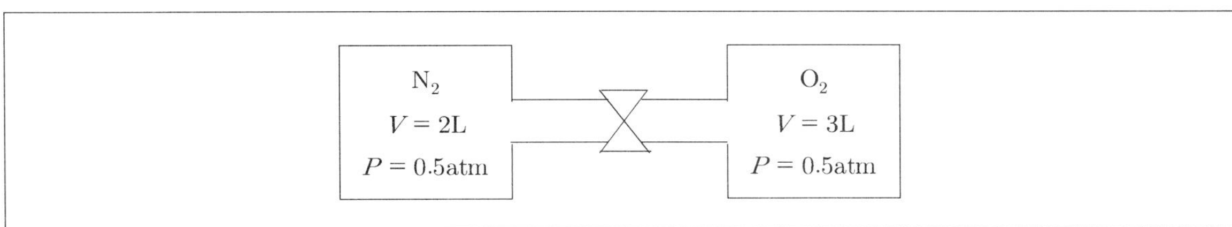

① 0.25atm
② 0.5atm
③ 0.75atm
④ 1.00atm

26 수소와 질소가 정상상태에서 각각 50mol/min의 같은 유량으로 〈보기〉와 같이 암모니아를 만드는 반응기에 공급된다. 반응기 밖으로 나오는 암모니아의 유량이 25mol/min이라면 반응기에서 배출되는 기체의 총 유량 [mol/min]은? (단, 조건 이외의 추가 유입물질과 유출 물질은 없다.)

〈보기〉

$N_2+3H_2 \rightarrow 2NH_3$

① 100
② 75
③ 50
④ 25

ANSWER

25 Amagat의 운용법칙 ⋯ T, P가 일정할 때 혼합기체 V는 각 성분기체의 V_n의 합과 같다.

$$V = V_1 + V_2 + V_3 \cdots$$

$$PV = nRT,\ PV = P_1V_1 + P_2V_2 = P_{O_2}V_{O_2} + P_{N_2}V_{N_2}$$

$$P = \frac{P_{O_2}V_{O_2} + P_{N_2}V_{N_2}}{V} = \frac{0.5\times 3 + 0.5\times 2}{5} = 0.5\text{atm}$$

26 질량보존의 법칙을 이용한다. (반응기로 들어가는 입량)=(반응기로 나가는 출량)

㉠ 입량 : 수소 50mol/min, 질소 50mol/min

㉡ 출량 : 암모니아 25mol/min, x(미반응 기체 배출량)

$\therefore$ 50mol/min + 50mol/min = 25mol/min + x mol/min ⇒ x = 75mol/min

답 — 25.② 26.②

27 20℃에서 용적 $1m^3$인 탱크에 산소 16kg이 들어 있다. 탱크가 공기 중에 노출되어 있고, 이상기체법칙이 성립될 때 탱크에 부착된 압력계의 게이지압[atm]은?

① 11atm
② 12atm
③ 13atm
④ 16atm

28 다음은 에테인(C_2H_6)으로부터 탄소(C)를 생산할 때 일어나는 반응이다. 수소(H_2) 5mol과 에틸렌(C_2H_4) 2mol이 생성되었을 경우, 생산된 탄소의 질량[g]은? (단, C의 원자량은 12g/mol이다)

$$C_2H_6 \Rightarrow 2C + 3H_2$$
$$C_2H_6 \Rightarrow C_2H_4 + H_2$$

① 12
② 16
③ 20
④ 24

ANSWER

27 $PV=\frac{w}{M}RT$ (P : 절대압력, V : 부피, w : 질량, M : 분자량, T : 온도, R : 0.082)

$P=\frac{16\times 0.082\times(273+20)}{32\times 1}=12\text{atm}$

절대압=대기압 + 게이지압이므로, $12=1+x$

∴ 게이지압 = 11atm

28 $C_2H_6 \rightarrow C_2H_4+H_2$ 반응식에서 에틸렌이 2mol 형성되었으므로, 수소도 2mol 형성되었다.
결국 $C_2H_6 \rightarrow 2C+3H_2$ 반응식에서 발생된 수소는 $(5-2)\text{mol}=3\text{mol}$임을 알 수 있다.
∴ $C_2H_6 \rightarrow 2C+3H_2$ 에서 수소에 대한 탄소의 생성비가 $\frac{2}{3}$이므로 $3\text{molH}_2\times\frac{2\text{molC}}{3\text{molH}_2}\times 12\text{g/mol}=24\text{g/mol}$

답 – 27.① 28.④

29 대기압이 1기압일 때, 압력이 큰 순서로 나열된 것은? (단, 다른 조건이 없으면 압력은 절대압이다.)

① $3 \times 10^7 Pa > 2bar > 2 \times 10^5 N/m^2 > 2.7mH_2O > 380mmHg$

② $2 \times 10^5 N/m^2 > 3 \times 10^7 Pa > 2bar > 12.7psi > 15inHg$

③ $3 \times 10^7 Pa > 3 \times 10^5 N/m^2 > 2bar > 2.7mH_2O > 12.7psi$

④ $3 \times 10^7 Pa > 3 \times 10^5 N/m^2 > 2bar > 12.7psi > 380mmHg$

30 다음 중 FPS 단위로만 구성된 것은?

① kg, N, J, K

② s, ft, mol, K

③ kg, s, m, Kmol

④ lb, ft, Btu, psi

ANSWER

29

㉠ $3 \times 10^7 Pa \times \dfrac{1atm}{101,325Pa} \fallingdotseq 300atm$

㉡ $2bar \fallingdotseq 2atm$

㉢ $3 \times 10^5 N/m^2 = 3 \times 10^5 Pa \times \dfrac{1atm}{101,325Pa} \fallingdotseq 3atm$

㉣ $2.7mH_2O \times \dfrac{1atm}{10.34m} \fallingdotseq 0.26atm$

㉤ $12.7psi \times \dfrac{1atm}{14.7psi} \fallingdotseq 0.86atm$

㉥ $380mmHg \times \dfrac{1atm}{760mmHg} = 0.5atm$

30

㉠ CGS 단위계 : cm, g, s

㉡ MKS 단위계 : m, kg, s, Kmol

㉢ FPS 단위계 : lb, ft, Btu, s, °F, psi

㉣ SI 단위계 : m, kg, s, K, N, J, W

답 — 29.④ 30.④

31 글루코오스($C_6H_{12}O_6$) 1몰의 완전연소 반응에 필요한 산소(O_2)의 몰수와 생성되는 이산화탄소(CO_2)의 몰수[mol]는?

	O_2	CO_2		O_2	CO_2
①	3	3	②	3	6
③	6	3	④	6	6

32 다음 중 차원을 가지지 않는 것은?

① 밀도
② 비중량
③ 비용
④ 비중

33 에탄올(C_2H_5OH) 1몰의 완전연소 반응에 필요한 산소(O_2)의 몰수와 생성되는 이산화탄소(CO_2)의 몰수[mol]는?

	O_2	CO_2		O_2	CO_2
①	3	3	②	3	2
③	2	3	④	2	2

ANSWER

31 글루코오스 완전연소 반응식 : $C_6H_{12}O_6 + 6O_2 \rightarrow 6H_2O + 6CO_2$
∴ 반응에 필요한 산소와 생성되는 이산화탄소 몰수는 각 6mol씩 이다.

32 비중 … 어떤 물질의 질량과 이것과 같은 부피를 가진 표준물질의 질량과의 비로 차원을 가지지 않는다.

33 에탄올 완전연소 반응식 : $C_2H_5OH + 3O_2 \rightarrow 3H_2O + 2CO_2$
∴ 반응에 필요한 산소와 생성되는 이산화탄소 몰수는 각 3mol, 2mol씩 이다.

답 31.④ 32.④ 33.②

34 어떤 공장의 폐수 중에서 독성이 있는 성분 A가 4,000ppm일 때 %로 나타내면?

① 0.04%
② 0.4%
③ 4%
④ 40%

35 온도와 압력이 일정할 때, 다음의 Orsat 분석에서 연돌가스(Stack gas)의 평균분자량은?

CO_2 =11.9%, CO = 1.6%, O_2 = 4.1%, N_2 = 82.4%

① 10
② 20
③ 30
④ 40

36 다음 중 SI단위로만 구성된 것은?

① kg, N, K, s
② ft, kmol, m^2/s, cal
③ cm, dyn, erg
④ lb, Btu, ft

ANSWER

34 10^6 : 4,000ppm = 100 : x

$$x = \frac{4,000 \times 100}{10^6} = 0.4\%$$

35

$$\text{평균분자량}(\overline{M}) = \frac{\Sigma(x_i, M_i)}{100} \quad (x_i : \text{몰분율}, M : \text{분자량})$$

$$\overline{M} = \frac{(44 \times 11.9) + (28 \times 1.6) + (32 \times 4.1) + (28 \times 82.4)}{100}$$

$$= \frac{3,006.8}{100} = 30.068 \fallingdotseq 30\,\text{kg/kgmol}$$

36 단위계

㉠ CGS단위계 : cm, g, s
㉡ MKS단위계 : m, kg, s
㉢ FPS단위계 : lb, Btu, ft
㉣ SI단위계 : m, kg, s, K, mol, N, J, W

답 — 34.② 35.③ 36.①

37 24℃의 일정용기 속에 일정량의 공기가 들어 있을 경우, 압력을 3배 증가시키면 용기 속의 온도는?

① 891℃ ② 891K
③ 594℃ ④ 594K

38 온도와 부피가 일정할 때, 다음 중 질소와 수소 혼합물이 1,000atm이고 수소분압이 750atm일 때 혼합가스의 평균분자량은?

① 6.5 ② 7.0
③ 7.5 ④ 8.5

39 미지의 금속 이온 M^{2+}를 전기화학공정을 이용하여 도금하고자 한다. 10A의 전류를 9,650초 동안 흘려주었을 때 100g이 도금되었다면 금속의 원자량은? (단, 1 F(패러데이) = 96,500 C이다)

① 100 ② 200
③ 300 ④ 400

ANSWER

37 $\frac{P_1V_1}{T_1} = \frac{P_2V_2}{T_2}$에서 $V_1 = V_2$(일정공기량)이므로

$\frac{P_1}{T_1} = \frac{P_2}{T_2}$, $\frac{P}{297} = \frac{3P}{T_2}$ $\therefore T_2 = 3 \times 297 = 891\text{K}$

38 평균분자량 $\overline{M} = x_{N_2}M_{N_2} + x_{H_2}M_{H_2}$

$= (0.25 \times 28) + (0.75 \times 2) = 7 + 1.5 = 8.5$

39
㉠ 전기량=전류×시간이다. $\therefore q = I \times t = 10\text{A} \times 9{,}650\text{s} = \frac{10\text{C}}{\text{s}} \times 9{,}650\text{s} = 96{,}500\text{C}$

㉡ $1\text{F} = \frac{96{,}500\text{C}}{96{,}500\text{C}}$

㉢ 2가 금속이므로 2F를 흘려주었을 때 1mol의 도금이 석출된다. 따라서 1F를 흘려주면 0.5mol이 석출된다.
∴ 1F에 0.5mol 도금된 양이 100g이므로 1mol의 질량은 200g이다.

답 37.② 38.④ 39.②

40 표준상태에서 100L의 $C_2H_6(g)$를 완전히 액화 한다면 몇 g의 $C_2H_6(l)$이 되겠는가? (단, C_2H_6 증기의 압축인자는 0.95이다.)

① 132 ② 141
③ 158 ④ 167

41 5°C의 공기가 1kg/s의 일정한 질량유속으로 관에 들어가서 60°C로 관을 나간다. 공기의 비열을 0.3kcal/kg · ℃라고 할 때, 단위시간당 공기로 전달된 열량[kcal/s]은?

① 13.5 ② 14.5
③ 15.5 ④ 16.5

42 이상용액 중의 한 성분이 나타내는 평형증기압은?

① 용액 중 그 성분의 몰분율에 비례한다.
② 용액 중 그 성분의 몰분율에 반비례한다.
③ 용액 중 그 성분의 중량분율에 비례한다.
④ 용액 중 그 성분의 중량분율에 반비례한다.

ANSWER

40 기체의 상태방정식을 이용한다. $PV = znRT \Rightarrow n = \frac{PV}{zRT} = \frac{1\text{atm} \times 100\text{l}}{0.95 \times 0.08206\text{atm} \cdot \text{l} \times 273\text{K}} \fallingdotseq 4.70\text{mol}$

$\therefore\ 4.70\text{mol} \times \frac{30\text{g}}{1\text{mol}} = 141\text{g}$

41 공기에 가해진 열량을 구하면 다음과 같다. $Q = mC_p\Delta T$

$\therefore\ Q = mC_p\Delta T = 1\text{kg/s} \times 0.3\text{kcal/kg}\cdot℃ \times (60℃ - 5℃) = 16.5\text{kcal/s}$

42 용액의 증기압은 용질의 몰분율에 비례한다(라울의 법칙 $P_T = P_A \times x_A$).

답 40.② 41.④ 42.①

43 보일러에 Na_2SO_3(M=126)을 가하여 공급수 중의 산소를 제거한다. 이때 보일러 공급수 1000ton에 산소 함량 8ppm일 때, 이 산소를 제거하는데 필요한 Na_2SO_3의 이론량[kg]은? (단 반응식은 $2Na_2SO_3 + O_2 \rightarrow 2Na_2SO_4$이라 한다.)

① 63 ② 78

③ 83 ④ 98

44 30wt% KNO_3 수용액 5kg을 50℃에서 20℃로 온도를 낮추어 결정화를 유도하였다. 이때 석출되는 KNO_3의 질량은? (단, 20℃에서 KNO_3의 포화 용해도는 $30gKNO_3/100gH_2O$으로 계산한다.)

① 0.45kg ② 0.5kg

③ 0.65kg ④ 0.75kg

45 석회석($CaCO_3$) 200kg을 가열하였을 경우 생성될 수 있는 이산화탄소의 양은 표준상태에서 몇 m^3가 되겠는가? (단, Ca의 원자량 = 40)

① $11.2m^3$ ② $21.5m^3$

③ $22.4m^3$ ④ $44.8m^3$

ANSWER

43 ㉠ 1ppm=1mg/kg=1g/1ton=1kg/1,000ton

㉡ O_2의 양 : 8×1kg/1,000ton

㉢ 반응식을 통해 이론량을 구하면 $2Na_2SO_3 + O_2 \rightarrow 2Na_2SO_4 \Rightarrow 2\times126:32=x:8 \Rightarrow x = \frac{2\times126\times8}{32} = 63kg$

44 포화 용해도는 용매 100g에 최대로 녹을 수 있는 용질의 g수를 의미한다.

㉠ 30wt% KNO_3 수용액 5kg에 들어있는 용질은 5kg×0.3 = 1.5kg, 용매는 5kg − 1.5kg = 3.5kg

㉡ 포화 용해도 : $\frac{30gKNO_3}{100gH_2O} = \frac{300gKNO_3}{1,000gH_2O} = \frac{0.3kgKNO_3}{1kgH_2O}$

∴ 석출되는 양=(50℃에 녹아있는 용질의 양)−(20℃에 최대로 녹을 수 있는 용질의 양)

$= 1.5kg - \frac{0.3kgNaNO_3}{1kgH_2O}$(포화용해도)×3.5kg(총용매량) = 0.45kg

45 $CaCO_3 \rightarrow CaO + CO_2\uparrow$, 석회석 mol수 $= \frac{200}{100} = 2kg-mol$

∴ CO_2 2kg − mol은 $2\times22.4m^3 = 44.8m^3$

답 − 43.② 44.① 45.④

46 24wt% KNO_3 수용액 5kg을 50℃에서 10℃로 온도를 낮추어 결정화를 유도하였다. 이때 석출되는 KNO_3의 질량이 0.44kg일 때 10℃에서 KNO_3의 포화 용해도는 얼마인가?

① $10gKNO_3/100gH_2O$
② $20gKNO_3/100gH_2O$
③ $30gKNO_3/100gH_2O$
④ $40gKNO_3/100gH_2O$

47 중량으로 CH_4 60%, C_2H_6 20%, N_2 20%인 혼합기체의 평균분자량은?

① 19.5
② 21.2
③ 29.4
④ 60

48 HCl 기체와 건조공기는 혼합된 다음 가열된 촉매층을 통과시켜 Cl_2를 제조한다. 공기는 이론량보다 30% 과잉 공급되었다면 1kg-mole당 공급한 건조공기의 무게는?

① 28.84kg
② 44.6kg
③ 60.5kg
④ 80.4kg

ANSWER

46 포화 용해도는 용매 100g에 최대로 녹을 수 있는 용질의 g수를 의미한다.

㉠ 24wt% KNO_3 수용액 5kg에 들어있는 용질은 $5kg \times 0.24 = 1.2kg$, 용매는 $5kg - 1.2kg = 3.8kg$

㉡ 석출되는 양=(50℃에 녹아있는 용질의 양)-(20℃에 최대로 녹을 수 있는 용질의 양)

$= 1.2kg - x$(포화용해도)$\times 3.8kg$(총 용매량)$= 0.44kg$

∴ 포화용해도$= 20gKNO_3/100gH_2O$

47 $\overline{M} = x_1 M_1 + x_2 M_2 + x_3 M_3$

$\overline{M} = (16 \times 0.6) + (30 \times 0.2) + (28 \times 0.2) = 21.2$

48 $4HCl + O_2 \rightarrow 2H_2O + 2Cl_2$

공급한 HCl을 1kg-mole이라 하면 이론공기량은 $1 \times \frac{1}{4} \times \frac{100}{21} = 1.19$kg-mol

실제 건조공기량은 $1.19 \times (1 + 0.3) \times 28.85 = 44.6kg$

답 46.② 47.② 48.②

49 벤젠의 몰분율이 0.2인 벤젠－톨루엔 용액이 있다. Raoult의 법칙에 따른다고 하면 이 용액의 증기압(전압)은 얼마인가? (단, 이 용액의 온도는 80℃이며, 80℃에서 각각의 증기압은 다음과 같다. 벤젠 : 753mmHg, 톨루엔 : 290mmHg)

① 383mmHg ② 463mmHg

③ 760mmHg ④ 1,043mmHg

50 1기압, 20℃의 공기가 10L의 용기에 들어 있다. 어떤 방법으로 공기 중 산소만 제거하고 전체적으로 질소만 차지한다면 압력은 어떻게 되는가? (단, 공기는 질소 79%, 산소 21%로 되어있고 용기의 부피는 일정하다)

① 562.2mmHg ② 600.4mmHg

③ 862.2mmHg ④ 962.2mmHg

ANSWER

49 $P_T = P_A \cdot x_A + P_B \cdot x_B,\ x_A + x_B = 1$

$P_T = P_A \cdot x_A + P_B(1 - x_A) = (753 \times 0.2) + 290(1 - 0.2) = 382.6 \fallingdotseq 383\text{mmHg}$

50 $PV = nRT$

$V = \dfrac{nRT}{P} = \text{일정},\quad \therefore \dfrac{n_1 RT}{P_1} = \dfrac{n_2 RT}{P_2}\quad (R,\ T\text{는 일정})$

$n_1 = x\,\text{mol}$이라고 하면 $n_2 = \dfrac{79}{100}x\,\text{mol}$

$\therefore P_2 = P_1 \times \dfrac{n_2}{n_1} = 1\text{atm} \times \dfrac{\frac{79}{100}x}{x} \times \dfrac{760\text{mmHg}}{1\text{atm}} = 600.4\text{mmHg}$

답 － 49.① 50.②

51 면적이 $100cm^2$인 피스톤에 연결된 스프링의 스프링 상수가 500N/cm이다. 어떤 탱크에 피스톤을 연결하였더니 스프링의 길이가 5cm 변화하였다면, 이 탱크의 게이지(gauge) 압력[kPa]은? (단, 피스톤이 대기에 노출되어 있을 때, 스프링 길이 변화는 없다)

① 0.25
② 2.5
③ 25
④ 250

52 $CH_4 = 95\%$, $CO_2 = 2\%$, $O_2 = 1\%$, $N = 2\%$, 연료 gas $1m^3$를 $10.5m^3$의 공기로 연소하였을 때 공기의 비는?

① 1.82
② 1.54
③ 1.38
④ 1.17

ANSWER

51 ㉠ 스프링이 받는 힘 $F = kx$ (k : 스프링 상수, x : 늘어난 길이) $\therefore F = kx = 50\text{N/cm} \times 5\text{cm} = 2{,}500\text{N}$

㉡ 압력 : 면적당 받는 힘 $\therefore 1\text{Pa} = \frac{1\text{N}}{1\text{m}^2} \Rightarrow \frac{2{,}500\text{N}}{100\text{cm}^2} \times \frac{(100\text{cm})^2}{1\text{m}^2} = \frac{250{,}000\text{N}}{1\text{m}^2} = 250{,}000\text{Pa} = 250\text{kPa}$

52 $\text{공기비} = \frac{\text{실제 공기량}(A)}{\text{이론 공기량}(A_0)}$

$CH_4 + 2O_2 \rightarrow CO_2 + 2H_2O$

$1m^3 : 2m^3$

$0.95m^3 : xm^3$

$\therefore x = 1.9m^3$

$A_0 = O_0 \times \frac{1}{0.21} = \left(1.9 - \frac{1}{100}\right) \times \frac{1}{0.21} = 9m^3$

$\therefore \text{공기비} = \frac{10.5}{9} \fallingdotseq 1.17$

답 – 51.④ 52.④

53 면적이 100cm^{2}인 피스톤에 연결된 스프링의 스프링 상수가 50N/cm이다. 어떤 탱크에 피스톤을 연결하였더니 탱크의 게이지 압력은 25kPa을 보였다. 변화된 스프링의 길이는 얼마인가? (단, 피스톤이 대기에 노출되어 있을 때, 스프링 길이 변화는 없다)

① 2cm ② 5cm
③ 7cm ④ 10cm

54 밑면의 넓이가 10cm^{2}이고 높이가 70cm인 원기둥 안에 밀도가 1.30g/cm^{3}인 액체가 들어 있다. 이 액체가 밑면에 미치는 압력을 국제표준단위인 Pa단위로 구한 값은? (단, 원기둥에 미치는 중력가속도는 표준값과 같다)

① 890 ② 910
③ 8,900 ④ 9,100

55 같은 온도에서 같은 부피를 가진 수소와 산소의 무게를 달아보니 같았다. 수소의 압력이 4atm이라면 산소의 압력은 몇 atm이 되는가?

① 2atm ② 1atm
③ $\frac{1}{2}$atm ④ $\frac{1}{4}$atm

ANSWER

53
㉠ 압력 : 면적당 받는 힘 ∴ $1\text{Pa} = \frac{1\text{N}}{1\text{m}^2} \Rightarrow \frac{x}{100\text{cm}^2} \times \frac{(100\text{cm})^2}{1\text{m}^2} = 25\text{kPa} = 25{,}000\text{Pa}$

∴ 스프링이 받는 힘$(x) = 250\text{N}$

㉡ 스프링이 받는 힘 $F = ky$ (k : 스프링 상수, y : 변화된 길이) ∴ $F = ky = 50\text{N/cm} \times y\text{cm} = 250\text{N}$

∴ 변화된 길이$(y) = 5\text{cm}$

54
$$P = \frac{F}{A} = \frac{m(g/g_c)}{A} = \frac{\rho V(g/g_c)}{A} = \frac{\rho(\pi r^2 h)\times(g/g_c)}{\pi r^2} = \rho\frac{g}{g_c}h$$
$$= \frac{1.30\text{g}}{\text{cm}^3} \times \frac{9.8\text{m/s}^2}{9.8\text{kg}\cdot\text{m/s}^2\cdot\text{kg}_\text{f}} \times 70\text{cm} \times \frac{(100\text{cm})^2}{1\text{m}^2} \times \frac{1\text{kg}}{1{,}000\text{g}} = 910\text{kg}_\text{f}/\text{m}^2 = 910\text{Pa}$$

55
$PV = nRT = \frac{w}{M}RT$이므로 $P \propto \frac{1}{M}$

O_2의 압력 = H_2의 압력 × $\frac{H_2 \text{ 분자량}}{O_2 \text{ 분자량}} = 4 \times \frac{2}{32} = \frac{1}{4}$atm

답 – 53.② 54.② 55.④

56 온도와 압력이 일정할 때, 어떤 연도가스의 조성은 CO : 20%, CO_2 : 50%, O_2 : 10%, N_2 : 20%이다. 평균분자량은?

① 26.8 ② 30.2
③ 36.4 ④ 42.3

57 반응 ㈎와 ㈏의 표준생성열(standard heat of formation)이 다음과 같을 때, 반응 ㈐의 표준반응열(standard heat of reaction)[kcal/mol]은?

㈎ $C(s) + O_2(g) \rightarrow CO_2(g)$, $\Delta H^{\circ f} = -94.1$kcal/mol
㈏ $C(s) + \frac{1}{2}O_2(g) \rightarrow CO(g)$, $\Delta H^{\circ f} = -26.4$kcal/mol
㈐ $CO(g) + \frac{1}{2}O_2(g) \rightarrow CO_2(g)$

① −41.3 ② 41.3
③ −67.7 ④ 67.7

ANSWER

56 $CO = 0.2 \times 28 = 5.6$ g
$CO_2 = 0.5 \times 44 = 22$ g
$O_2 = 0.10 \times 32 = 3.2$ g
$N_2 = 0.2 \times 28 = 5.6$ g
평균분자량 $= 5.6 + 22 + 3.2 + 5.6 = 36.4$

57 Hess의 법칙을 이용하여 표준반응열을 구한다.
㈐식이 완성되기 위해서는 ㈎식에서 ㈏식을 빼면 된다. 즉 ㈐의 표준반응열은 다음과 같다
$\therefore -94.1\text{kcal/mol} - (-26.4\text{kcal/mol}) = -67.7\text{kcal/mol}$

답 − 56.③ 57.③

58 15wt% NaCl 수용액 50kg과 30wt% NaCl 수용액 25kg을 혼합하였다. 그 결과 생기는 용액의 조성은 얼마인가?

① 10%
② 20%
③ 25%
④ 30%

59 반응열에 대한 설명 중에서 옳은 것을 〈보기〉에서 모두 고른 것은?

〈보기〉

㉠ 온도 T에서 엔탈피 값이 음이면 발열반응임을 의미하고, 양이면 흡열반응임을 의미한다.
㉡ A → B에 대한 반응엔탈피 변화량은 2A → 2B에 대한 반응엔탈피 변화량의 절반이다.
㉢ 표준반응열은 반응에 참여하는 각 성분의 표준생성열로부터 계산할 수 있다.

① ㉠, ㉡
② ㉠, ㉢
③ ㉡, ㉢
④ ㉠, ㉡, ㉢

ANSWER

58 $15 \times 50 + 25 \times 30 = 75 \times x$

$$x = \frac{750 + 750}{75} = 20\%$$

59 ㉠ 반응 엔탈피 부호가 양수면 흡열반응이고, 음수면 발열반응이다.
㉡ 표준 반응 엔탈피는 반응계수가 2배가 되면 값도 2배가 된다. 따라서 옳은 설명이다.
㉢ 표준 반응 엔탈피는 반응에 참여하는 각 성분의 표준 생성 엔탈피로 계산 가능하다. 즉 (생성물의 표준 생성 엔탈피−반응물의 표준 생성 엔탈피)의 식을 통해 값을 구할 수 있다.

답 — 58.② 59.④

60 어떤 기체의 열용량 C_p는 다음과 같은 온도의 함수이다. C_p(J/mol·K) = 5 + 0.02T, T의 단위는 K이다. 동일 압력에서 이 기체의 온도가 127℃에서 227℃로 증가할 때 단위 몰당 엔탈피(J/mol) 변화는?

① 2
② 501
③ 1,400
④ 1,900

61 어떤 기체의 열용량 C_p는 다음과 같은 온도의 함수이다. C_p(J/mol·K) = 10 + 0.02T, T의 단위는 K이다. 동일 압력에서 단위 몰당 엔탈피 변화가 4,000J/mol 일 때 이 기체의 온도는 127℃에서 몇 ℃까지 증가한 것인가?

① 227
② 327
③ 500
④ 600

62 표준상태에서 N_2 84kg이 차지하는 부피는?

① 22.4L
② 44.8L
③ 22.4m^3
④ 67.2m^3

ANSWER

60

엔탈피 변화량 : $\Delta H = \int_{T_1}^{T_2} C_p dT$

$T_1 = 127 + 273 = 400\text{K}$, $T_2 = 227 + 273 = 500\text{K}$

$\therefore\ \Delta H = [5T + 0.01T^2]_{400\text{K}}^{500\text{K}} = [2{,}500 + 2{,}500] - [2{,}000 + 1{,}600] = 1{,}400\text{J/mol}$

61

엔탈피 변화량 : $\Delta H = \int_{T_1}^{T_2} C_p dT$

$T_1 = 127 + 273 = 400\text{K}$, $T_2 = (x + 273)\text{K}$

$\therefore\ \Delta H = [10T + 0.01T^2]_{400\text{K}}^{600\text{K}} = [6{,}000 + 3{,}600] - [4{,}000 + 1{,}600] = 4{,}000\text{J/mol}$

$\therefore\ T_2 = 600\text{K} = (x + 273)\text{K}$, $x = 327℃$

62

1kg−mol의 부피 = 22.4m^3

N_2의 mol수 $= \dfrac{84\text{kg}}{28\text{kg/kg}-\text{mol}} = 3\text{kg}-\text{mol}$

$\therefore$ N_2의 부피 $= 3 \times 22.4 = 67.2\text{m}^3$

답 60.③ 61.② 62.④

63 CO_2는 고온에서 다음과 같이 분해한다. 표준상태에서 11.2L의 CO_2가 일정압력에서 3,000K로 가열했다면 전체 혼합기체의 부피[l]는? (단 소수 둘째 자리에서 반올림 한다.)

$$2CO_2 \rightarrow 2CO + O_2$$

① 160.2
② 173.5
③ 184.6
④ 197.4

64 $NaNO_3$의 40℃에서의 용해도는 51.4%(질량)이다. 40℃에서 32%(질량)를 함유하는 $NaNO_3$ 용액의 포화도(%)는?

① 44.5
② 53.5
③ 62.6
④ 70.6

65 80.6°F의 방에서 가동되는 냉장고를 5°F로 유지한다고 할 때, 냉장고로부터 2.5kcal의 열량을 얻기 위하여 필요한 최소 일의 양은 몇 J인가? (단, 1cal = 4.18J이다.)

① 1,398J
② 1,407J
③ 1,435J
④ 1,463J

ANSWER

63 $2CO_2 \rightarrow 2CO + O_2$ 표준상태에서 $11.2L(CO_2) \times \frac{1mol}{22.4L} = 0.5mol$

㉠ 반응 후 : $0.5mol(CO) + 0.25mol(O_2) = 0.75mol \Rightarrow 0.75moltimes \frac{22.4l}{1mol} = 16.8l$

㉡ 3,000K가열 : $\frac{V_1}{T_1} = \frac{V_2}{T_2}$ $\therefore V_2 = \frac{V_1}{T_1} \times T_2 = \frac{16.8l}{273K} \times 3,000K \fallingdotseq 184.6l$

64

$$H_p = \frac{\frac{32}{100+32}}{\frac{51.4}{100+51.4}} \times 100 = \frac{0.24}{0.34} \times 100 = 70.6\%$$

65 펌프 성능 계수 : $(T_h - T_c)/T_h$

$T_h = (80.6°F - 32°F) \times 5℃/9°F = 27℃ = 300K$, $T_c = (5°F - 32°F) \times 5℃/9°F = -15℃ = 258K$

$\therefore (T_h - T_c) = 42K$, $(T_h - T_c)/T_h = 42/300 = 0.14$

∴ 최소일의 양 : (열펌프 성능 계수)×(냉장고로부터 얻은 열량) ⇒ $0.14 \times 2500cal \times 4.18J/cal = 1,463J$

답 — 63.③ 64.④ 65.④

66 어떤 제철소에서 하루에 12,000ton의 석탄을 태워 용광로온도를 유지하고 있다. 이 제철소에서 하루 동안 배출하는 이산화탄소의 양은 얼마인가? (단, 석탄은 100% 탄소로만 구성되어 있고 이산화탄소 분자량은 44, 연소는 80% 비율로 $C+O_2 \rightarrow CO_2$반응, 20% 비율로 $C+\frac{1}{2}O_2 \rightarrow CO$반응 두 가지만으로 가정한다.)

① 1,760 ton
② 2,200 ton
③ 35,200 ton
④ 44,000 ton

67 냉장고의 열펌프 성능 계수가 0.16이라 할 때, 냉장고로부터 3.0kcal의 열량을 얻기 위하여 필요한 최소 일의 양은 몇 J인가? (단, 1cal = 4.18J이며, 소수 첫째자리에서 반올림한다.)

① 2,006J
② 2,012J
③ 2,018J
④ 2,024J

68 발전소에서는 과열된 수증기로 터빈을 돌려 전기를 생산한다. 만약 과열된 수증기의 온도가 750K이고 터빈을 돌리고 난 후 최종적으로 배출될 때 온도가 250K이라면, 이 과정에서의 효율은? (단, 열손실은 없다고 가정하고, 효율은 소수점 이하 둘째 자리에서 반올림한다)

① 33.3%
② 50.0%
③ 66.7%
④ 75.5%

ANSWER

66 몰수=질량/분자량이며 화학반응은 몰수에 대해 반응을 한다.
탄소의 분자량은 12g/mol이며 이산화탄소의 분자량은 44g/mol이므로 12,000ton의 석탄을 태워 배출되는 이산화탄소의 양은 $12,000 \times 44/12 = 44,000$ton이다.
그러나 이는 오로지 100%로 $C+O_2 \rightarrow CO_2$반응이 일어나는 경우에 해당하므로 80% 해당되는 경우를 고려하면 $44,000 \times 0.8 = 35,200$ton이 발생된다.

67 열펌프 성능 계수 : $(T_h - T_c)/T_h = 0.16$
∴ 최소일의 양 : (열펌프 성능 계수)×(냉장고로부터 얻은 열량) ⇒ $0.16 \times 3,000\text{cal} \times 4.18\text{J/cal} = 2,006\text{J}$

68 발전기 열효율 : $(1 - T_C/T_H) \times 100\%$ (T_H은 과열된 수증기 온도, T_C최종적으로 배출되는 온도)
∴ $(1-250/750) \times 100\% = 66.7\%$

답 66.③ 67.① 68.③

69 발전소에서는 과열된 수증기로 터빈을 돌려 전기를 생산한다. 만약 과열된 수증기의 온도가 850K이고 터빈을 돌리고 난 후 최종적으로 배출될 때 온도는? (단, 이 과정에서의 효율은 82.6%이며 열손실은 없고, 소수 첫째 자리에서 반올림 한다.)

① 148K ② 153K

③ 158K ④ 163K

70 이상기체법칙이 적용된다고 가정할 때 용적 $2.0m^3$인 용기에 질소 14kg을 넣고 가열하여 압력이 10atm이 될 때 도달하는 기체의 온도(℃)는?

① 214.8℃ ② 273℃

③ 338℃ ④ 425℃

71 20℃에서 수증기의 포화 증기압이 24mmHg이고, 현재공기 중 수증기의 분압이 21mmHg일 때 상대습도는?

① 83% ② 85%

③ 87.5% ④ 88.5%

ANSWER

69 발전기 열효율 : $(1 - T_C / T_H) \times 100\%$ (T_H은 과열된 수증기 온도, T_C최종적으로 배출되는 온도)

$\therefore$ $(1 - x/850) \times 100\% = 82.6\% \Rightarrow x = 148K$

70 $$T = \frac{PV}{nR} = \frac{10atm \times 2m^3}{\left(\frac{14}{28}\right)kmol \times 0.082atm \cdot m^3/kmol \cdot K} = 487.8K$$

487.8K − 273 = 214.8℃

71 상대습도는 현재 대기 중의 수증기의 질량을 현재 온도의 포화 수증기량으로 나눈 비율(%)이다.

$\therefore$ $21mmHg / 24mmHg \times 100\% = 87.5\%$

답 69.① 70.① 71.③

72 71.5% 수분을 함유하고 있던 펄프가 건조 후 원료에 함유하고 있던 수분의 60%가 제거되었다면 건조 후 펄프의 수분함량은?

① 25% ② 50%
③ 63% ④ 75%

73 표준상태에서 공기의 밀도(g/L)는? (단, 공기는 79%가 질소이고, 21%가 산소이다)

① 1.12 ② 1.21
③ 1.29 ④ 1.37

74 20℃에서 수증기의 포화 증기압이 24mmHg이고, 상대 습도가 75%일 때, 현재공기 중 수증기의 분압은?

① 12mmHg ② 15mmHg
③ 18mmHg ④ 21mmHg

ANSWER

72 총량을 100g으로 한다면 처음 수분의 양 = 71.5g, 고체의 양 = 28.5g
건조 후 수분의 양 = 71.5g × 0.4 = 28.6g

$$\therefore \text{수분함량} = \frac{28.6}{28.5 + 28.6} \times 100 = 50.09\%$$

73

$$\text{밀도}(\rho) = \frac{m}{V} = \frac{(28 \times 0.79 + 32 \times 0.21)}{22.4\text{L}} = \frac{28.84}{22.4} = 1.29\text{g/L}$$

74 상대습도는 현재 대기 중의 수증기의 질량을 현재 온도의 포화 수증기량으로 나눈 비율(%)이다.
$\therefore x\text{mmHg}/24\text{mmHg} \times 100\% = 75\% \Rightarrow x = 18\text{mmHg}$

답 — 72.② 73.③ 74.③

75 노즐에서 14m/s의 속도로 물이 수직으로 분사될 때, 물이 노즐로부터 올라갈 수 있는 최대 높이[m]는? (단, 중력가속도=9.8m/s이고, 물과 공기의 마찰은 무시한다)

① 5
② 10
③ 15
④ 20

76 공기 3kg을 일정한 압력하에서 100℃에서 1,000℃까지 가열할 때, 공기의 정압비열은 0.24kcal/kg · ℃, 정용비열은 0.17kcal/kg · ℃이면 엔탈피의 증가는?

① 64.8kcal
② 110.16kcal
③ 648kcal
④ 459kcal

77 기체의 압축인자 Z에 대한 설명으로 옳지 않은 것은? (단, V^r는 실제 기체의 몰부피, V^{ig}는 이상기체의 몰부피이다)

① 이상기체의 압축인자는 1이다.
② 압력이 무한대에 수렴할수록 Z의 값은 1과 점점 멀어진다.
③ Z의 1로부터의 벗어남은 이상적 행동으로부터 벗어나는 정도의 척도가 된다.
④ $Z=\dfrac{V^{ig}}{V^r}$으로 정의된다.

ANSWER

75 에너지 보존법칙 : 운동에너지=위치에너지 $\frac{1}{2}mv^2=mgh$ (m : 질량, v : 유속, g : 중력가속도, h : 높이)

$\therefore\ \frac{1}{2}\frac{v^2}{g}=h \Rightarrow \frac{1}{2}\times\frac{(14\text{m/s})^2}{9.8\text{m/s}^2}=10\text{m}$

76 $\Delta H=m\cdot C_p\cdot\Delta T=3\times0.24\times900=648\text{kcal}$

77 ① 이상기체의 압축인자는 1이다. 따라서 이에 벗어나는 정도에 따라서 실제기체를 상태를 예측한다.
② 압력이 낮을수록 이상기체와 가까워진다. 따라서 이와 반대되는 조건에서 압축인자는 1과 멀어지게 된다.
③ ①내용과 유사하게 압축인자가 1로 벗어남은 것은 이상적인 행동으로 벗어나는 정도의 척도와 같다.
④ 압축인자 $Z=\dfrac{V^r}{V^{ig}}$로 정의된다.

답 75.② 76.③ 77.④

78 분자량이 41g/mol인 기체 10kg이 400K의 온도에서 부피 $1m^3$의 탱크에 들어있다고 할 때, 기체 탱크에 설치된 압력계가 나타내는 압력[atm]은? (단, 탱크가 설치된 곳의 대기압은 1atm이며, 기체는 이상기체로 가정한다)

① 4
② 5
③ 6
④ 7

79 1기압에서 산소의 열용량은 8.27cal/g-mole · °K이다. 32g의 산소를 100 ℃에서 300℃로 가열할 때, 몇 cal의 열이 필요한가?

① 827cal
② 1,654cal
③ 8,273cal
④ 52,928cal

80 30℃, 1atm하에서 40wt%의 에탄올과 60wt%의 물이 혼합되고 있다면 에탄올의 농도[g/l]는 얼마인가? (단, 혼합액의 밀도는 $0.938g/cm^3$이며, 소수 둘째 자리에서 반올림 한다.)

① 356.5
② 373.8
③ 394.2
④ 413.7

ANSWER

78 이상기체 상태방정식 $PV=nRT$ 를 이용한다. (P : 압력, V : 부피, n : 몰수, R : 기체상수, T : 온도)

i) 몰수 : 질량/분자량 ⇒ 10,000g/41g/mol · ≒244mol

ii) 부피 : $1m^3$=1,000l

$\therefore\ P=\frac{nRT}{V}=\frac{244mol\times0.082atm\cdot l/mol\cdot K\times400K}{1,000l}\fallingdotseq8.00atm$

∴ 절대압력 = 대기압+게이지압 ⇒ 8atm(절대압력) − 1atm(대기압) = 7atm(게이지압)단열상태

$Q=0,\ \Delta v=C_v,\ \Delta T=0$

79 $Q=m\cdot C\cdot\Delta T=1\times8.27\times200=1,654$ cal

80 혼합물의 양을 100g으로 가정하면 40g(C_2H_5OH)+60g(H_2O)이며

부피는 $100g\times\frac{1cm}{0.938g}\times\frac{1l}{1,000cm^3}=0.107l$ 이다.

∴ 농도는 용액의 부피에 차지하고 있는 질량이므로 $\frac{40g}{0.107l}=373.8g/l$이다.

답 ― 78.④ 79.② 80.②

81 27℃에서 다음 반응의 정압하에서와 정용하에서의 반응열의 차이는?

$$C(s) + \frac{1}{2}O_2(g) \rightarrow CO(g)$$

① 2.98 ② 29.8
③ 298 ④ 2,980

82 8% 식염수에 5%의 식염수를 가하여 7%의 식염수 3kg을 만들려고 한다. 다음 중 가해진 8%, 5%의 식염수의 양이 순서대로 짝지어진 것은?

① 0.5kg, 2.5kg ② 1kg, 2kg
③ 2kg, 1kg ④ 1.5kg, 1.5kg

83 1×10^6kW 용량으로 건설된 발전소에서 스팀은 600K에서 생산되며, 발생되는 열은 300K인 강물로 제거되고 있다. 만약 발전소의 실제 열효율이 도달 가능한 최대 열효율 값의 50%라면 강물로 제거되는 열[kW]은?

① 5.5×10^5 ② 7.5×10^5
③ 1.5×10^6 ④ 3.0×10^6

ANSWER

81 $Q_p - Q_v = \Delta H - \Delta E = n(\Delta n)RT \therefore \left(1 - \frac{1}{2}\right) \times 1.987 \times 300 = 298.05$

82 5% 식염수의 양을 x라 하면 $0.05x + 0.08(3 - x) = 0.07 \times 3$이므로 $\therefore x = 1$kg
8% 식염수의 양 = 3 − 1 = 2kg

83 열 효율과 관련된 식을 적용한다. $\eta = \frac{|W|}{|Q_H|} = \frac{|Q_H| - |Q_C|}{|Q_H|} = 1 - \frac{|Q_C|}{|Q_H|} = 1 - \frac{T_C}{T_H}$

$\therefore \eta = 1 - \frac{T_C}{T_H} = 1 - \frac{300K}{600K} = 0.5 \Rightarrow \eta_{실제} = 0.5 \times 0.5 = 0.25$

$\Rightarrow \eta_{실제} = \frac{|W|}{|Q_H|} \Rightarrow |Q_H| = \frac{|W|}{\eta_{실제}} = \frac{10^6 kW}{0.25} = 4 \times 10^6 kW$

$\therefore |W| = |Q_H| - |Q_C| \Rightarrow |Q_C| = |Q_H| - |W| = 4 \times 10^6 kW - 10^6 kW = 3 \times 10^6 kW$

답 – 81.③ 82.③ 83.④

84 12.5% 황산용액에 77.5% 황산용액 200kg을 혼합하였더니 19% 황산용액이 되었다. 이때 만들어진 19%의 황산용액의 양은? (단, 농도는 중량%)

① 500kg ② 1,000kg
③ 1,500kg ④ 2,000kg

85 비열 0.24kcal/kg · ℃인 공기 20kg을 25℃에서 125℃까지 가열하는 데 필요한 열량은?

① 120kcal ② 240kcal
③ 480kcal ④ 2,000kcal

86 순수한 A물질과 B물질로 구성된 혼합 용액이 기액평형을 이루고 있다. 80℃에서 순수한 A물질과 B물질의 증기압은 각각 700mmHg와 300mmHg이다. 80℃에서 A물질의 액상 몰 분율이 0.4일 때 혼합 용액의 증기압[mmHg]은? (단, 용액은 라울의 법칙(Raoult's law)을 따른다)

① 380 ② 460
③ 540 ④ 620

ANSWER

84 12.5% 황산용액을 x라고 하면 $(x \times 12.5) + (77.5 \times 200) = 19(x + 200)$
$6.5x = 11,700$
$\therefore x = 1,800$
19% 황산용액 = 1,800 + 200 = 2,000kg

85 $Q = m \cdot C \cdot \Delta T = 20 \times 0.24 \times (125 - 25) = 480\text{kcal}$

86 라울의 법칙 : $y_1 = x_1 P_1^*$ (y_1 : 기상의 몰분율, x_1 : 액상의 몰분율, P_1^* : 순수한 액체의 증기압)
∴ 혼합용액의 증기압 : $x_1 P_1^* + x_2 P_2^* = 0.4 \times 700\text{mmHg} + 0.6 \times 300\text{mmHg} = 460\text{mmHg}$

답 84.④ 85.③ 86.②

87 1×10^6kW 용량으로 건설된 발전소에서 스팀은 600K에서 생산되며, 발생되는 열은 300K인 강물로 제거되고 있다. 만약 강물로 제거되는 열이 1.5×10^6kW이라면, 발전소의 실제 열효율이 도달 가능한 최대 열효율 값(%)은?

① 60% ② 70%
③ 80% ④ 90%

88 다음 반응의 27℃에서 정용반응열 ΔH_v =−326.1kcal/kmol일 때 같은 온도에서 정압반응열 ΔH_p는 얼마인가?

$$C_2H_5OH(l) + 3O_2(g) \rightarrow 3H_2O(l) + 2CO_2(g)$$

① −324.0kcal/kmol
② −270.0kcal/kmol
③ −278.1kcal/kmol
④ −396.1kcal/kmol

ANSWER

87 $|W|=|Q_H|-|Q_C| \Rightarrow |Q_C|=|Q_H|-|W|=|Q_H|-10^6\text{kW}=1.5\times10^6\text{kW}$

$\therefore |Q_H|=2.5\times10^6\text{kW}$

$$\eta_{실제}=\frac{|W|}{|Q_H|} \Rightarrow \frac{10^6\text{kW}}{2.5\times10^6\text{kW}}=0.4$$

$$\eta_{이론}=1-\frac{T_C}{T_H}=1-\frac{300\text{K}}{600\text{K}}=0.5$$

$\therefore \eta_{실제}=\eta_{이론}\times$열효율(%)$\Rightarrow 0.4=0.5\times$열효율(%), 열효율(%)$=80\%$

88 $\Delta H_p-\Delta H_v=(\Delta n)RT=(2-3)\times1.987\times300=-596.1\text{kcal/kmol}$

$\therefore H_p=-596.1+326.1=-270\text{kcal/kmol}$

답− 87.③ 88.②

89 다음 중 과잉공기 백분율(Excess air%)의 계산식으로 옳은 것은?

① $\text{과잉공기}(\%) = \dfrac{\text{과잉공기량}}{\text{완전연소에 필요한공기량}} \times 100$

② $\text{과잉공기}(\%) = \dfrac{\text{과잉공기량}}{\text{실제 소비된 공기량}} \times 100$

③ $\text{과잉공기}(\%) = \dfrac{\text{공급된 공기량}}{\text{완전연소에 필요한공기량}} \times 100$

④ $\text{과잉공기}(\%) = \dfrac{\text{공급된 총공기량}}{\text{실제 소비된 공기량}} \times 100$

90 어떤 연료 1kg을 완전연소시켜 측정한 총발열량이 6,000kcal였다. 이 연료 1kg 중에 포함되는 수소량이 0.2kg, 수분이 0.2kg이라 하면 이 연료의 진발열량은? (단, 물의 증발열=600kcal/kg)

① 3,600kcal
② 4,800kcal
③ 6,000kcal
④ 7,200kcal

91 공기 200g을 40℃에서 80℃까지 가열하는 데 필요한 열량[kcal]은? (단, 평균비열=0.24cal/g·℃)

① 0.24kcal
② 1.20kcal
③ 1.92kcal
④ 3.82kcal

ANSWER

89 $\text{과잉공기 백분율}(\%) = \dfrac{\text{실제 사용공기량} - \text{이론상 필요공기량(과잉공기량)}}{\text{완전연소에 필요한사용공기량}} \times 100$

90 $H_2O \text{ 증발잠열} = \left(\dfrac{18}{2} \times 0.2 + 0.2\right) \times 600 = 1,200\text{kcal}$

∴ 진발열량 = 6,000 − 1,200 = 4,800kcal

※ **진발열량** … 혼합물 1mol이 완전연소하여 생성한 H_2O가스, 증기일 때 발열량

91 $Q = m \cdot C \cdot \Delta T = 200 \times 0.24 \times 40 = 1,920 = 1.92\text{kcal}$

답 89.① 90.② 91.③

92 1bar, 100℃의 액상의 물이 같은 온도에서 수증기로 상태의 변화가 있을 때 엔탈피[kJ/kg] 변화량으로 가장 가까운 값은? (단, 1bar, 100℃ 물과 수증기의 포화 상태에서의 비 내부에너지(internal energy)는 각각 420kJ/kg, 2,500kJ/kg이며 수증기는 이상기체(=0.46J/g · K)로 간주한다.)

① 2,080 ② 2,252

③ 2,126 ④ 2,034

93 그림과 같이 오리피스와 마노미터가 설치된 수평 원형관 내로 물이 흐른다. 유체의 압력차($P_1 - P_2$)가 0.315kgf/cm^{2}일 때 마노미터 읽음(d)[cm]은? (단, 물의 밀도는 1g/cm^3, 마노미터 유체인 수은의 밀도는 13.6g/cm^3, P_1은 지점 ①에서의 압력, P_2는 지점 ②에서의 압력, 1kgf = 9.8N이다)

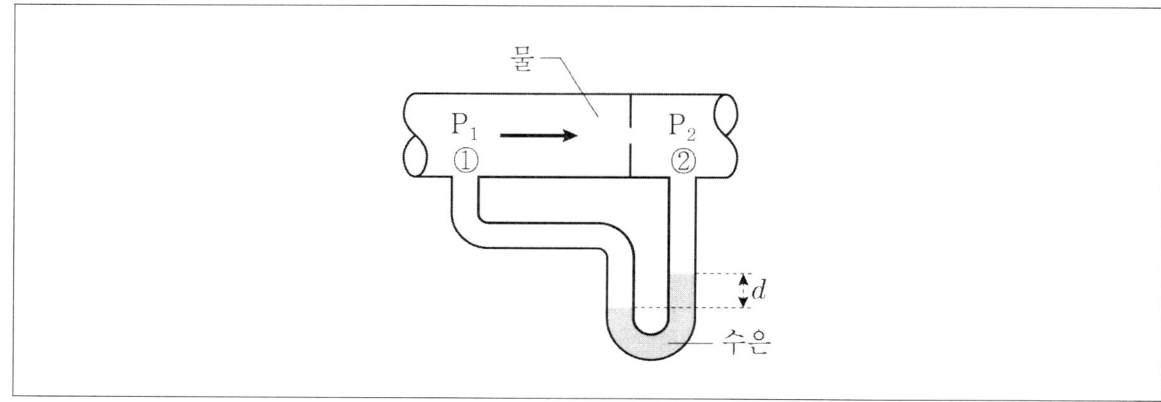

① 25 ② 30

③ 35 ④ 40

ANSWER

92 상태변화에 이용되는 에너지 변화=이상기체 수증기의 비 내부에너지−물의 비 내부에너지 (동일온도, 압력 조건)이상기체수증기의 비 내부 에너지=수증기의 비 내부에너지+이상기체 고려한 에너지

$\therefore$ 2,500kJ/kg + 0.46kJ/kg · K × 373K − 420kJ/kg ≒ 2,252kJ/kg

93 오르피스와 마노미터에서 관련된 식 $P_1 - P_2 = (\rho_{Hg} - \rho_{H_2O})gd$ 임을 이용한다.

$$\therefore\ d = \frac{P_1 - P_2}{(\rho_{Hg} - \rho_{H_2O})g} = \frac{0.315\text{kgf/cm}^2}{(13.6\text{g/cm}^3 - 1\text{g/cm}^3) \times 980\text{cm/s}^2} \times \frac{9.8\text{N}}{1\text{kgf}} \times \frac{1 \times 10^5\text{dyne}}{1\text{N}} = 25\text{cm}$$

답 – 92.② 93.①

94 대기압이 785mmHg일 때 압축공기 용기에 붙어 있는 압력계의 눈금이 115mmHg였다면 압축공기의 절대압력은?

① 115mmHg ② 670mmHg
③ 820mmHg ④ 900mmHg

95 100℃의 금속 조각 0.2kg을 물 1kg이 들어 있는 비커에 넣었더니 물 온도가 18℃에서 20℃로 증가하였다. 금속 조각의 열용량[J/g · ℃]은? (단, 비커는 완전히 단열되어 있고, 물과 금속 조각의 체적 변화는 없으며, 물의 열용량은 4J/g · ℃이다)

① 0.3 ② 0.5
③ 0.7 ④ 0.9

96 질소와 수소가스 혼합물이 0℃에서 1,000기압을 유지하고 있다. 이때 질소분압이 250기압이라면 이 혼합물의 밀도는?

① 280 ② 380
③ 480 ④ 580

ANSWER

94 절대압 = 대기압 + 계기압 = 785 + 115 = 900mmHg

95 ㉠ 열량과 관련된 식 $Q=mC_p\triangle T$를 이용한다. (m : 질량, C_p : 열용량, $\triangle T$: 온도변화량)
㉡ 에너지 보존법칙에 의하여 금속조각의 에너지는 물의 열에너지로 전달된다.
$\therefore\ m_{금속}C_{금속}\times\triangle T_{금속}=m_{물}C_{물}\times\triangle T_{물}\Rightarrow 200g\times C_{금속}(100℃-20℃)=1{,}000g\times 4J/g\cdot℃\times(20℃-18℃)$
$\Rightarrow C_{금속}=0.5J/g\cdot℃$

96 $PV=nRT$에서 $\frac{w}{V}=\frac{PM}{RT}$
$M=2\times 0.75+28\times 0.25=8.5$
$\therefore\ \rho=\frac{1{,}000\times 8.5}{0.082\times 273}\fallingdotseq 380$

답 – 94.④ 95.② 96.②

97 100℃의 금속 조각 0.5kg을 물 1kg이 들어 있는 비커에 넣고 평형상태까지 도달 된 후 금속 조각을 꺼내어 온도를 측정하였더니 25℃가 되어 있었다. 금속 조각을 넣기 전 물의 온도는? (단, 비커는 완전히 단열되어 있고, 물과 금속 조각의 체적 변화는 없으며, 물의 열용량과 금속 조각의 열용량은 각 4J/g · ℃, 0.2J/g · ℃이다. 소수 첫째 자리에서 반올림 한다.)

① 23　　② 22

③ 21　　④ 20

98 다음 식에서 프로판(C_3H_8)이 연소하면 이산화탄소와 물을 만든다. 프로판 11g을 연소하면 증발하는 물은 몇 몰이 생기는가?

$$C_3H_8 + 5O_2 \rightarrow 3CO_2 + 4H_2O$$

① 1mol　　② 2mol

③ 3mol　　④ 4mol

ANSWER

97 ㉠ 열량과 관련된 식 $Q = mC_p\Delta T$를 이용한다. (m : 질량, C_p : 열용량, ΔT : 온도변화량)

㉡ 에너지 보존법칙에 의하여 금속조각의 에너지는 물의 열에너지로 전달된다.

$\therefore\ m_{금속} C_{금속} \times \Delta T_{금속} = m_{물} C_{물} \times \Delta T_{물}$

$\Rightarrow 500g \times 0.2J/g \cdot ℃ \times (100℃ - 25℃) = 1000g \times 4J/g \cdot ℃ \times (25℃ - x℃) \Rightarrow x = 23℃$

98 $C_3H_8 = \frac{11}{44} = \frac{1}{4}mol$

$C_3H_8 : H_2O = 1 : 4$

$\therefore$ 물의 생성량$= \frac{1}{4} \times 4 = 1\,mol$

답 - 97.① 98.①

99 30℃, 전압 760mmHg에 대기의 상대습도가 20%이다. 이 대기 속의 수증기의 분압은 몇 mmHg인가? (단, 30℃에서 수증기의 포화수증기압은 31.8mmHg이다)

① 6.4
② 6.6
③ 14.5
④ 152

100 A성분/B성분의 2성분계는 근사적으로 라울의 법칙을 따른다. 각 순수성분의 증기압은 75℃에서 P_{Asat} = 60kPa이고 P_{Bsat} = 40kPa이다. 75℃에서 A성분 50mol%와 B성분 50mol%로 구성된 액체 혼합물과 평형을 이루는 증기의 A성분 몰분율 조성은?

① 0.5
② 0.6
③ 0.7
④ 0.8

101 CH_4 93%, O_2 2%, N_2 5%로 조성된 가스 1.5m^3을 완전연소시키는 데 필요한 이론공기량은?

① 5.42m^3
② 8.76m^3
③ 13.14m^3
④ 15.71m^3

ANSWER

99

$$상대습도(H_R) = \frac{P_a(분압)}{P^*(포화수증기압)} \times 100 \quad \therefore P_a = \frac{20 \times 31.8}{100} = 6.36 ≒ 6.4$$

100

이성분계 이상용액에서 기액평형일 때, 다음과 같은 식이 이용된다. $y_1 = \frac{x_1 P_1^*}{P_2^* + (P_1^* - P_2^*)x_1}$

(y_1 : 성분1의 기상몰분율, x_1 : 성분1의 액상 몰분율, P_1^* : 순수한 성분1의 증기압, P_2^* : 순수한 성분2의 증기압)

$$\therefore y_1 = \frac{x_1 P_1^*}{P_2^* + (P_1^* - P_2^*)x_1} = \frac{60 \times 0.5}{40 + (60-40)0.5} = 0.6$$

101

$$단위부피당\ A_0 = (2 \times 0.93 - 0.02) \times \frac{1}{0.21} = 8.76$$

$\therefore$ 1.5m^3에 대해 $A = 8.76 \times 1.5 = 13.14m^3$

답 99.① 100.② 101.③

102 20℃, 1atm에서 공기와 물이 접촉하여 평형을 이루고 있을 때 물에 녹아 있는 산소량의 질소에 대한 그 비는? (단, Henry상수는 질소 : 8.04×10^4, 산소 : 4.01×10^4atm/mole fraction, 공기는 21vol%의 산소, 79vol%의 질소로 되어 있다)

① 0.133
② 0.266
③ 0.499
④ 0.533

103 벤젠－톨루엔은 이상용액에 가까운 용액을 만든다. 80℃에서 벤젠과 톨루엔의 증기압은 각각 753mmHg 및 290mmHg이다. 벤젠분율이 0.2인 용액의 증기압(전압)은?

① 181.6atm
② 382.6atm
③ 547.4atm
④ 760atm

104 25wt% NaOH 수용액에서 물의 mole분율은 얼마인가? (단, Na의 분자량＝23)

① 0.87
② 4.16
③ 8.7
④ 87.0

ANSWER

102

$$P=H\times x\text{에서 } x=\frac{P}{H},\ \frac{O_2}{N_2}=\frac{\frac{P_{O_2}}{H_{O_2}}}{\frac{P_{N_2}}{H_{N_2}}}=\frac{21}{79}\times\frac{8.04\times10^4}{4.01\times10^4}=0.533\quad (H:\text{헨리상수})$$

103 $P_t=P_AX+P_B(1-X)=753\times0.2+290\times0.8=150.6+232=382.6\text{atm}$

104

$$H_2O\text{의 몰분율}=\frac{\frac{75}{18}}{\left(\frac{25}{40}\right)+\left(\frac{75}{18}\right)}=\frac{4.167}{0.625+4.167}\fallingdotseq 0.87$$

답 102.④ 103.② 104.①

105 포스겐 가스를 만들기 위해 CO가스 1.2mol과 Cl_2가스 1mol을 다음 식과 같이 촉매하에서 반응시킨다. 이때 변화율(포스겐 생성물)이 90%라 하면 반응시키기 위하여 투입한 Cl_2 단위mol당 반응기를 나가는 총 몰수는?

$$CO(g) + Cl_2(g) \rightarrow COCl_2(g)$$

① 1.0mol
② 1.2mol
③ 1.3mol
④ 1.4mol

106 바다 수면의 기압이 $1.04kg_f/cm^2$일 때, 수면으로부터 바다 속 10m 깊이의 절대압력(kg_f/cm^2)은? (단, 바닷물의 밀도는 $1.85g/cm^3$이다)

① 0.81
② 1.04
③ 1.85
④ 2.89

ANSWER

105 $CO(g) + Cl_2(g) \rightarrow COCl_2(g)$

초기 : 1.2 1

반응 : 0.9 0.9

반응 후 : 0.3 0.1 0.9

∴ 반응기를 나가는 총 mol수는 = 0.3 + 0.1 + 0.9 = 1.3mol

106 절대압력 = 게이지압력 + 대기압력

㉠ 게이지압력 $= 1{,}080kg/m^3 \times kg_f/kg \times 10m = 10{,}800kg_f/m^2$

∴ $18{,}500kg_f/m^2 \times m^2/10^4cm^2 = 1.85kg_f/cm^2$

㉡ 대기압력 = $1.04kg_f/cm^2$

∴ 절대압력 = $1.85kg_f/cm^2 + 1.04kg_f/cm^2 = 2.89kg_f/cm^2$

답 105.③ 106.④

107 CO 37%(용적), O_2 1.0%(용적), N_2 62%(용적)인 발생로가스를 연소하기 위하여 진산소량보다 20%(용적) 과잉의 산소가 되도록 공기를 공급해서 완전연소시킨다. 표준조건의 발생로가스 100g-mole당 공급해야 할 표준조건의 공기량[L]은? (단, N_2는 반응에 참여하지 않는다)

① 2,137L ② 2,200L
③ 2,240L ④ 2,368L

108 바다 수면의 기압이 10.3mH_2O일 때, 수면으로부터 바다 속 10m 깊이의 절대압력(mH_2O)은? (단, 바닷물의 밀도는 1.05g/cm^3이다)

① 10 ② 1.03
③ 20.3 ④ 30.3

109 40℃에서 어떤 $NaNO_3$ 수용액은 49wt%의 $NaNO_3$를 포함하고 있다. 온도를 10℃로 냉각할 때 100kg의 용액으로부터 결정화하는 $NaNO_3$의 무게는? (단, 10℃에서 포화용액의 농도는 44.5wt%이다)

① 4.2kg ② 8.1kg
③ 9.6kg ④ 16.3kg

ANSWER

107 $CO(g) + (1/2)O_2 \rightarrow CO_2$

$$\text{과잉산소량} = 100 \times 0.37 \times \frac{1}{2} \times 1.2 = 22.2\text{mol}$$

$$\text{필요한 공기량} = 22.2 \times \frac{100}{21} = 105.7\text{mol}$$

$$\therefore \text{필요한 표준조건 공기의 부피} = 105.7\text{mol} \times \frac{22.4\text{L}}{1\text{mol}} = 2367.7\text{L}$$

108 절대압력 = 게이지압력 + 대기압력

㉠ 게이지압력(바다 속 10m 깊이의 압력) = 10mH_2O

㉡ 대기압력(바다 수면의 기압) = 10.3mH_2O

∴ 절대압력 = 10mH_2O + 10.3mH_2O = 20.3mH_2O

109 $$\text{결정된 무게} = \text{처음량} - 10℃\text{에 녹아 있는 양} = 49 - \left(51 \times \frac{44.5}{55.5}\right) = 8.1\,\text{kg}$$

답 — 107.④ 108.③ 109.②

110 연료유(H_2 : 16wt%, C : 84wt%) 100g을 아래 방정식과 같이 연소시키는 데 이론공기량보다 30V% 과잉공기를 공급한다. 공급해야 할 공기의 몰수는?

$$C + O_2 \rightarrow CO_2 \cdots\cdots ㉠$$
$$H_2 + \frac{1}{2}O_2 \rightarrow H_2O \cdots\cdots ㉡$$

① 142.5g · mole
② 93.6g · mole
③ 68.1g · mole
④ 54.7g · mole

111 10wt% NaCl수용액 100kg과 30wt% NaCl 수용액을 섞어서 25wt% 용액으로 만들려고 한다. 30wt% NaCl 수용액을 얼마나 섞어야 되는가?

① 100kg
② 200kg
③ 300kg
④ 400kg

112 0.05p의 점도를 SI단위로 환산하면?

① 0.005
② 0.05
③ 0.25
④ 0.5

ANSWER

110 ㉠의 이론몰수 $= \frac{84}{12} \times 1\text{mol} = 7\text{mol}$

㉡의 이론 몰수 $= \frac{16}{2} \times 0.5\text{mol} = 4\text{mol}$

∴ 총이론몰수 = 11mol이고, 실제 O_2량 $= 11 \times 1.3 = 14.3$

∴ 실제공기량 $= 14.3 \times \frac{100}{21} = 68.1\text{ g} \cdot \text{mol}$

111 물질수지 $= (100 \times 0.1) + 0.3x = (x + 100) \times 0.25 \quad \therefore x = \frac{(25-10)}{(0.3-0.25)} = 300\text{kg}$

112 $0.05\text{p} = \frac{0.05\text{g}}{\text{cm} \cdot \text{sec}} \times \frac{100\text{cm}}{1\text{m}} \times \frac{1\text{kg}}{1{,}000\text{g}} = 0.005\text{kg/m} \cdot \text{sec}$

답 110.③ 111.③ 112.①

113 18.4g의 N_2O_4는 100℃로 가열할 때, 720mmHg 압력에서 11,450cm^3의 용적을 차지한다. 이상기체법칙이 적용된다고 가정하고 N_2O_4가 NO_2로 해리된 백분율은?

① 25% ② 47.5%

③ 75% ④ 98.2%

114 800kg/h의 유속으로 각각 50wt% 벤젠과 자일렌의 혼합 용액이 유입되어 벤젠은 상층에서 310kg/h, 자일렌은 하층에서 350kg/h로 분리되고 있다. 이때 상층에 섞여있는 자일렌(q_1)과 하층에 섞여있는 벤젠(q_2)의 유속은?

	q_1	q_2
①	50kg/h	90kg/h
②	90kg/h	60kg/h
③	100kg/h	50kg/h
④	50kg/h	100kg/h

ANSWER

113 $N_2O_4 \rightarrow 2NO_2$

N_2O_4의 mol 수 $= \frac{18.4}{92} = 0.2\text{mol}$

전체의 mol 수 $= n = \frac{PV}{RT} = \frac{720 \times 11.45}{62.36 \times 373} = 0.35\text{mol}$

$(0.2 - x) + 2x = 0.35,\ x = 0.15 \quad \therefore \frac{0.15}{0.2} \times 100 = 75\%$

114 질량보존의 법칙을 적용하여 문제를 해결한다. 벤젠과, 자일렌의 각 물질수지식을 세우면 다음과 같다.

㉠ 벤젠의 입량=(상층부의 벤젠 출량)+(하층부의 벤젠 출량) ⇒ $400\text{kg/h} = 310\text{kg/h} + q_2$

㉡ 자일렌의 입량=(상층부의 자일렌 출량)+(하층부의 자일렌 출량) ⇒ $400\text{kg/h} = q_1 + 350\text{kg/h}$

$\therefore q_1 = 50\text{kg/h},\ q_2 = 90\text{kg/h}$

답 113.③ 114.①

115 비중이 0.8인 액체가 나타내는 압력이 $0.8kg_f/cm^2$일 때, 이 액체의 높이는?

① 10m　② 20m
③ 30m　④ 40m

116 5wt% Na_2SO_4와 $Na_2SO_4 \cdot 10H_2O$ 1kg을 30wt%의 수용액을 만든다. 5% Na_2SO_4의 수용액의 양은?

① 0.284　② 0.361
③ 0.564　④ 0.722

117 20kg의 순탄소를 태워 CO_2 16wt%, CO 4wt%로 만들어진 생성물을 얻었다. CO_2의 양은? (단, 남아 있는 순탄소는 없다)

① 4kg　② 16kg
③ 26.3kg　④ 52.6kg

ANSWER

115 압력=밀도×중력가속도×높이인 식을 활용한다. (단 압력의 단위가 kg_f인 경우는 중력가속도를 제외한다.)

밀도 : 비중×물의밀도=$0.8 \times 1{,}000kg/m^3 = 800kg/m^3$

$\therefore\ 0.8kg_f/cm^2 \times \frac{(100cm)^2}{1m^2} = 800kg/m^3 \times$ 높이 $\Rightarrow$ 높이 $= 10m$

116 Na_2SO_4 수지 $= 0.05x + 1 \times \left(\frac{142}{142+180}\right) = (1+x) \times 0.3$

$0.25x = 0.141 \quad \therefore\ x = 0.564kg$

117 생성물 전체의 양 $= x$kg

초기 C의 kmol수 $= \frac{20}{12} = 1.667$kmol

생성 CO_2의 kmol수 $= \frac{0.16 \times x}{44} = 0.00364$xkmol

생성 CO의 kmol수 $= \frac{0.04 \times x}{28} = 0.00143$xkmol

$0.00364x + 0.00143x = 1.667 \quad \therefore x = 328.8$

$\therefore$ 생성 CO_2의 양 $= 0.16 \times 328.8 = 52.6kg$

답 115.① 116.③ 117.④

118 질량 500g의 철을 70℃로 가열하여 20℃의 물 300g 중에 넣었더니 28℃로 되었다. 철의 비열을 cal/g · ℃로 계산하면?

① 1.0cal/g · ℃
② 0.4cal/g · ℃
③ 0.156cal/g · ℃
④ 0.114cal/g · ℃

119 기체 A가 기체 B로 전환되는 아래 반응식에 의해 A의 50%가 B로 전환된다면, 반응 후 얻게 되는 기체 혼합물 중 A의 몰분율은? (단, 초기에는 A만 반응기에 존재한다)

$$A(g) \rightarrow 4B(g)$$

① 0.1 ② 0.2
③ 0.5 ④ 0.8

ANSWER

118 $Q = m \cdot C_p \cdot \Delta T$에서

$500 \times C_p \times (70-28) = 300 \times 1 \times (28-20)$

$\therefore C_p = \dfrac{2,400}{500 \times 42} = 0.114\ \text{cal/g} \cdot ℃$

119 초기 A의 기체가 100mol이 있다고 가정해보자.

㉠ 반응 전 : A기체 100mol, B기체 0mol
㉡ 반응 후 : A기체 $(100-100\times0.5)=50\,\text{mol}$, B기체 $4\times100\times0.5=200\,\text{mol}$
∴ 반응 후에 A의 몰분율은 50/250이므로 즉 0.2가 된다.

답 — 118.④ 119.②

120 물 100g당 용질 10g-mole을 함유하는 $NaNO_3$ 수용액은 760mmHg, 108.7℃에서 끓는다. 30℃에서 증기압을 계산하면? (단, 108.7℃에서 물의 증기압은 1,013mmHg, 30℃에서 물의 증기압은 31.8mmHg이다)

① 21mmHg
② 24mmHg
③ 30mmHg
④ 48mmHg

121 연료가 완전연소할 때 이론상 필요한 공기량을 $A_0(m^3)$, 실제로 사용한 공기량을 $A(m^3)$라고 하면 과잉 공기 백분율을 올바르게 표시한 식은 다음 중 어느 것인가?

① $\frac{A}{A_0}\times 100$
② $\frac{A_0}{A}\times 100$
③ $\frac{A-A_0}{A_0}\times 100$
④ $\frac{A-A_0}{A}\times 100$

122 30℃, 750mmHg 상태에 있는 질소의 밀도를 g/L의 단위로 표시하면?

① 11.1
② 1.11
③ 1.41
④ 14.1

ANSWER

120 비중기압 강하도 $= \frac{P-P_b}{P} = \frac{1,013-760}{1,013} = \frac{31.8-x}{31.8}$

$\therefore x = 23.86 ≒ 24\,\text{mmHg}$

121 과잉공기(%) $= \frac{\text{과잉 공기량}}{\text{완전연소에 필요한 이론공기량}}\times 100$

122 $PV = \frac{w}{M}RT$에서

밀도$(\rho) = \frac{w}{V} = \frac{PM}{RT} = \frac{750\text{mmHg}\times\frac{1}{760\text{mmHg}}\times 28}{0.0821\times 303\text{K}} = 1.11$

답 120.② 121.③ 122.②

123 다음 반응식에 의해 Na_2CO_3 100kg을 만들 경우 필요한 $CaCO_3$의 양은? (단, Na 분자량 : 23, Ca 분자량 : 40)

$$2NaCl + CaCO_3 \rightarrow Na_2CO_3 + CaCl_2$$

① 94kg ② 96kg
③ 98kg ④ 100kg

124 Na_2CO_3를 40wt% 포함한 수용액이 있다. Na_2CO_3의 조성을 백분율로 표시하면? (단, Na_2CO_3의 분자량 = 106)

① 10.17% ② 25%
③ 78.6% ④ 89.8%

125 50℃의 아세틸렌 2몰을 50atm에서 5atm으로 정온팽창시킨다. 용적은 몇 배로 증가되는가? (단, 50℃, 50atm에서 압축인자 = 0.7, 5atm에서 압축인자 = 0.98)

① 5배 ② 8.5배
③ 10배 ④ 14배

ANSWER

123 $100 : 106 = x\text{kg} : 100\text{kg}$

$$\therefore x = \frac{10{,}000}{106} = 94.34 \fallingdotseq 94\,\text{kg}$$

124

$$Na_2CO_3(\%) = \frac{\frac{40}{106}}{\left(\frac{40}{106}\right) + \left(\frac{60}{18}\right)} \times 100 = \frac{0.377}{0.377 + 3.333} \times 100 = 10.17\%$$

125 $PV = z \cdot nRT$ (z : 압축인자)

$$V_2 = V_1 \times \frac{50 \times 0.98}{5 \times 0.7} = 14\,V_1$$

답 123.① 124.① 125.④

126 2kg의 수소를 완전히 연소시키는 데 순수한 산소 20kg을 포함하는 공기를 사용하였다. 과잉공기의 %는?

① 15% ② 20%
③ 25% ④ 30%

127 질소기체 1kg · mole을 25 ℃에서 900℃까지 1atm에서 가열하였을 때, 엔탈피의 변화는? (단, 0 ~ 25℃의 평균열용량 C_{mp}(25) = 6,460kcal/kg · mole℃, 0 ~ 900℃의 평균열용량 C_{mp}(900) = 7,420kcal/kg · mole℃)

① 650,800kcal ② 6,516,500kcal
③ 649,400kcal ④ 634,100kcal

128 표준상태에 있는 헬륨 100L를 밀폐된 용기에서 100℃로 가열하였을 때 내부에너지의 변화 ΔU는 몇 cal인가? (단, 헬륨의 $C_V = \frac{3}{2}$R)

① 887cal ② 988cal
③ 1,331cal ④ 1,425cal

ANSWER

126 $H_2 + \frac{1}{2}O_2 \rightarrow H_2O$

반응 2kg : 16kg

∴ 과잉산소(O_2)% $= \frac{20-16}{16} \times 100 = 25\%$

127 $\Delta H = n\int_{25}^{900} C_p dT = n \times \left(\int_{0}^{900} C_p dT - \int_{0}^{25} C_p dT\right)$

$= 1 \times (7{,}420)(900) - (6{,}460)(25) = 6{,}516{,}500\text{kcal}$

128 $U = nC_v \Delta T = \frac{100\text{L}}{22.4\text{L}} \times \frac{3}{2} \times 1.987 \times (373-273) = 1{,}330.58 \fallingdotseq 1{,}331\text{cal}$

답 126.③ 127.② 128.③

129 압출 방향에 대해 수직으로 자른 실린더 내부 단면적이 $0.1m^2$인 압출 장비로 국수를 뽑고 있다. 피스톤이 100cm/s의 속도로 반죽을 밀어 단면적이 $1cm^2$인 국수가 500가닥 압출되고 있다면, 국수의 압출 속도[cm/s]는? (단, 실린더 내부는 국수 반죽으로 가득 차 있고 공극은 없으며 국수 반죽은 밀도가 일정한 비압축성 유체이고 국수 압출 시 실린더 내에서 동일한 압력을 받는다)

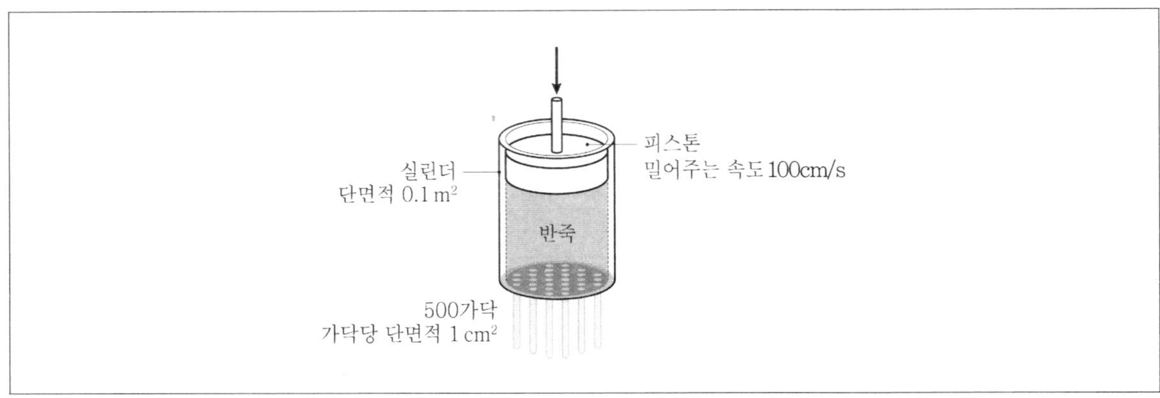

① 0.2
② 2
③ 20
④ 200

ANSWER

129 질량보존의 법칙을 이용한다. 즉 초기부피유속=나중부피유속 $u_1A_1 = u_2A_2$ (밀도가 동일할 경우)

$$\therefore\ 100\text{cm/s} \times 0.1\text{m}^2 \times \frac{(100\text{cm})^2}{1\text{m}^2} = u_2 \times 500 \times 1\text{cm}^2 \Rightarrow u_2 = 200\text{cm/s}$$

답 129.④

130 25℃, 1atm에서 다음 반응의 표준반응열을 구하면? (단, 생성열(cal/g-mole)은 $\Delta H_{f\,Fe_2O_3}=-196{,}500$, $\Delta H_{f\,CO_2}=-94{,}052$, $\Delta H_{f\,H_2O}=-57{,}800$, $\Delta H_{f\,CO}=-26{,}416$)

$Fe_2O_3(s) + 2CO(g) + H_2(g) \rightarrow 2Fe(s) + 2CO_2(g) + H_2O(g)$

① −1,614cal
② 3,428cal
③ −14,157cal
④ 141,570cal

131 암모니아 합성반응에서 1mole의 N_2와 3mole의 H_2를 400℃, 10atm에서 반응시켰을 때 0.150mole의 NH_3가 생성되었다. 이때 소모된 N_2와 H_2의 mole수는?

① N_2 : 0.225, H_2 : 0.075
② N_2 : 0.075, H_2 : 0.150
③ N_2 : 0.075, H_2 : 0.225
④ N_2 : 0.015, H_2 : 0.225

ANSWER

130 $\{2\times(-94{,}052)+(-57{,}800)\}-\{-196{,}500+2(-26{,}416)\}$
$=-245{,}904+249{,}332=3{,}428\text{cal}$

131 $3H_2 + N_2 \rightarrow 2NH_3$
이론 3 : 1 : 2
반응 X : Y : 0.15

$X=\dfrac{0.15}{2}\times 3=0.225$

$Y=\dfrac{0.15}{2}\times 1=0.075$

답 – 130.② 131.③

132 80wt%의 수분을 함유하고 있는 물질 100kg을 50wt%의 수분이 포함되도록 건조할 때 수분의 증발량 [kg]은?

① 60
② 65
③ 70
④ 75

133 물질 X는 질량비로 48%의 C, 8%의 H, 28%의 N, 16%의 O를 포함하며, 몰질량은 200g/mol이다. X의 실험식은? (단, C, H, N, O의 원자량은 각각 12, 1, 14, 16이다)

① $C_4H_8N_2O$
② $C_8H_{16}N_4O_2$
③ $C_{12}H_{24}N_6O_3$
④ $C_{16}H_{32}N_8O_4$

134 물질 X는 질량비로 48%의 C, 8%의 H, 28%의 N, 16%의 O를 포함하며, 몰질량은 400g/mol이다. X의 분자식은? (단, C, H, N, O의 원자량은 각각 12, 1, 14, 16이다)

① $C_4H_8N_2O$
② $C_8H_{16}N4O_2$
③ $C_{12}H_{24}N_6O_3$
④ $C_{16}H_{32}N_8O_4$

ANSWER

132 ㉠ 수분을 함유한 재료 100kg에서 수분이 80wt%이라면 ⇒ 건조된 재료 : 20kg, 물 : 80kg이다.

㉡ $\frac{\text{건조후 남은 물질량}}{(\text{건조된 재료질량})+(\text{건조후 남은 물질량})} \Rightarrow \frac{x\text{kg}}{20\text{kg}+x\text{kg}}=0.5 \Rightarrow x=20\text{kg}$

∴ 최종적으로 수분의 증발량 : (초기 수분 양 - 건조 후 남은 재료의 질량) ⇒ 80kg−20kg=60kg

133 물질 X가 1mol에 200g이 존재하므로 질량을 200g으로 설정한다.

㉠ 탄소의 몰수 : $200g \times 0.48 \div 12g/mol = 8mol$
㉡ 수소의 몰수 : $200g \times 0.08 \div 1g/mol = 16mol$
㉢ 질소의 몰수 : $200g \times 0.28 \div 14g/mol = 4mol$
㉣ 산소의 몰수 : $200g \times 0.16 \div 16g/mol = 2mol$

∴ 물질 X의 분자식은 각 원소의 개수로 나타낼 수 있으므로 $C_8H_{16}N_4O_2$이다.
실험식인 경우에는 화합물에 존재하는 원소의 비율을 의미하므로 $C_4H_8N_2O$이 된다.

134 물질 X가 1mol에 400g이 존재하므로 질량을 400g으로 설정한다.

㉠ 탄소의 몰수 : $400g \times 0.48 \div 12g/mol = 16mol$
㉡ 수소의 몰수 : $400g \times 0.08 \div 1g/mol = 32mol$
㉢ 질소의 몰수 : $400g \times 0.28 \div 14g/mol = 8mol$
㉣ 산소의 몰수 : $400g \times 0.16 \div 16g/mol = 4mol$

∴ 물질 X의 분자식은 각 원소의 개수로 나타낼 수 있으므로 $C_{16}H_{32}N_8O_4$이다.
실험식인 경우에는 화합물에 존재하는 원소의 비율을 의미하므로 $C_4H_8N_2O$이 된다.

답— 132.① 133.① 134.④

135 부피가 V[L]인 용액 내에 분자량이 M_A[g/mol]인 용질 A가 n몰 용해되어 있다. 이 용액이 부피유속 120L/min으로 흐를 때, A의 질량유속[g/h]은?

① $120nM_A$　　② $120nM_A/V$
③ $7,200nM_A$　　④ $7,200nM_A/V$

136 A와 B로 구성된 2성분 기체 혼합물이 있다. A의 질량조성은 80%이고, A와 B의 분자량[g/mol]은 각각 40과 10이다. 이 기체혼합물의 평균 분자량은?

① 25　　② 30
③ 35　　④ 40

137 5wt% NaOH수용액을 시간당 500kg씩 증발기 속으로 공급하여 25wt%까지 종축하려고 한다. 이때 시간당 몇 kg씩 물을 증발시켜야 하는가?

① 375　　② 400
③ 42　　④ 475

ANSWER

135 질량유속=부피유속×단위부피당 질량이다. 그리고 질량=몰수×분자량의 관계식을 이용한다.
∴ 질량유속=$120\text{L/min} \times nM_A/V \times 60\text{min}/h = 7,200nM_A/V$

136 총 물질 100g이라 가정하고 각 물질의 몰수를 구하면 A는 $\frac{80\text{g}}{40\text{g/mol}} = 2\text{mol}$, B는 $\frac{20\text{g}}{10\text{g/mol}} = 2\text{mol}$이다.
∴ A, B의 몰분율은 동일하게 $\frac{2\text{mol}}{4\text{mol}} = 0.5$, $\sum_{all\ componets} y_i M_i = 0.5 \times 40\text{g/mol} + 0.5 \times 10\text{g/mol} = 25\text{g/mol}$

137 NaOH에 대한 물질수지식을 세우면 다음과 같다.
$500 \times 0.05 = (500 - x) \times 0.25$ (x는 증발되는 물의 양) $\Rightarrow 25 = 125 - 0.25x \Rightarrow 0.25x = 100$
∴ $x = 400\text{kg}$

답 — 135.④ 136.① 137.②

138 습윤기준으로 수분을 80% 함유한 펄프를 건조하여 처음 수분의 70%를 제거하였다. 건조펄프 1kg당 제거된 수분의 양은?

① 1.3kg ② 1.4kg
③ 1.5kg ④ 2.8kg

139 다음 화합물 중 물에 녹지 않는 염은?

① $CaCO_3$ ② $(NH_4)_3PO_4$
③ $Ba(OH)_2$ ④ Li_2CO_3

140 메탄올과 에탄올의 혼합물이 기-액평형 상태에 있다. 특정온도에서 메탄올의 증기압은 780mmHg이고, 에탄올의 증기압은 480mmHg이다. 같은 온도에서 혼합물의 전압이 540mmHg일 때, 액상에 존재하는 에탄올의 몰분율은? (단, 기상은 이상기체이고 액상은 이상용액이다)

① 0.5 ② 0.6
③ 0.7 ④ 0.8

ANSWER

138 건조 전 펄프양 = 100kg이라고 하면
초기 펄프 수분량 = 0.8 × 100 = 80kg, 수분을 제외한 펄프양 = 20kg
제거된 수분량 = 80 − 24 = 56kg, 건조 후 수분량 = 80 − 56 = 24kg
∴ 건조펄프양 = 24 + 20 = 44kg
∴ 건조펄프 1kg당 제거된 수분량 $= \frac{56}{44} = 1.27 \fallingdotseq 1.3$kg

139 ① $CaCO_3$; 흰색의 고체 침전물로 형성된다. ② $(NH_4)_3PO_4$: $3(NH_4)^+ + PO_4^{3-}$
③ $Ba(OH)_2$: $Ba^{2+} + 2(OH)^-$ ④ Li_2CO_3 : $2Li^+ + CO_3^{2-}$

140 라울의 법칙을 이용한다. ∴ $P = x_A P_A^* + (1 - x_A) P_B^*$
(P : 전압, P_A^* : 순수한 에탄올을 증기압, P_B^* : 순수한 메탄올의 증기압 x_A : 에탄올의 액상 몰분율)
∴ $P = x_A P_A^* + (1 - x_A) P_B^* \Rightarrow 540\text{mmHg} = x_A 480\text{mmHg} + (1 - x_A) 780\text{mmHg} \Rightarrow x_A = 0.8$

답 — 138.① 139.① 140.④

141 전압이 0.612atm이고 수증기 분압이 0.18atm인 공기의 절대습도[kg H_2O/kg dry air]는? (단, 수증기의 분자량은 18g/mol이고 건조공기의 분자량은 30g/mol로 가정한다)

① 0.12
② 0.15
③ 0.25
④ 0.42

142 전압이 0.9atm이고 공기의 절대습도[kg H_2O/kg dry air]가 0.15일 때 수증기의 분압[atm]은? (단, 수증기의 분자량은 18g/mol이고 건조공기의 분자량은 30g/mol로 가정한다)

① 0.12
② 0.15
③ 0.18
④ 0.21

143 0.5kg의 얼음(0℃)과 2.5kg의 물(65℃)을 50℃가 되게 하였다. 이때 가한 열량은? (단, 얼음의 용해열＝80kcal/kg, 열량의 단위＝kcal)

① 13.5
② 27.5
③ 54.5
④ 72.5

ANSWER

141 공기의 절대습도를 구하는 식은 다음과 같다. $H=\frac{M_v}{M_g}\times\frac{p_v}{P-p_v}$

(M_v : 수증기의 분자량, M_g : 건조공기의 분자량, p_v : 수증기의 분압, P : 전체압력)

$$\therefore\ H=\frac{M_v}{M_g}\times\frac{p_v}{P-p_v}=\frac{18\text{g/mol}}{30\text{g/mol}}\times\frac{0.18\text{atm}}{0.612\text{atm}-0.18\text{atm}}=0.25$$

142 공기의 절대습도를 구하는 식은 다음과 같다. $H=\frac{M_v}{M_g}\times\frac{p_v}{P-p_v}$

(M_v : 수증기의 분자량, M_g : 건조공기의 분자량, p_v : 수증기의 분압, P : 전체압력)

$$\therefore\ H=\frac{M_v}{M_g}\times\frac{p_v}{P-p_v}=\frac{18\text{g/mol}}{30\text{g/mol}}\times\frac{x\text{ atm}}{0.9\text{atm}-x\text{ atm}}=0.15\Rightarrow x=0.18\text{atm}$$

143 얼음이 얻은 열량＝$(0.5\times80)+(0.5\times1\times50)=40+25=65$

물이 잃은 열량＝$2.5\times1\times(65-50)=37.5$

$\therefore$ 가한 열량 $Q=65-37.5=27.5$

답 141.③ 142.③ 143.②

144 20℃에서 물의 점도는 1cP이다. 이것은 몇 lb/ft · hr인가?

① 0.36
② 2.42
③ 3.6
④ 242

145 관 속에서 산소 4vol%를 포함한 기체가 1.7m^3/hr로 들어간다. 관을 나가는 기체의 산소함량을 8vol%로 증가시키려면 공기를 얼마나 가하여야 하는가? (단위는 m^3/hr이고, 공기의 산소 함량은 20%이다)

① 0.286
② 0.324
③ 0.567
④ 0.782

146 증발관을 사용하여 고체 5%를 함유하는 용액 1,000kg/hr를 16%로 농축하려 할 때, 원액으로부터 증발시켜야 하는 용매의 양(kg/hr)은? (단, 고체의 손실은 없는 것으로 가정하며 소수 첫째 자리에서 반올림 한다.)

① 263
② 385
③ 688
④ 724

ANSWER

144

$$1.0\text{cP} = \frac{1.0\times10^{-2}\text{g}}{\text{cm}\cdot\text{sec}}\times\frac{\text{lb}}{453.6\text{g}}\times\frac{30.48\text{cm}}{1\text{ft}}\times\frac{3{,}600\text{sec}}{1\text{hr}} = 2.42\text{lb/ft}\cdot\text{hr}$$

145 O_2 수지 $1.7\times0.04+0.2x=(1.7+x)\times0.08$

$$\therefore x=\frac{1.7\times0.08-1.7\times0.04}{0.2-0.08}=0.567$$

146 ㉠ 고체 5% 함유하는 용액 1,000kg/hr : 용질 50kg/hr, 용매 950kg/hr

㉡ 고체 16% 함유하는 용액 1,000kg/hr : 용질 50kg/hr, 용매 $x$kg/hr

∴ 50kg/hr/($x$kg+50kg/hr)=0.16, x=262.5kg/hr

최종적으로 증발해야하는 용매의 양은 950kg/hr−262.5kg/hr≒688kg/hr

답 – 144.② 145.③ 146.③

147 〈보기〉는 가스 A, B, C의 세 성분으로 된 기체혼합물의 분석치 이다. 이때 성분 B의 분자량은?

> A. 45mol%(분자량 40)
> B. 10wt%
> C. 45mol%(분자량 60)

① 30　　② 40
③ 50　　④ 60

148 CO_2 gas 440g을 20L의 용적으로 압축하려고 한다. 이상기체라 가정하고 27℃에서 필요한 압력은? (단, $CO_2 = 44$)

① 119psi　　② 140psi
③ 141psi　　④ 181psi

ANSWER

147

성분	몰분율	질량분율	질량	분자량
A	45mol%	–	x	40g/mol
B	10mol%	20wt%	z	?
C	45mol%	–	y	60g/mol

㉠ A와 C의 질량은 몰분율×분자량을 통해 구할 수 있다. ∴ $x = 0.45\times40 = 18g$, $y = 0.45\times60 = 27g$

㉡ B의 질량은 질량분율을 구하는 식을 통해 구할 수 있다. ∴ $\frac{z}{18g+z+27g} = 0.1 \Rightarrow z = 5g$

㉢ B의 분자량은 질량÷몰분율을 통해 구할 수 있다. ∴ $5/0.1 = 50g/mol$

148 $PV = nRT$에서

$$P = \frac{nRT}{V} = \frac{\left(\frac{440}{44}\right)\times(0.082)\times300}{20} = 12.3\text{atm}$$

12.3atm×(14.7psi/1atm)=180.81psi≒181psi

답 147.③　148.④

149 〈보기〉는 가스 A, B, C의 세 성분으로 된 기체혼합물의 분석치이다. 이때 성분 B의 질량분율[%]은?

> A. 40mol%(분자량 40)
> B. 10g
> C. 40mol%(분자량 60)

① 10
② 20
③ 30
④ 40

150 다음은 산화철(III)(Fe_2O_3)과 일산화탄소(CO)가 반응하여 철(Fe)과 이산화탄소(CO_2)를 생성하는 반응식이다. 균형 맞춘 화학 반응식이 되기 위한 계수 a, b, c, d의 합은?

$$a\ Fe_2O_3 + b\ CO \rightarrow c\ Fe + d\ CO_2$$

① 8
② 9
③ 10
④ 11

ANSWER

149

성분	몰분율	질량분율	질량	분자량
A	40mol%	–	x	40g/mol
B	20mol%	?	10g	–
C	40mol%	–	y	60g/mol

㉠ A와 C의 질량은 몰분율×분자량을 통해 구할 수 있다. ∴ $x = 0.4 \times 40 = 16g$, $y = 0.4 \times 60 = 24g$

㉡ B의 질량분율은 B질량/전체질량을 통해 구할 수 있다. ∴ $10g/(16g + 10g + 24g) \times 100\% = 20\%$

150 반응전과 반응후의 원자의 개수가 맞아야 한다.

㉠ a=1이 되면 Fe원자는 총 2개이고, O의 원자는 3개가 된다 따라서 c=2가된다.

㉡ b=3이 되면 C원자와 O원자가 각각 3개이고, 따라서 C원자수를 맞추기 위해 d=3이 되어야 한다.

㉢ O원자를 비교하면 반응 전, 후 각각 총 6개의 원자수로 일치하여 맞는 반응식이 된다.

∴ a=1, b=3, c=2, d=3, (1+3+2+3)=9이다.

답 149.② 150.②

151 다음은 포도당($C_6H_{12}O_6$)과 산소(O_2)가 반응하여 물(H_2O)와 이산화탄소(CO_2)를 생성하는 반응식이다. 균형 맞춘 화학 반응식이 되기 위한 계수 a, b, c, d의 합은?

$$a\ C_6H_{12}O_6 + b\ O_2 \rightarrow c\ H_2O + d\ CO_2$$

① 11
② 13
③ 17
④ 19

152 질소와 수소 혼합물이 100atm, 200℃를 유지하고 있다. 이때 질소분압이 25atm이고 이상기체라 가정하면 이 혼합물의 밀도(g/L)는?

① 19
② 22
③ 57
④ 76

ANSWER

151 반응전과 반응후의 원자의 개수가 맞아야 한다.

㉠ a=1이 되면 C원자는 총 6개이고, O의 원자는 6개, H의 원자는 12개가 된다 따라서 d=6이 된다.

㉡ c=6이 되면 H원자와 O원자가 각 12, 6개이고, 따라서 O원자수를 맞추기 위해 b=6이 되어야 한다.

∴ a=1, b=6, c=6, d=6, (1+6+6+6)=19이다.

152 $PV = nRT$에서

$$\frac{w}{V} = \frac{PM}{RT}$$

$$M = (2\times 0.75) + (28\times 0.25) = 8.5$$

$$\therefore \rho = \frac{100\times 8.5}{0.082\times 473} \fallingdotseq 22\text{g/L}$$

답 151.④ 152.②

153 25℃, 5atm에서 물 100g에 이산화탄소 88g이 녹아 있는 탄산음료수가 있다. 이것이 1atm으로 되면 몇 L의 이산화탄소가 발생하는가? (단, Henry의 법칙에 따른다)

① 17.5L　② 22.4L
③ 32.8L　④ 39.01L

154 벤젠과 톨루엔 혼합액(벤젠의 농도 60 중량%)이 100kg/s의 유량으로 증류탑에 공급되고 있다. 탑정액(Distillate)생성물의 유량은 60kg/s이며 탑정액 중 벤젠의 농도는 80중량%이다. 증류탑 탑저액(Bottom) 생성물 중 톨루엔의 농도(중량%)를 결정하면?

① 70%　② 75%
③ 80%　④ 85%

155 무연탄 1g을 105℃의 건조기에서 1시간 건조 후의 무게가 0.88g이고, 이 시료를 다시 950℃에 뚜껑을 덮어 7분간 작열 후 감량은 0.2g이었고, 뚜껑을 열고 완전연소 시켰을 때, 잔량이 0.1g이었다면 무연탄의 고정탄소(%)는?

① 16%　② 22%
③ 39%　④ 58%

ANSWER

153 헨리의 법칙 : 일정한 온도에서 용해도는 압력에 비례한다.

처음 용해도 $= \dfrac{88}{100} = 0.88$, 나중 용해도 $= 0.88 \times \dfrac{1}{5} = 0.176$

∴ 발생된 이산화탄소 무게 $= 88 - 17.6 = 70.4\text{g}$

$$\therefore V = \frac{nRT}{P} = \frac{wRT}{MP} = \frac{(70.4\text{g})(0.082\text{atm}\cdot\text{L/mol}\cdot\text{K})(298\text{K})}{(44\text{g/mol})(1\text{atm})} = 39.01\text{L}$$

154 유입량 : 총 100kg/s, 벤젠 : 60kg/s, 톨루엔 : 40kg/s

㉠ 탑정액(Distillate) 유출량 : 총 60kg/s, 벤젠 : 60kg/s×0.8=48kg/s, 톨루엔 : (60−48)=12kg/s

㉡ 탑저액 유출량(Bottom) : 총 (100−60)=40kg/s, 벤젠 : (60−48)=12kg/s, 톨루엔 : (40−12)=28kg/s

∴ 탑저액의 톨루엔 농도 : 28/(28+12)×100%=70%

155 고정탄소 = 100 − (수분 + 회분 + 휘발분)

∴ 100 − (12 + 20 + 10) = 58%

답 ― 153.④ 154.① 155.④

156 100mol의 원료 성분 A를 반응장치에 공급하여, 회분(batch)조작으로 어떤 시간을 반응시킨 결과, 잔존 A성분은 10mol이었다. 반응식을 2A + B → R로 표시할 때, 원료성분 A와 B의 몰 비가 5 : 3이었다고 하면 원료 성분 B의 변화율은 얼마인가?

① 0.72 ② 0.73
③ 0.74 ④ 0.75

157 포스겐가스를 만들기 위하여 CO가스 1.2mol과 Cl_2가스 1mol을 다음 반응식과 같이 촉매 하에서 반응시킨다. 이 때 전환율이 90%라면 반응 후 총 몰수[mol]는?

$$CO(g) + Cl_2(g) \rightarrow COCl_2(g)$$

① 1.3 ② 1.4
③ 1.5 ④ 1.6

158 NaOH(30%) 수용액중 H_2O의 몰분율은? (단, Na분자량 = 23)

① 0.84 ② 0.68
③ 0.42 ④ 0.26

ANSWER

156 반응식 : 2A+B → R
반응 전 : A = 100, B = X, R = 0, 반응 후 : A = 100 − 2Y, B = X − Y, R = Y
A성분의 잔여물이 10mol이므로 100 − 2Y = 10 따라서 Y = 45mol, 또한 원료성분 A와 B의 몰 비가 5:3이므로 100 : X = 5 : 3, X = 60
∴ 성분B의 변화율 : 45/60 = 0.75

157 ㉠ 반응이 1:1반응이므로 한계 반응물은 Cl_2이다.
㉡ 전환율이 90%이므로 Cl_2의 1mol 중 0.9mol만 반응한다.
㉢ 따라서 반응 후에는 0.3mol의 CO와 0.1mol의 Cl_2, 0.9mol의 $COCl_2$가 남아 있다.
즉 0.3 + 0.1 + 0.9 = 1.3mol이다.

158
$$\frac{\frac{70}{18}}{\frac{70}{18}+\frac{30}{40}} = 0.84$$

답 156.④ 157.① 158.①

159 다음 중 압력의 단위가 아닌 것은?

① N/m^2　　② kgf/m^2
③ bar　　④ lb/ft

160 단위들의 정의 중 옳지 않은 것은?

① $Pa = kg \cdot m^{-1} \cdot s^{-2}$　　② $J = kg \cdot m^2 \cdot s^{-2}$
③ $J = N \cdot m$　　④ $J = Pa \cdot m$

161 어떤 Gas가 125kJ의 열량을 흡수하여 30kJ의 일을 했을 경우 이 Gas의 증가된 내부에너지는?

① 155kJ　　② 125kJ
③ 95kJ　　④ 75kJ

162 10% NaOH 용액으로부터 20%의 농축액 10kg을 얻었을 때 처음 용액의 양[kg]은?

① 10kg　　② 20kg
③ 25kg　　④ 30kg

ANSWER

159 압력단위 … N/m^2, kgf/m^2, mmHg, lb/ft^2, $dyne/cm^2$, lb/in^2

160 ㉠ $Pa = N \cdot m^{-2} = kg \cdot m \cdot m^{-2} \cdot s^{-2} = kg \cdot m^{-1} \cdot s^{-2}$
㉡ $J = N \cdot m = kg \cdot m \cdot s^{-2} \cdot m = kg \cdot m^2 \cdot s^{-2}$
㉢ $J = N \cdot m$
㉣ $Pa \cdot m = N \cdot m^{-2} \cdot m = N \cdot m^{-1} \neq J$

161 받은 열량(Q) = 내부에너지(U) + 계가 한 일(W)
$U = 125 - 30 = 95\,kJ$

162 $0.1 \times x = 0.2 \times 10$　　$\therefore x = 20kg$

답 — 159.③ 160.④ 161.③ 162.②

163 어떤 버너가 효율적인 완전 연소를 위해 40% 과잉공기로 운전하도록 설계되었다. 버너에 메탄(CH_4)을 30L/min의 유량으로 공급한다면 공급해야할 공기의 유량[L/min]은? (단, 공기 중 산소의 농도는 20mol%로 가정한다.)

① 42　　② 210
③ 300　　④ 420

164 흡수탑에서 CO_2 30%를 포함한 원료가스 물로 $10m^3/s$의 비율로 흡수 제거한다. 흡수탑의 출구에서 원료가스 중의 CO_2는 0.1%였다. 처음 원료가스량 [m^3/s]은?

① 73.9　　② 78.9
③ 83.9　　④ 88.9

ANSWER

163 메탄의 연소 반응식은 다음과 같다. $CH_4 + 2O_2 \rightarrow 2H_2O + CO_2$

㉠ 메탄과 산소가 반응하는 비율은 1:2 이다.

㉡ 즉 30L/min의 메탄이 공급되면 완전 연소 시 필요한 산소는 60L/min이다.

∴ 50% 과잉공급이며, 유입되는 물질은 산소가 아닌 공기이므로 최종적으로 공급해야하는 공기의 양은

$$60L/min \times 1.4 \times \frac{1}{0.2} = 420L/min$$

164 CO_2의 입량과 출량에 대한 물질 수지식을 세우면 다음과 같다.

$0.3x = 0.001[x-(0.3x-10)]$ $\therefore x = 0.0233m^3/s = 83.9m^3/h$

답 163.④ 164.③

165 다음 중 현열에 대한 설명으로 옳지 않은 것은?

① 실제로 온도계에 측정되는 열이다.
② 온도의 변화만 있을 뿐 상 전이현상이 없다.
③ 온도가 변하면서 발생하는 에너지변화다.
④ 현열을 이용한 공정에는 냉동 공정, 증발, 증류가 있다.

166 온도와 부피가 일정할 때, 산소와 질소의 혼합물의 전체 압력이 100atm일 때 질소의 분압이 30atm이었다. 이 혼합물의 평균분자량은?

① 31 ② 38
③ 46 ④ 54

167 5질량(wt)%의 NaOH 수용액 100g을 40질량(wt)%의 수용액으로 만들려고 한다. 증발된 물의 양[mol]으로 가장 가까운 것은? (단, NaOH과 물의 몰질량은 각각 40g/mol과 18g/mol이다.)

① 88 ② 7.5
③ 4.8 ④ 4.2

ANSWER

165 ④ 잠열에 관한 설명이다.
※ 잠열 … 온도의 변화 없이 상변화에 동반되는 열을 뜻하며 숨은 열 이라고도 한다.

166 $\overline{M} = x_1 M_1 + x_2 M_2 = 0.3 \times 28 + 0.7 \times 32 = 30.8 ≒ 31$

167 ㉠ 5wt% NaOH 수용액의 용매와 용질 ⇒ 용매 : 95g, 용질 : 5g
㉡ 40wt% NaOH 수용액의 용매와 용질 ⇒ $\frac{5g}{x\,g + 5g} = 0.4$ ⇒ $x = 7.5g$ (용매 : xg, 용질 : 5g)
∴ 증발된 물의 질량 : $95g - xg = 7.5g$, 증발된 물의 몰수 : $\frac{87.8g}{18g/mol} = 4.87mol$

답 165.④ 166.① 167.③

168 다음 중 국제표준단위(SI)에 속하지 않는 것은?

① Centimeter(cm)
② meter(m)
③ kelvine(K)
④ mole

169 20℃, 750mmHg에서 상대습도가 80%인 공기의 몰습도는 무엇인가? (단 20℃에서 물의 증기압은 17.5mmHg 이다.)

① 0.011
② 0.013
③ 0.019
④ 0.021

170 어떤 유기화합물 A는 C, H, O, N으로만 구성되어 있다. A의 원소분석 결과, 이 중 C, H, N의 질량 분율은 각각 0.42, 0.06, 0.28이다. A의 가능한 분자량[g/mol]은? (단, C, H, O, N의 원자량은 각각 12, 1, 16, 14이다)

① 200
② 250
③ 300
④ 350

ANSWER

168 ① CGS단위 ②③④ SI단위

169 공기 중 수증기의 분압(P_a)=포화증기압(P_s)×상대습도(y_r) ⇒ $0.8 \times 17.5 = 14$mmHg

$$\therefore \text{ 몰습도} = \frac{\text{증기의 분압}}{\text{건조기체의 분압}} = \frac{P_a}{P - P_a} = \frac{14}{750 - 14} = 0.019$$

170 우선 A의 물질이 100g이 있다고 가정해보자.
각 원소의 질량 ⇒ C: 42g, H: 6g, N: 28g, O: 24g
각 원소의 몰수 ⇒ C: 3.5mol, H: 6mol, N: 2mol, O: 1.5mol
A의 물질이 위 조건을 만족하는 분자량을 갖게 되려면 각 질량을 각 원소의 원자량으로 나누었을 때 정수배가 되어야 한다.
∴ 2배를 해주면 정수배가 되므로 분자량은 100g×2=200g

답— 168.① 169.③ 170.①

171 어떤 유기화합물 A는 C, H, O, N으로만 구성되어 있다. A의 원소분석 결과, A의 분자량[g/mol]이 120이며 C의 질량분율이 O에 비해 1.5배일 때 H의 몰수는? (단, C, H, O, N의 원자량은 각각 12, 1, 16, 14이다)

① 8 ② 10

③ 12 ④ 14

172 메탄올 25mol%인 메탄올/물 혼합 용액을 연속 증류하여 메탄올 99mol% 유출액과 물 95mol% 관출액으로 분리 하고자 한다. 유출액 100mol/hr을 생산하기 위해 필요한 공급액의 양은?

① 410mol/hr ② 440mol/hr

③ 470mol/hr ④ 500mol/hr

173 산의 질량 분율이 x_A인 수용액 L(kg)과 x_B인 수용액 N(kg)을 혼합하여 x_M인 산 수용액을 얻으려고 한다. 이 때 L과 N의 비를 구하면?

① $\frac{L}{N}=\frac{x_A - x_B}{x_M - x_B}$ ② $\frac{L}{N}=\frac{x_M - x_B}{x_A - x_M}$

③ $\frac{L}{N}=\frac{x_B - x_M}{x_M - x_A}$ ④ $\frac{L}{N}=\frac{x_A - x_M}{x_B - x_M}$

ANSWER

171 2배의 C의 원자량은 O의 원자량에 비하여 1.5배가 차이가 난다.
우선 C를 2몰, 나머지 원소를 1몰로 고정한 후 원자량을 구하면 다음과 같다.
∴ 24 + 1 + 16 + 14 = 55g/mol이며 이는 120의 배수가 되지 않지만, 수소를 5몰 더 해주면 120의 배수가 된다.
∴ 60×2 = 120g/mol이 되므로 이에 포함되는 총 수소의 몰수는 12mol 이다.

172 질량보존의 법칙을 적용하여 문제를 해결한다. 따라서 메탄올 기준으로 식을 세우면 다음과 같다.
∴ 메탄올의 입량=메탄올의 출량, $F\times 0.25 = 100\text{mol/h}\times 0.99 + (F-100)\text{mol/h}\times 0.05$ (F는 공급량)
$\Rightarrow 0.2F = 94\text{mol/h}$ ∴ $F = 470\text{mol/h}$

173 ㉠ 전체 물질수지 : $L+N=M$
㉡ 산에 대한 물질 수지 : $Lx_A + Nx_B = Mx_M$
㉢ 식 ㉠과 ㉡에서 M을 소거하고 $\frac{L}{N}$을 구하면 $\frac{L}{N}=\frac{x_M - x_B}{x_A - x_M}$이다.

답 171.③ 172.③ 173.②

174 90℃에서 70mol% 벤젠과 30mol% 톨루엔이 혼합된 이상 용액이 기-액 평형에 있다고 할 때, 기상에서 톨루엔의 몰분율은? (단, 90℃에서 벤젠과 톨루엔의 증기압은 각각 P*벤젠 = 900mmHg, P*톨루엔 = 400mmHg 이다.)

① 0.14
② 0.16
③ 0.18
④ 0.20

175 90℃에서 80mol% 벤젠과 20mol% 톨루엔이 혼합된 이상 용액이 기-액 평형에 있다고 한다. 기상에서의 톨루엔의 몰분율이 0.1이라고 할 때 90℃에서 순수한 벤젠의 증기압은? (단, 90℃에서 톨루엔의 증기압은 P*톨루엔 = 400mmHg 이다.)

① 600mmHg
② 700mmHg
③ 800mmHg
④ 900mmHg

176 다음 중 1atm보다 큰 힘은?

① 14.7psi
② 760mmHg
③ 101,325N/m^2
④ 10.13bar

ANSWER

174 이성분계 이상용액에서 기액평형일 때, 다음과 같은 식이 이용된다. $y_1 = \dfrac{x_1 P_1^*}{P_2^* + (P_1^* - P_2^*)x_1}$

(y_1 : 성분1의 기상몰분율, x_1 : 성분1의 액상 몰분율, P_1^* : 순수한 성분1의 증기압, P_2^* : 순수한 성분2의 증기압)

$$\therefore\ y_1 = \frac{x_1 P_1^*}{P_2^* + (P_1^* - P_2^*)x_1} = \frac{400\text{mmHg} \times 0.3}{900\text{mmHg} + (400\text{mmHg} - 900\text{mmHg}) \times 0.3} = 0.16$$

175 성분계 이상용액에서 기액평형일 때, 다음과 같은 식이 이용된다. $y_1 = \dfrac{x_1 P_1^*}{P_2^* + (P_1^* - P_2^*)x_1}$

(y_1 : 성분1의 기상몰분율, x_1 : 성분1의 액상 몰분율, P_1^* : 순수한 성분1의 증기압, P_2^* : 순수한 성분2의 증기압)

$$\therefore\ y_1 = \frac{x_1 P_1^*}{P_2^* + (P_1^* - P_2^*)x_1} = \frac{400\text{mmHg} \times 0.2}{x\text{mmHg} + (400\text{mmHg} - x\text{mmHg}) \times 0.2} = 0.1 \Rightarrow x = 900\text{mmHg}$$

176 1atm = 760mmHg = 10.33mH_2O = 101.325kPa = 101,325N/m^2 = 1.013bar = 14.7psi

답 174.② 175.④ 176.④

177 $NaHCO_3$ 42(wt%)를 포함하는 수용액에서 물의 조성을 몰분율로 나타내면?

① 0.14
② 0.48
③ 0.68
④ 0.87

178 일정량의 기체가 27℃, 1.5atm에서 200ml를 차지한다. 이 기체를 47℃, 400ml로 할 때의 압력은?

① 0.2atm
② 0.6atm
③ 0.8atm
④ 1.0atm

179 농도가 5wt%의 식염수 100kg을 20wt%로 농축시켰다면 증발된 수분의 양은?

① 25
② 50
③ 60
④ 75

ANSWER

177 (기준)용액 100kg

$NaHCO_3$의 분자량 = 84, H_2O의 분자량 = 18

$NaHCO_3$의 kgmol수 $= \frac{42}{84} = 0.5$이고,

H_2O kgmol 수 $= \frac{58}{18} = 3.22$이다.

$NaHCO_3$의 mole분율 $= \frac{0.5}{3.22+0.5} = 0.134$

H_2O의 mole분율 $= 1 - 0.134 = 0.866 ≒ 0.87$

178 Boyle－Charles 법칙에서 $\frac{P_1V_1}{T_1} = \frac{P_2V_2}{T_2}$이므로,

$P_2 = P \times \frac{V_1}{V_2} \times \frac{T_2}{T_1} = (1.5) \times \left(\frac{200}{400}\right) \times \left(\frac{320}{300}\right) ≒ 0.8\,\text{atm}$

179 유입량 = 100kg, 5wt%, 증발량 = $x$kg

유출량 = $(100 - x)$ kg, 20wt%

NaCl 수지는 $(100 \times 0.05) = (100 - x) \times (0.2)$

$\therefore x = 75$

답 177.④ 178.③ 179.④

180 다음은 어떤 화력발전소에서 배출하는 배기가스 성분의 몰 조성[mol%]이다. 질소(N_2) : 이산화탄소(CO_2) : 수분(H_2O) = 80 : 10 : 10 이를 질량 조성으로 환산하였을 때 혼합가스 중 이산화탄소의 함량[wt %]은? (단, 결과는 소수 둘째 자리에서 반올림하며, H, C, N, O의 원자량은 각각 1, 12, 14, 16 이다)

① 13.4
② 14.4
③ 15.4
④ 16.4

181 백운석(Ca 21wt%, Mg 10wt%, SiO_2 5wt%, 나머지는 불활성 물질)을 진한 황산으로 처리하여 xg을 추출하려고 한다. 황산으로 분해시킨 다음 여액과 케이크의 조성을 알아보았더니 수분 50%, Mg 0.4%, SiO_2 2wt%이고, 나머지는 불용성 물질이었다. Mg의 추출 수율[%]은? (단, SiO_2는 이 과정에서 변화 없이 불용성이다)

① 75%
② 80%
③ 85%
④ 90%

182 화력발전소를 운전하기 위해 800K의 수증기를 생산하고 400K의 강물을 이용하여 열을 제거한다면 이 화력발전소의 최대 열효율은?

① 0.3
② 0.4
③ 0.5
④ 0.6

ANSWER

180 질소의 질량 : $0.8 \times 28 = 22.4$g, 이산화탄소 질량 : $0.1 \times 44 = 4.4$g, 물의 질량 : $0.1 \times 18 = 1.8$g

∴ 이산화탄소 질량분율 : $\frac{4.4g}{22.4g + 4.4g + 1.8g} \times 100\% = 15.4\%$

181 백운석을 100g이라 가정하자.

케이크 전체의 무게를 x로 잡고, SiO_2의 물질수지를 세우면 $100 \times 0.05 = 0.02 \times x \Rightarrow x = 250$g

케이크 250g 중에 Mg이 0.4%가 들어 있으므로 Mg의 질량은 250×0.004=1g

∴ 추출된 Mg의 질량은 10−1=9g이므로 추출수율= $\frac{9}{10} \times 100 = 90\%$

182 열 효율 : $(1 - h_C/h_H)$, 파라미터 값 : h_C =400K, h_H= 800K

∴ $(1 - h_C/h_H) \Rightarrow (1 - 400/800) = 0.5$

답 180.③ 181.④ 182.③

183 이상기체 상태방정식이 가장 잘 적용되는 온도와 압력 조건은?

① 고온 저압
② 고온 고압
③ 저온 저압
④ 저온 고압

184 이상용액 거동을 하는 벤젠과 톨루엔의 혼합용액이 850mmHg, 90℃에서 기상과 액상이 평형상태에 도달하였다. 순수한 벤젠과 톨루엔의 증기압이 각각 1,200mmHg와 500mmHg라고 할 때, 기상에 존재하는 벤젠의 몰분율은? (단, 몰분율은 소수점 둘째자리에서 반올림한다)

① 0.5
② 0.6
③ 0.7
④ 0.8

185 압력이 4kg중/cm^2, 100℃에서 포화수증기의 엔탈피는 600kcal/kg이고 포화액체의 엔탈피는 100kcal/kg이다. 이 수증기의 건조도가 0.9일 때 엔탈피는?

① 150kcal/kg
② 250kcal/kg
③ 450kcal/kg
④ 550kcal/kg

ANSWER

183 이상기체는 기체입자간의 상호작용이 없는 것이 전제이다. 온도의 관점에서는 저온일수록 입자간 거리가 가까워진다. 따라서 입자간의 상호작용이 발생하지 않도록 하기 위해서는 고온일수록 좋다. 압력의 관점에서는 압력이 높을수록 입자간의 상호작용이 발생한다. 따라서 저압으로 해야 이상기체 상태방정식에 가장 잘 적용되는 조건이다.

184 ㉠ $P_{total} = x_1 P_1^* + P_2^*(1-x_1) 850\text{mmHg} = 1{,}200\text{mmHg} \times x_1 + 500\text{mmHg}(1-x_1) \therefore\ x_1 = 0.5$

㉡ $y_1 = P_1 / P_{total} = x_1 P_1^* / P_{total}$ (y_1 : 벤젠의 기상에서의 몰분율)

$\therefore\ y_1 = (0.5 \times 1{,}200\text{mmHg}) / 850\text{mmHg} \fallingdotseq 0.7$

185 $H = (1-x)H_L + xH_G = H_L + (H_G - H_L)x$

$= 100 + (600 - 100) \times 0.9 = 550\ \text{kcal/kg}$

답 183.① 184.③ 185.④

186 어떤 석회석을 분석하였는데 $CaCO_3$ 75%, $MgCO_3$ 15%, 불용물 10%로 분석되었다. 이 석회석 2ton에서 생성되는 CaO의 양은? (단, Ca의 원자량 = 40, O의 원자량 = 16, Mg의 원자량 = 24.8)

① 830kg
② 840kg
③ 850kg
④ 860kg

187 10cP의 점도는 몇 kg/m · s인가?

① 0.001
② 0.01
③ 0.1
④ 1

188 습윤목재 15kg에 수분이 5kg 함유되어 있다. 이 목재의 수분함유량을 20%로 하려면 몇 kg의 수분을 제거해야 하는가?

① 1.5kg
② 2.5kg
③ 3.5kg
④ 4.5kg

ANSWER

186 $CaCO_3 \rightarrow CaO + CO_2$의 반응에서 $CaCO_3$의 분자량 = 100, CaO의 분자량은 56이므로,

$$\text{CaO의 양} = \frac{56 \times 2{,}000 \times 0.75}{100} = 840\text{kg}$$

187 $1\text{cP} = 0.01\text{poise}(\text{g/cm} \cdot \text{s}) = 0.001\text{kg/m} \cdot \text{s}$

$10\text{cP} = 0.01\text{kg/m} \cdot \text{s}$

188 목재의 무게는 10kg, 건조 후 수분량을 $x$kg이라 하면

$$\frac{x}{10+x} \times 100 = 20(\%)$$

$x = 2.5\text{kg}$

∴ 수분제거량 $= 5 - 2.5 = 2.5\text{kg}$

답 186.② 187.② 188.②

189 메탄올이 20mol%이고 물이 80mol%인 혼합물이 있다. 이를 상압하에서 플래시(flash) 증류로 분리한다. 이때 공급되는 혼합물 중 60mol%가 증발되고, 40mol%는 액상으로 남으며 액상에서 메탄올의 몰분율이 0.1인 경우, 기상에서 메탄올의 몰분율은? (단, 소수점 셋째자리에서 반올림한다)

① 0.23
② 0.27
③ 0.29
④ 0.32

190 용적 백분율로 CH_4 20%, C_2H_6 30%, H_2 50%로 구성된 혼합가스가 20℃, 2atm에서 100m^3/min의 속도로 흐르고 있을 때 C_2H_6의 성분 mole fraction은?

① 0.4
② 0.3
③ 0.2
④ 0.1

191 1atm, 0℃에서 1kg의 물이 1atm, 200℃의 수증기로 변하는 데 필요한 열량은 몇 kcal인가? (단, 수증기의 비열 C_p = 0.45kcal/kg · ℃, 증발잠열 = 540kcal)

① 785kcal
② 685kcal
③ 585kcal
④ 485kcal

ANSWER

189 메탄올과 물의 혼합물의 양을 100mol이라 가정한다. (∴ 메탄올 20mol, 물 80mol)
㉠ 액상 : 전체 40mol, 메탄올 4mol, 물 36mol (∵ 액 상에서 메탄올의 몰분율이 0.1이기 때문)
㉡ 기상 : 전체 60mol, 메탄올 16mol, 물 44mol (∵ 메탄올 20−4=16mol, 물 80−36=44mol)
∴ 기상에서의 메탄올의 몰분율 16mol/60mol≒0.27

190 부피분율 = 몰분율

$$C_2H_6\text{의 부피분율} = \frac{30}{20+30+50} = 0.3$$

191 Q = 액체수의 현열 + 증발잠열 + 수증기의 현열

$$= \{1\times 1\times (100-0)\} + 540 + \{1\times 0.45\times (200-100)\} = 685\text{kcal}$$

답 189.② 190.② 191.②

192 27℃ 대기압하에 몰습도 0.05인 공기가 증발기에 거쳐 나올 때, 나오는 공기는 47℃, 몰습도 0.10이다. 들어가는 공기 100L당 증발되는 물의 양은?

① 1.24g ② 2.28g
③ 3.49g ④ 4.25g

193 71.5% 수분을 함유하고 있던 펄프가 건조 후 원료에 함유하고 있던 수분이 60%가 제거되었을 때 이 펄프의 수분함량[%]은 얼마인가?

① 20% ② 30%
③ 40% ④ 50%

ANSWER

192

100L, 27℃, 1atm, 몰습도 0.05 → [ ] → 47℃, 1atm, 몰습도 0.10

들어가는 공기의 mol 수 $= 100\text{L} \times \dfrac{1}{22.4\text{L} \times \dfrac{300}{273}} = 4.06\text{mol}$

몰습도 $= \dfrac{x}{4.06 - x} = 0.05$

$\therefore x = 0.193\text{mol}$ = 들어가는 공기의 수분량

건조공기의 양 $= 4.06 - 0.193 = 3.867\text{mol}$

나오는 공기의 수분량 $= 3.867 \times 0.10 = 0.387\text{mol}$

∴ 증발량 $= (0.387 - 0.193)\text{mol} \times 18\text{g/mol} = 3.49\text{g}$

193 펄프의 양=100kg−71.5kg=28.5kg

㉠ 제거된 수분량=71.5kg×0.6=42.9kg

㉡ 남은 수분량=71.5kg−42.9kg=28.6kg

∴ 펄프의 수분함량$= \dfrac{28.6}{28.6 + 28.5} \times 100 \fallingdotseq 50\%$

답 — 192.③ 193.④

194 20mol의 C_4H_{10}을 완전 연소시켜 H_2O와 CO_2를 생성하였다. 10%의 과잉 산소를 사용한다면 필요한 산소 O_2의 몰수는?

① 71.5mol ② 143mol
③ 214.5mol ④ 286mol

195 압축계수 Z는 이상기체 법칙에서 $PV = ZNRT$로 놓아서 정의된 계수로 옳은 것은?

① Z는 이상기체의 경우 1이다.
② Z는 실제기체의 경우 1이다.
③ 일반화시킨 즉 환산연수로는 정의할 수 없다.
④ Z는 그의 단위가 R의 값의 역수이다.

196 압력 2kg중/m^2, 120℃에서 포화수증기의 엔탈피는 646kcal/kg이고 포화액체의 엔탈피는 120kcal/kg이다. 이 수증기의 Quality(건조도)가 0.95일 때의 엔탈피는?

① 620kcal/kg ② 720kcal/kg
③ 820kcal/kg ④ 920kcal/kg

ANSWER

194 C_4H_{10}의 완전 연소화학식 : $2C_4H_{10} + 13O_2 \rightarrow 10H_2O + 8CO_2$, 즉 반응비는 2 : 13이다.
∴ 완전연소 시 필요한 산소의 양 ⇒ $20 \times 6.5 = 130$mol, 과잉 10% 사용한다면 $130 + 13 = 143$mol

195 압축인자 Z는 실제기체가 이상성으로부터 벗어나는 정도를 의미하고, 이상기체의 경우 압축인자 Z는 1의 값을 갖는다.

196 $H = (1 - x)H_L + xH_G = H_L + (H_G - H_L)x$
$H = 120 + (646 - 120)0.95 = 620\text{kcal/kg}$

답 194.② 195.① 196.①

197 20℃에서의 질산나트륨의 용해도는 82이다. 20℃에서의 그 포화용액 500g을 가열하여, 물 150g을 증발시키면 몇 g의 질산나트륨이 석출하는가? (단, 가열 후 온도변화는 없다고 가정한다.)

① 120g ② 121g
③ 122g ④ 123g

198 어떤 석회석의 분석치는 다음과 같다. $CaCO_3$ 92%, $MgCO_3$ 5.1%, 불용물 2.9%인 석회석 5ton에서 생성되는 CaO의 양은? (단, Ca의 원자량 = 40, Mg의 원자량 = 24.8)

① 2,425kg ② 2,576kg
③ 2,842kg ④ 3,174kg

199 습윤목재 10kg에 수분이 4kg 함유되어 있다. 이 목재를 습량기준으로 15%의 수분을 함유하도록 하려면, 몇 kg의 수분을 제거하여야 하는가?

① 2.94kg ② 2.95kg
③ 3.94kg ④ 3.95kg

ANSWER

197 증발된 물의 질산나트륨의 양 = 150g × 0.82 = 123g

198 $CaCO_3 \rightarrow CaO + CO_2$에서 $CaCO_3$ 분자량 = 100, CaO 분자량 = 56이므로

CaO의 양 = $\frac{56}{100} \times 5{,}000\text{kg} \times 0.92 = 2{,}576\text{kg}$

199 목재의 무게는 6kg이고, 건조 후 수분량을 x 라 하면 $\frac{x}{6+x} \times 100 = 15\%$

$\therefore x = 1.06\text{kg}$

수분량 − 건조 후 수분량 = 제거된 수분

$4 - 1.06 = 2.94\text{kg}$

답 197.④ 198.② 199.①

200 노점 12℃, 온도 22℃, 전압 760mmHg의 공기가 어떤 계에 들어가서 나올 때는 노점 58℃, 전압 740mmHg이 되었다. 계에 들어가는 건조공기mol당 증가된 수분의 mol수는? (단, 12℃와 58℃에서 포화수증기압은 각각 10mmHg와 140mmHg이다)

① 0.21
② 0.22
③ 0.23
④ 0.24

201 27℃, 대기압하에서 몰습도 0.040인 공기가 증발기를 거쳐 나온다. 나오는 공기는 50℃, 몰습도는 0.110이다. 들어가는 공기 100L당 증발된 물의 무게는?

① 4.23g
② 4.91g
③ 6.25g
④ 7.25g

ANSWER

200 유입 건조공기는 760 − 10 = 750mmHg

유출 건조공기는 740 − 140 = 600mmHg

건조공기당 수분증가량 $= \dfrac{140}{600} - \dfrac{10}{750} = 0.22$ $molH_2O$/mol건조공기

201

100L
27℃
1atm
몰습도 0.040
→ [ ] →
50℃
1atm
몰습도 0.110

들어가는 공기의 mol 수 $= 100L \times \dfrac{1}{22.4L \times \dfrac{300}{273}} = 4.06mol$

몰습도 $= \dfrac{x}{4.06 - x} = 0.04$

∴ $x = 0.156mol$ = 들어가는 공기의 수분량

건조공기의 양 $= 4.06 - 0.156 = 3.904mol$

나오는 공기의 수분량 $= 3.904 \times 0.110 = 0.429mol$

∴ 증발량 $= (0.429 - 0.156)mol \times 18g/mol = 4.91g$

답 — 200.② 201.②

202 원통 속의 물 1g이 대기압하에서 100℃에서 증발할 때, 내부에너지는 몇 cal인가? (단, 증발잠열 = 540cal)

① 300cal ② 400cal
③ 500cal ④ 600cal

203 벤젠 60wt%, 톨루엔 40wt%의 혼합액이 1,000kg/h의 질량유속으로 증류탑에 공급된다. 탑상제품에서 톨루엔의 질량유속은 100 kg/h고 벤젠의 조성은 80wt%일 때, 탑저제품에서 벤젠의 질량유속 [kg/h]은?

① 100 ② 200
③ 300 ④ 400

204 100℃, 780mmHg에서 한 기체 혼합물의 분석치가 CO_2 14%, O_2 6%, N_2 80%일 때 N_2의 분압은 몇 mmHg인가?

① 524mmHg ② 624mmHg
③ 724mmHg ④ 824mmHg

ANSWER

202 포화수증기 증발잠열은 540(대기압, 100℃)이고

$\Delta U = Q - W = Q - nRT = 540 - \frac{1}{18} \times 373 \times 1.987 = 498.8 \fallingdotseq 500\text{cal}$

203 질량보존의 법칙을 활용한다. 입량 = 출량

㉠ 입량 : 1,000kg/h ⇒ 벤젠 : 600kg/h, 톨루엔 : 400kg/h

㉡ 출량 : 탑상에서의 벤젠의 질량유속 = $\frac{x\text{kg/h}}{100\text{kg/h} + x\text{kg/h}} = 0.8 \Rightarrow x = 400\text{kg/h}$

∴ 탑저에서의 벤젠의 질량유속 : 벤젠의 입량 − 탑상에서의 벤젠의 출량 ⇒ 600kg/h − 400kg/h = 200kg/h

204 780mmHg × 0.8 = 624mmHg

※ Dalton의 법칙 ⋯ $P_t \times m_A = P_A$ (m_A : 몰분율, P_t : 저압, P_A : 분압)

답 — 202.③ 203.② 204.②

205 20℃에서 분압 1atm을 가진 SO_2의 수중의 농도는 1.25mol/L이다. 분압 380mmHg에서는 몇 mol/L로 되는가? (단, Henry의 법칙이 성립한다고 한다)

① 3.625mol/L　　② 2.625mol/L
③ 1.625mol/L　　④ 0.625mol/L

206 20wt%의 벤젠과 톨루엔의 혼합액 100kg을 정류하여 벤젠 80wt%의 유출액 10kg을 꺼내면, 관출액 중의 벤젠의 농도는?

① 0.133　　② 0.233
③ 0.333　　④ 0.433

207 수분을 함유하는 실제공기 100kg을 분석한 결과 수분의 양이 2.5kg이었다. 이 공기의 절대습도는?

① 0.0256　　② 0.0356
③ 0.0456　　④ 0.0556

ANSWER

205 농도비율 = 압력비율 = 부피비율 = 몰분율($PV = nRT$)

$1.25 \times \frac{380}{760} = 0.625\,\text{mol/L}$

206 벤젠수지는 $100 \times 0.2 = (10 \times 0.8) + (90 \times x)$

$x = 0.133$

207 절대습도$(H) = \frac{2.5}{100 - 2.5} = 0.0256$

답 205.④ 206.① 207.①

208 740mmHg에서 이리스틸산($C_{13}H_{27}COOH$)을 수증기로서 정제하려고 한다. 증류된 산 1kg당 함께 나오는 수증기의 kg수는? (단, 740mmHg에서 물의 비점은 99℃이고, 이리스틸산의 증기압은 0.032mmHg이다)

① 0.098kg
② 4.3kg
③ 184kg
④ 1,837kg

209 벤젠 70mol%, 톨루엔 30mol%의 혼합액이 100mol/h의 유량으로 증류탑에 공급된다. 이 혼합액이 벤젠 90mol%인 탑상제품(top product)과 10mol%의 탑저제품(bottom product)으로 분리될 때 탑상제품의 유량[mol/h]은?

① 25
② 50
③ 75
④ 82

210 4mol%의 에테인(ethane)이 포함된 가스가 20℃, 15atm에서 물과 접해 있다. 헨리(Henry)의 법칙이 적용 가능할 때 물에 용해된 에테인의 몰분율은? (단, 헨리 상수는 2.5×10^4atm/mole fraction으로 가정한다)

① 1.2×10^{-5}
② 2.4×10^{-5}
③ 3.6×10^{-5}
④ 6.0×10^{-5}

ANSWER

208 $1\,\text{mol} \times \dfrac{0.032}{740} = 4.3 \times 10^{-5}\,\text{kg-mol}$

$4.3 \times 10^{-5} \times 228 = 0.0098\,\text{kg}$ $\quad \therefore \dfrac{18}{0.0098} \fallingdotseq 1{,}837$

209 질량보존의 법칙을 활용한다. 입량 = 출량

㉠ 입량 : 100mol/h ⇒ 벤젠 : 70mol/h, 톨루엔 : 30mol/h

㉡ 출량 : 벤젠에 대한 몰유량 $x \times 0.9 + y \times 0.1 = 70$mol/h ($x$: 탑상에서의 몰유량, y : 탑저에서의 몰유량) 톨루엔에 대한 몰유량 $x \times 0.1 + y \times 0.9 = 30$mol/h ($x$: 탑상에서의 몰유량, y : 탑저에서의 몰유량)

∴ 위의 연립방정식을 해결하면 $x = 75$mol/h, $y = 25$mol/h이다.

210 헨리의 법칙에 관련된 식은 다음과 같다. $P_i = x_i k_H$ (i : 화학종, k_H : 헨리상수, x : 몰분율)

전체기체압력 15atm에서 에테인이 차지하는 압력 : 15atm × 0.04 = 0.6atm

∴ 에테인의 몰분율 : $0.6\text{atm} = x_i \times (2.5 \times 10^4 \text{atm/mol fraction}) \Rightarrow x_i = 2.4 \times 10^{-5}$

답 208.④ 209.③ 210.②

211 아세톤 13V%를 함유하고 있는 질소의 혼합물이 있다. 19℃, 700mmHg에서 이 혼합물의 상대 포화도 [%]는 얼마인가? (단 아세톤의 증기압(19℃에서)은 182mmHg이다.)

① 40
② 50
③ 60
④ 70

212 C_2H_2의 연소열은 −310.7kcal/mol, $CO_2(g)$와 $H_2O(l)$의 생성열은 각각 −94.1, −68.3kcal/mol이다. C_2H_2의 생성열은 몇 kcal/mol인가?

① −54.2kcal/mol
② 54.2kcal/mol
③ −148.3kcal/mol
④ 148.3kcal/mol

213 질량 100kg의 철을 70℃로 가열하여 30℃의 물 30kg 중에 넣었더니 42℃로 되었다. 철의 비열은 몇 cal/g · ℃인가?

① 0.1286
② 0.214
③ 0.18
④ 2.33

ANSWER

211
㉠ 상대 포화도 : $y_r = \dfrac{P_a}{P_s} \times 100$

㉡ 돌턴의 분압 법칙으로부터 $P_a = Py = 700 \times 0.13 = 91\text{mmHg}$

$\therefore\ y_r = \dfrac{P_a}{P_s} \times 100 = \dfrac{91}{182} \times 100 = 50\%$

212
$C_2H_2 + \frac{5}{2}O_2 \rightarrow 2CO_2 + H_2O + 310.7\text{kcal}$

$-310.7 = 2 \times (-94.1) + (-68.3) - x$

$\therefore\ x = 54.2\text{kcal/mol}$

213 $Q = C \cdot m \cdot \Delta T$

$C \times 100\text{kg} \times (70 - 42) = 1 \times 30\text{kg} \times (42 - 30)$

$\therefore\ C = 0.1286\text{cal/g} \cdot ℃$

답 211.② 212.② 213.①

214 다음 수성가스 반응의 표준반응열을 구하면? (단, 표준생성열(290°K)은 ΔH_f (H_2O) = −68,317cal, ΔH_f (CO) = −26,416cal)

$$C + H_2O(l) \rightarrow CO + H_2$$

① 26,416cal ② 41,901cal
③ 68,317cal ④ 94,733cal

215 14,000kg/h의 일정한 유량으로 물이 빠져나가고 있는 탱크에 유량이 10,000kg/h인 펌프 A와 유량을 모르는 펌프 B로 3시간동안 물을 공급하였더니 탱크 내 물의 양이 6,000kg 증가하였다. 펌프 B가 공급한 물의 유량[kg/h]은?

① 3,000 ② 4,000
③ 5,000 ④ 6,000

216 600℃의 어떤 반응기 내를 28kg의 CO가 들어가서 그 60%가 CO_2로 변화하여 CO와 함께 나온다면 나오는 기체 중의 탄소의 무게는 몇 kg인가? (단, 계 내에서 물질의 축적은 없다)

① 10kg ② 12kg
③ 14kg ④ 16kg

ANSWER

214 $\Delta H_R = \Delta H_{CO} - \Delta H_{H_2O} = -26,416 - (-68,317) = 41,901\,\text{cal}$

215 질량보존법칙을 이용한다. 유출 유량이 14,000kg/h인 탱크에서 A펌프 10,000kg/h와 B펌프 $x$kg/h이 유입되었을 때, 3시간 뒤 6,000kg 증가 되었다면, 1시간당 2,000kg씩 증가한 것이다.
$\therefore$ 10,000kg+$x$kg−14,000kg=2,000kg ⇒ x=6,000kg

216 축적물질이 없으므로 유입탄소량 = 유출탄소량
$$28\text{kg} \times \frac{C}{CO} = 28\text{kg} \times \frac{12}{28} = 12\text{kg}$$

답 214.② 215.④ 216.②

217 질량으로 20%의 NaOH용액 100kg을 농축하여 80%wt의 NaOH액을 얻었다. 증발된 수분량은?

① 45kg ② 55kg
③ 65kg ④ 75kg

218 $CH_4(g) + 2O_2(g) = CO_2(g) + 2H_2O(l)$의 반응열은? (단, $CH_4(g)$의 생성열 = −17.9kcal/g−mol, $CO_2(g)$의 생성열 = −94kcal/g−mol, $H_2O(l)$의 생성열 = −68.4kcal/g−mol)

① −210kcal ② −212.9kcal
③ 248kcal ④ 2,248.7kcal

219 Butane(C_4H_{10})의 완전연소 반응으로 생성된 이산화탄소의 질량이 176g이었다. 반응에 참여한 초기 Butane의 양이 60g이었을 때 미반응된 Butane의 양은 얼마인가? (단, 원자량은 탄소=12, 수소=1, 산소=16이다)

① 2g ② 16.5g
③ 29g ④ 31g

ANSWER

217 증발된 수분량$= x$ kg이라면
NaOH의 물질수지는 $100 \times 0.2 = (100 - x) \times 0.8$
$\therefore x = 75$kg

218 $\Delta H = \Delta H_{H_2O} + \Delta H_{CO_2} - \Delta H_{CH_4} = (-94) + 2 \times (-68.4) - (-17.9) = -212.9$kcal

219 부탄의 연소반응식 : $2C_4H_{10} + 13O_2 \rightarrow 10H_2O + 8CO_2$
몰수=질량/분자량, 부탄의 몰수 : (60g)/(58g/mol)=1.03mol, 이산화탄소 몰수 : (176g)/(44g/mol)=4mol
㉠ 반응 전 : 부탄 1.03mol, 이산화탄소 : 0mol
㉡ 반응 후 : 부탄 1.03mol−$2x$, 이산화탄소 : 0mol+$8x$, ∴ $8x$=4mol 이므로 x=1/2mol
㉢ 반응한 부탄의 몰수 : 2×1/2=1.0mol, 반응한 부탄의 질량 : 1mol×58g/mol=58g
∴ 미 반응된 부탄의 양 : 60g−58g=2g

답 − 217.④ 218.② 219.①

220 Butane(C_4H_{10})의 완전연소 반응으로 생성된 이산화탄소의 질량이 88g이었다. 반응에 참여한 초기 Butane의 양이 60g 이었을 때 Butane의 전화율은 얼마인가? (단, 원자량은 탄소=12, 수소=1, 산소=16이며, 소수 셋째자리에서 반올림 한다.)

① 0.45
② 0.49
③ 0.53
④ 0.57

221 비중 1.2인 유체가 내경 2cm인 관을 속도 2m/sec로 흐른다. 이때 관 내경이 3cm 더 확장되었다면 유량속도[m/s]는?

① 0.11m/s
② 0.22m/s
③ 0.32m/s
④ 0.42m/s

ANSWER

220 부탄의 연소반응식 : $2C_4H_{10} + 13O_2 \rightarrow 10H_2O + 8CO_2$

몰수=질량/분자량, 부탄의 몰수 : (60g)/(58g/mol)=1.03mol, 이산화탄소 몰수 : (88g)/(44g/mol)=2mol

㉠ 반응 전 : 부탄 1.03mol, 이산화탄소 : 0mol

㉡ 반응 후 : 부탄 1.03mol$-2x$, 이산화탄소 : 0mol$+8x$, ∴ $8x$=2mol 이므로 $x=\frac{1}{4}$mol

㉢ 반응한 부탄의 몰수 : $2\times\frac{1}{4}$=0.5mol

∴ 전화율=0.5mol/1.03mol=0.49

221 $w=\rho u_1 A_1=\rho u_2 A_2$에서 $u_1A_1=u_2A_2$

$2\times\frac{\pi}{4}(0.02)^2=u_2\times\frac{\pi}{4}(0.02+0.03)^2$

$\therefore u_2=(2\text{m/s})\times\left(\frac{0.02}{0.05}\right)^2=0.32\text{m/s}$

답 220.② 221.③

222 프로판(C_3H_8)이 연소하면 다음 식에서 이산화탄소와 물을 만든다. 프로판 11g을 연소하면 증발하는 물은 몇 몰이 생기는가?

$$C_3H_8 + 5O_2 \rightarrow 3CO_2 + 4H_2O$$

① 4mole
② 3mole
③ 2mole
④ 1mole

223 포스겐 가스를 만들기 위해 CO 가스 1.2mol과 Cl_2 가스 1mol을 다음 식과 같이 촉매하여 반응시킨다. 이때 변화율(포스겐 생성률)이 60%라면 반응시키기 위하여 투입한 Cl_2의 단위mol당 반응기를 나가는 총 몰수는?

$$CO(g) + Cl_2(g) \rightarrow COCl_2(g)$$

① 1.2mole
② 1.4mole
③ 1.6mole
④ 1.8mole

ANSWER

222 $C_3H_8 + 5O_2 \rightarrow 3CO_2 + 4H_2O$

44 　　　　4

11 　　　　x

$x = \frac{11 \times 4}{44} = 1\,\text{mole}$

223 　　$CO + Cl_2 \rightarrow COCl_2$

반응 전 : 1.2 　1

반응 후 : 0.6 　0.6 　0.6

남은 양 : 0.6 　0.4 　0.6

∴ 전체 mol수 $= 0.6 + 0.4 + 0.6 = 1.6\text{mole}$

답 222.④ 223.③

224 40℃에서 어떤 N_2NO_3 수용액은 49.9wt%의 N_2NO_3를 포함하고 있다. 온도를 10℃로 냉각할 때 100kg의 용액으로부터 결정화하는 N_2NO_3의 무게는? (단, 10℃에서의 포화용액의 농도는 44.5wt%이다)

① 4.5kg ② 6.2kg
③ 8.1kg ④ 9.0kg

225 알코올 수용액(50mole%) 10mole을 증류하여 95% 유출액 x와 5% 관출액 y를 얻을 때 $x : y$는?

① 1 : 2 ② 2 : 1
③ 1 : 1 ④ 3 : 1

226 70℃에서 메탄올의 증기압은 857mmHg, 에탄올의 증기압은 54mmHg이다. 이 두 화합물이 혼합되어 70℃에서 전압 700mmHg의 상태에 있을 때 이 혼합액 중 메탄올의 몰분율(x_A)은? (단, 이 혼합액을 이상용액으로 간주한다)

① 0.504 ② 0.604
③ 0.704 ④ 0.804

ANSWER

224 결정화 된 양 = 처음 양 − 10℃에 녹는 양 $= 49.9 - 51 \times \frac{44.5}{55.5} = 49.9 - 40.9 = 9.0\,\text{kg}$

225 $0.5 \times (x+y) = 0.95x + 0.05y$
$\therefore (0.95 - 0.5)x = (0.5 - 0.05)y$
$\therefore x : y = (0.5 - 0.05) : (0.95 - 0.5) = 0.45 : 0.45 = 1 : 1$

226 $P_T = x_A P_A + x_B P_B = x_A P_A + (1 - x_A) \cdot P_B = 857 \times x_A + (1 - x_A) \cdot 54 = 700$
$\therefore x_A = 0.804$

답 224.④ 225.③ 226.④

227 공기 3kg을 200℃에서 1,000℃까지 부피를 일정하게 하고 가열한다고 한다. 공기의 내부에너지 증가는? (단, 공기의 정압비열 = 0.241kcal/kg℃, 공기의 정용비열 = 0.172kcal/kg℃)

① 41.4kcal
② 57.8kcal
③ 313kcal
④ 412.8kcal

228 포스겐 가스생성에서 CO 1.2mole과 Cl_2 1mole을 작용시켰을 때 한정반응물에 대한 과잉반응물의 과잉 %는?

① 20%
② 30%
③ 40%
④ 50%

229 다음 단위의 표기 중 옳은 것은?

① W=J · s
② Pa=J/m^2
③ N=J · m
④ J=kg/m^2 · s

ANSWER

227 $\Delta E = m \cdot C_V \cdot \Delta t = 3 \times 0.172 \times (1{,}000 - 200) = 412.8\text{kcal}$

228 $CO + Cl_2 \rightarrow COCl_2$(제한반응물 Cl_2)

과잉 % $= \dfrac{1.2 - 1}{1} \times 100 = 20\%$

229 ① W=J/s
② Pa=N/m^2
③ N=kg · m/s^2
④ J=N · m=kg/m^2 · s

답 — 227.④ 228.① 229.④

230 다음 반응식에 의해 Na_2CO_3 50kg을 만들 경우 필요한 $CaCO_3$의 양은? (단, Na의 분자량 = 23, Ca의 분자량 = 40)

$$2NaCl + CaCO_3 \rightarrow Na_2CO_3 + CaCl_2$$

① 47kg
② 51kg
③ 55kg
④ 59kg

231 습윤기준으로 수분을 90% 함유한 펄프를 건조하여 처음 수분의 70%를 제거하였다. 건조펄프 kg당 제거된 수분의 양은?

① 1.7kg
② 1.9kg
③ 2.1kg
④ 2.3kg

232 8wt%의 식염수와 5wt%의 식염수를 혼합해서 6wt%의 식염수 100g을 만들려면 각각 몇 g의 식염수가 필요한가?

① 8wt% : 25 g, 5wt% : 75 g
② 8wt% : 55 g, 5wt% : 4 g
③ 8wt% : 33.3 g, 5wt% : 66.7 g
④ 8wt% : 66.7 g, 5wt% : 33.3 g

ANSWER

230 $106 : 100 = 50 : x$, $\therefore\ x = \dfrac{5,000}{106} \fallingdotseq 47\text{kg}$

231 총량을 100kg으로 가정하면
처음 수분량 = 90kg, 제거된 수분 = $90 \times 0.7 = 63$ kg
건조된 펄프량 = $100 - 63 = 37$kg
$\therefore\ \dfrac{63}{37} = 1.7$

232 $100 \times (6-5) = x \cdot (8-5)$, $x + y = 100$이므로
$x = 33.3\text{g}(88\%)$, $y = 66.7\text{g}(5\%)$

답 — 230.① 231.① 232.③

233 물의 삼중점에서의 자유도를 구하면?

① 0 ② 1
③ 2 ④ 3

234 건조 기준(dry basis)으로 총 100몰의 기체 혼합물 내 각 기체 성분의 몰비는 A : 60mol%, B : 30mol%, C : 10mol%이다. 이 기체 혼합물에 수증기가 추가되어(wet basis)기체 성분 A의 몰비가 40mol%로 바뀌었을 때 추가된 수증기의 질량은?

① 90g ② 270g
③ 540g ④ 900g

235 상압에서 1g-mole의 벤젠(C_6H_6)을 표준융점(5.5℃)에서 표준비점(80.1℃)까지 가열할 때의 엔탈피 변화량은 몇 cal인가? (단, 벤젠의 열용량 C_p = 33.3cal/g-mole · ℃)

① 1,937 ② 2,416
③ 2,484 ④ 3,185

ANSWER

233 깁스상률 : $F=2-\pi+N$ (F는 계의자유도, π는 상의 수, N는 화학종의 수)
상의 수 : 기체, 액체, 고체 3개, 화학종의 수 : H_2O 1개
$\therefore\ F=2-3+1=0$

234 건조기준 총 100mol ∴A=60mol, B=30mol, C=10mol
이 기체 혼합물에 수증기가 추가되어 기체성분 A의 몰비가 40mol%로 변했다고 할 때 세울 수 있는 식
60mol/(100mol+$x$mol)×100=40%, ∴ x = 50mol
수증기의 분자량이 18g/mol이므로 추가된 수증기 질량은 50mol×18g/mol = 900g

235 $\Delta H = n \cdot C_p \cdot \Delta T = 1\times 33.3\times(80.1-5.5) = 2,484$ cal

답 — 233.① 234.④ 236.③

236 암모니아 합성반응에서 1mole의 N_2와 3mole의 H_2를 400℃, 10atm에서 반응시켰을 때 0.150mole의 NH_3가 생성되었다. 이때 출구로 나가는 총 몰수의 합은?

$$N_2 + 3H_2 \rightleftarrows 2NH_3$$

① 1.50mol ② 2.78mol
③ 3.70mole ④ 3.85mole

237 어떤 연도기체(Flue gas)의 조성이 다음과 같았다면 과잉공기의 백분율은?

CO_2 : 13.5%, O_2 : 4.0%, N_2 : 82.5%

① 18.24% ② 22.34%
③ 48.0% ④ 48.8%

ANSWER

236 $N_2 + 3H_2 \rightarrow 2NH_3$

1　3　2(반응비율)

0.075　0.225　0.15(소모량 및 생성 몰수)

0.925　2.775　0.15(출구에 나가는 몰수)

∴ 총 몰수 = 0.925 + 2.775 + 0.15 = 3.85mole

237 공급된 $O_2 = 82.5 \times \frac{21}{79} = 21.9$

과잉된 $O_2(\%) = \frac{4}{21.9 - 4} \times 100 = 22.34\%$

답 – 236.④ 237.②

238 건조 기준(dry basis)으로 총 100몰의 기체 혼합물 내 각 기체 성분의 몰비는 A : 60mol%, B : 30mol%, C : 10mol%이다. 이 기체 혼합물에 수증기가 200g 추가되었을 때 기체 성분 A의 몰비[mol%]는?

① 54
② 56
③ 58
④ 60

239 습한 재료 100kg에 대해서 수분 90wt%로부터 40wt%까지 건조하려면 얼마만큼의 수분을 제거해야 하는가?

① 55kg
② 65kg
③ 75kg
④ 85kg

240 5mol의 C_4H_{10}을 완전 연소시켜 H_2O와 CO_2를 생성하였다. 15%의 과잉 산소를 사용한다면 필요한 산소 O_2의 몰수는?

① 32.5 mol
② 35.75 mol
③ 37.5 mol
④ 37.75 mol

ANSWER

238 건조기준 총 100mol ∴A=60mol, B=30mol, C=10mol 이 기체 혼합물에 수증기가 200g이 추가 되었을 때, 추가된 몰 수는 200g/18g/mol=11.1mol

∴ 변화된 성분 A의 몰비는 60/(100+11.1)×100%=54mol%

239 습한재료 100kg에서 수분이 90wt%이라면, 건조된 재료 : 10kg, 물 : 90kg이다.

40wt%까지 건조하기 위해서는 (건조된 재료질량)/[(건조된 재료질량)+(건조 후 남은물질량)] 식을 도입한다.

∴ 10kg/(10kg+xkg)=0.4, x=15kg 최종적으로 제거된 수분의 양은 90kg−15kg=75kg

240 C_4H_{10}의 완전 연소화학식 : $2C_4H_{10}+13O_2 \rightarrow 10H_2O+8CO_2$

∴ 완전연소 시 필요한 산소의 양 $13O_2$, $5\times\frac{13}{2}=32.5$mol, 과잉 10% 사용한다면 $32.5+3.25=35.75$mol

답 – 238.① 239.③ 240.②

241 일정온도에서 3atm, 2L의 산소와 8atm, 1L의 질소를 4L의 용기 속에 넣으면 전압은 몇 atm인가? (단, 산소, 질소는 이상기체라 가정한다)

① 4.5atm
② 4.0atm
③ 3.5atm
④ 3.0atm

242 단일 증류탑을 이용하여 폐 처리된 에탄올 30mol%와 물 70mol%의 혼합액 50kg-mol/hr를 증류하여, 90mol%의 에탄올을 회수하여 공정에 재사용하고, 나머지 잔액은 에탄올이 2mol%가 함유된 상태로 폐수 처리한다고 할 때, 초기 혼합액의 에탄올에 대해 몇 %에 해당하는 양이 증류 공정을 통해 회수되겠는가? (단, 계산은 소수점아래 두 번째 자리까지만 한다.)

① 85.74 %
② 90.74 %
③ 95.47 %
④ 97.47 %

243 다음 반응식에서 정압반응열과 정용반응열의 차이는 27℃에서 약 얼마가 되는가?

$$H_2(g) + \frac{1}{2}O_2(g) \rightarrow H_2O(l)$$

① −300cal
② 300cal
③ −900cal
④ 900cal

ANSWER

241 $P = 3\times\frac{2}{4} + 8\times\frac{1}{4} = \frac{6}{4} + \frac{8}{4} = \frac{14}{4} = 3.5\text{atm}$

242 Total 수지식 : A = B + C의 관계가 성립한다.
에탄올의 수지식 : 0.3A = 0.9B + 0.02C
0.3A = 0.9B + 0.02(A − B) ⇒ 0.28A = 0.88B ∴B=(0.28/0.88)×50kg−mol/hr=15.91kg−mol/hr
∴ 에탄올 함량 : 15.91×0.9 = 14.32kg − mol/hr
∴ 에탄올 회수율 : 14.32/15×100 = 95.47%

243 $\triangle H_p - \triangle H_v = (\triangle n)RT = \left(-\frac{3}{2}\right)\times 1.987\times 300 = -894 \fallingdotseq -900\text{cal}$

답 241.③ 242.③ 243.③

244 C_2H_4 20kg을 400kg의 공기로 연소하고 44kg의 CO_2와 12kg의 CO를 얻었다. 과잉공기는?

① 23%　　② 26%

③ 30%　　④ 35%

245 20℃의 물 $3m^3$에 100℃의 포화증기 66.8kg을 넣으면 물의 온도는 몇 ℃가 되는가? (단, 증발열 = 539kcal/kg)

① 25℃　　② 30℃

③ 33℃　　④ 40℃

ANSWER

244 $C_2H_4 + 3O_2 \rightarrow 2CO_2 + 2H_2O$

1　　3

20　　x

이론산소량$(x) = \frac{20}{28} \times 3 = 2.14\text{kgmole}$

이론공기량 $= 2.14 \times \frac{100}{21} = 10.2\text{kgmole}$, $10.2 \times 29 = 295.8\text{kg}$

과잉공기(%) $= \frac{400 - 295.8}{400} \times 100 = 26.05 ≒ 26\%$

245 혼합 $Q = C \cdot m \cdot \Delta T$

$(66.8 \times 539) + \{66.8 \times 1 \times (100 - T)\} = 3{,}000 \times 1 \times (T - 20)$

$\therefore T = 33℃$

답 244.② 245.③

246 촉매반응에서 다음 반응을 진행시킨다. 반응기에 N_2를 50kg · mole/hr, H_2를 100kg · mole/hr로 도입하여, H_2의 10%를 전환시킨다. 이때 N_2의 전화율은?

$$N_2 + 3H_2 \rightarrow 2NH_3$$

① 1.33%　　② 33.3%
③ 6.67%　　④ 10.0%

247 아세톤 14.8v%를 포함하는 아세톤, 질소혼합물의 20℃, 745mmHg에서 비교포화도는? (단, 20℃에서 아세톤의 포화증기압 = 184.8mmHg)

① 17.5%　　② 28.3%
③ 53.1%　　④ 59.7%

ANSWER

246 $N_2 + 3H_2 \rightarrow 2NH_3$

이론 : 1　3

반응량 : x　100×0.1

$x = \frac{10}{3} = 3.33$

$\therefore$ N_2 전화율 $= \frac{3.33}{50} \times 100 = 6.67\%$

247 비교포화도$(x) = \frac{P}{P_S} \times 100$

$= \frac{745 \times 0.148}{184.8} \times 100$

$= 59.7\%$

답 246.③　247.④

248 연속 정류탑에 의하여 알코올을 정류한다. Feed의 농도는 35%이고 탑상의 유출물은 85%, 탑저에서는 5%로 분류된다면 Feed 1kg당 탑상 유출물의 kg수는?

① 0.215
② 0.275
③ 0.315
④ 0.375

249 벤젠의 몰분율이 0.3인 벤젠 – 톨루엔 용액이 있다. Raoult의 법칙에 따른다고 하면 이 용액의 증기압(전압)은? (단, 이 용액의 온도는 80℃이며 80℃에서의 증기압은 벤젠 753mmHg, 톨루엔 290mmHg이다)

① 458.9mmHg
② 4250.4mmHg
③ 255.9mmHg
④ 203.0mmHg

ANSWER

248 ㉠ Total 수지식 : F = T + B의 관계가 성립한다.
㉡ 에탄올의 수지식 : 0.35 = 0.85T + 0.05B
∴ 0.35 = 0.85T + 0.05(1 −T) ⇒ 0.3 = 0.8T ∴ T=(0.3/0.8)×1kg≒0.375kg

249 $P_A = P_A^* \times x_A = 753 \times 0.3 = 255.9\text{mmHg}$
$P_B = P_B^* \times x_B = P_B^*(1 - x_A) = 290 \times (1-0.3) = 203\text{mmHg}$
$P_T = P_A + P_B = 458.9\text{mmHg}$

답 – 248.④ 249.①

250 에탄올과 산소가 정상상태에서 각각 100mol/min의 같은 유량으로 〈보기〉와 같이 반응기에 공급된다. 반응기 밖으로 나오는 이산화탄소의 유량이 50mol/min이라면 반응기에서 배출되는 기체의 총 유량 [mol/min]은? (단, 조건 이외의 추가 유입물질과 유출물질은 없다.)

$C_2H_5OH+3O_2 \rightarrow 2CO_2+3H_2O$

① 225
② 200
③ 125
④ 100

251 글리세린을 증류하여 불순물로부터 분리하려면 180℃, 50mmHg의 진공에서 수증기 증류한다. 이때 글리세린의 증기압이 12.5mmHg이면 증기 속의 글리세린과 물과의 중량비는 얼마인가? (단, 글리세린의 분자량은 92이다)

① 1
② 1.35
③ 1.704
④ 3

252 SI단위계에서 유속(u)은 m/sec, 질량은 kg, 밀도는 kg/m^{3}일 때 점도(μ)의 단위는?

① kg · m/sec
② kg/m · sec
③ m/sec · kg
④ m · sec · kg

ANSWER

250 질량보존의 법칙을 이용한다. (반응기로 들어가는 입량)=(반응기로 나가는 출량)
㉠ 입량 : 에탄올 100mol/min, 산소 100mol/min
㉡ 출량 : 이산화탄소 50mol/min, 물 75mol/min, 에탄올 75mol/min, 산소 25mol/min
∴ 출량의 모든 양을 더하면 225mol/min

251 $\frac{W_A}{W_B} = \frac{P_A M_A}{P_B M_B} = \frac{12.5 \times 92}{37.5 \times 18} = 1.704$

252 $N_{Re} = \frac{D \cdot u \cdot \rho}{\mu}$= 무차원에서 $\mu = D \cdot u \cdot \rho = \text{m} \times \frac{\text{m}}{\text{sec}} \times \frac{\text{kg}}{\text{m}^3} = \frac{\text{kg}}{\text{m} \cdot \text{sec}}$

답 250.① 251.③ 252.②

253 수소와 질소가 정상상태에서 각각 100mol/min의 같은 유량으로 〈보기〉와 같이 암모니아를 만드는 반응기에 공급된다. 반응기 밖으로 나오는 암모니아의 유량이 50mol/min이라면 반응기에서 배출되는 기체의 총 유량 [mol/min]은? (단, 조건 이외의 추가 유입물질과 유출 물질은 없다.)

$N_2+3H_2 \rightarrow 2NH_3$

① 200
② 150
③ 100
④ 50

254 효율적인 완전 연소를 위해 50% 과잉공기로 운전하도록 설계되었다. 프로판(C_3H_8)을 30L/min의 유량으로 공급한다면 공급해야할 공기의 유량[L/min]은? (단, 공기 중 산소의 농도는 20mol%로 가정한다.)

① 150
② 750
③ 975
④ 1,125

255 CO_2의 물에 대한 용해도는 Henry의 법칙을 따르며, 25℃에서 Bun-sen 용해도 계수 α= 0.759m^3/m^2 · atm이다. Henry 상수는 몇 kg · mole/m^2 · atm인가?

① 0.0172
② 0.0260
③ 0.0339
④ 0.759

ANSWER

253 질량보존의 법칙을 이용한다. (반응기로 들어가는 입량)=(반응기로 나가는 출량)

㉠ 입량 : 수소 100mol/min, 질소 100mol/min

㉡ 출량 : 암모니아 50mol/min, x(나머지 기체 배출량)

∴ $100\text{mol/min}+100\text{mol/min}=50\text{mol/min}+x\ \text{mol/min} \Rightarrow x=150\text{mol/min}$

254 프로판의 연소 반응식은 다음과 같다. $C_3H_8+5O_2 \rightarrow 4H_2O+3CO_2$

㉠ 프로판과 산소가 반응하는 비율은 1:5 이다.

㉡ 즉 30L/min의 메탄이 공급되면 완전 연소 시 필요한 산소는 150L/min이다.

∴ 50% 과잉공급이며, 유입되는 물질은 산소가 아닌 공기이므로 최종적으로 공급해야하는 공기의 양은

$$150\text{L/min}\times 1.5\times \frac{1}{0.2}=1,125\text{L/min}$$

255 헨리상수$(H)=\frac{\alpha}{22.4}=\frac{0.759}{22.4}=0.0339\text{kg}\cdot\text{mole/m}^2\cdot\text{atm}$

※ 헨리법칙 … 일정온도에서 일정량의 용매에 녹는 기체의 질량은 압력에 비례한다.

답 253.② 254.④ 255.③

256 암모니아 합성 반응이 다음과 같을 경우 280g의 N_2와 64g의 H_2를 515℃, 300atm에서 반응시켜 평형상태에서 28몰의 기체가 존재하였을 때, 이 평형상태에서 존재한 암모니아의 몰수는 다음 중 어느 것인가?

$$N_2 + 3H_2 \leftrightarrow 2NH_3$$

① 6 ② 10
③ 14 ④ 18

257 수분 50%를 포함하는 젖은 펄프를 건조하여 수분 10%인 건조펄프를 얻었다. 원료펄프가 100kg이었다고 하면 이 건조과정에서 증발된 수분의 양은?

① 32.5kg ② 36.2kg
③ 44.4kg ④ 50.7kg

258 표준상태에서 500L의 프로판가스(C_3H_8)를 액화하면 몇 g이 되겠는가?

① 582g ② 682g
③ 782g ④ 982g

ANSWER

256 ㉠ 공급된 질소$=\frac{280}{28}=10$mol, 공급된 수소$=\frac{64}{2}=32$mol

㉡ 반응한 질소의 몰수를 x라 두고 평형점에서 전체 몰수에 대한 식을 세우면 $(10-x)+(32-3x)+2x=28$

$\therefore\ 2x=14,\ x=7$mol이고, 생성된 암모니아의 몰수는 $2x$이므로 14mol이다.

257 물질수지식 $0.50\times 100=(100-x)\times 0.9$

증발된 수분량 $x=\frac{90-50}{0.9}=44.44$

258 $C_3H_8=44$

$m=\left(\frac{500}{22.4}\right)\times 44 ≒ 982$ g

답 256.③ 257.③ 258.④

259 40wt% Na_2CO_3 수용액 중 Na_2CO_3양을 몰백분율로 환산하면? (단, Na_2CO_3의 분자량 = 106)

① 10.16mol%
② 20.16mol%
③ 30.16mol%
④ 40.16mol%

260 비중이 0.8인 액체가 나타내는 압력이 $1.6kg_f/cm^2$일 때, 이 액체의 높이는?

① 10m
② 20m
③ 30m
④ 40m

261 7℃, 741mmHg에서 공기의 밀도를 g/L로 나타내면? (단, 공기분자량 = 28.82)

① 1.223g/L
② 2.223g/L
③ 3.223g/L
④ 4.223g/L

ANSWER

259 수용액이 100kg이라면

Na_2CO_3에서 $m_1 = 40kg,\ n_1 = \frac{40}{106} = 0.377kg \cdot mol$

H_2O에서 $m_2 = 60kg,\ n_2 = \frac{60}{18} = 3.33kg \cdot mol$

Na_2CO_3의 몰백분율 $= \left(\frac{0.377}{0.377 + 3.33}\right) \times 100 = 10.16\,mol\%$

260 압력=밀도×중력가속도×높이 인 식을 활용한다. (단 압력의 단위가 kg_f인 경우는 중력가속도를 제외한다.)

밀도 : 비중×물의밀도=$0.8 \times 1,000kg/m^3 = 800kg/m^3$

$\therefore\ 1.6kg_f/cm^2 \times \frac{(100cm)^2}{1m^2} = 800kg/m^3 \times$ 높이 $\Rightarrow$ 높이 $= 20m$

261 $V_2 = V_1 \cdot \frac{T_2}{T_1} \cdot \frac{P_1}{P_2} = 22.4\left(\frac{280}{273}\right)\left(\frac{760}{741}\right) = 23.56L$

$\rho = \frac{28.82}{23.56} \fallingdotseq 1.223\,g/L$

답 – 259.① 260.② 261.①

262 압력이 $2.4kg_f/cm^2$이며, 높이가 20m일 때 이 액체의 비중은?

① 0.6　　② 0.8
③ 1.0　　④ 1.2

263 80wt%의 수분을 함유하고 있는 물질 100kg을 20wt%의 수분이 포함되도록 건조할 때 수분의 증발량 [kg]은?

① 64　　② 75
③ 76　　④ 80

264 12wt% $NaHCO_3$ 수용액 5kg을 50℃에서 20℃로 온도를 낮추어 결정화를 유도하였다. 이때 석출되는 $NaHCO_3$의 질량은? (단, 20℃에서 $NaHCO_3$의 포화 용해도는 9.6g $NaHCO_3$/100gH_2O으로 계산한다.)

① 0.4224kg　　② 0.1776kg
③ 0.6234kg　　④ 0.2010kg

ANSWER

262 '압력=밀도×중력가속도×높이'인 식을 활용한다. (단 압력의 단위가 kg_f인 경우는 중력가속도를 제외한다.)

$$2.4kg_f/cm^2 \times \frac{(100cm)^2}{1m^2} = \text{밀도} \times 20m \Rightarrow \text{밀도} = 1,200kg/m^3$$

∴ 비중=밀도/물의밀도 ⇒ 비중$= 1,200kg/m^3 / 1,000kg/m^3 = 1.2$

263 ㉠ 수분을 함유한 재료 100kg에서 수분이 80wt%이라면 ⇒ 건조된 재료 : 20kg, 물 : 80kg이다.

㉡ $\frac{\text{건조후 남은 물질량}}{(\text{건조된 재료질량}) + (\text{건조후 남은 물질량})} \Rightarrow \frac{x}{20+x} = 0.2 \Rightarrow x = 5kg$

∴ 최종적으로 수분의 증발량 : (초기 수분 양 - 건조 후 남은 재료의 질량) ⇒ 80kg-5kg=75kg

264 포화 용해도는 용매 100g에 최대로 녹을 수 있는 용질의 g수를 의미한다.

㉠ 12wt% $NaHCO_3$ 수용액 5kg에 들어있는 용질은 $5kg \times 0.12 = 0.6kg$, 용매는 $5kg - 0.6kg = 4.4kg$

㉡ 포화 용해도 : $\frac{9.6gNaCO_3}{100gH_2O} = \frac{96gNaCO_3}{1000gH_2O} = \frac{0.096kgNaCO_3}{1kgH_2O}$

∴ 석출되는 양=(50℃에 녹아있는 용질의 양)-(20℃에 최대로 녹을 수 있는 용질의 양)

$$= 0.6kg - \frac{0.096kgNaCO_3}{1kgH_2O}(\text{포화용해도}) \times 4.4kg(\text{총용매량}) = 0.1776kg$$

답 262.④ 263.② 264.②

02 이동현상

1 이상기체의 열전도도(thermal conductivity)에 대한 설명으로 옳지 않은 것은?

① 기체 밀도(density)에 비례한다.
② 평균 분자 속도(average molecular velocity)와 비례한다.
③ 평균 자유 경로(mean free path)에 반비례한다.
④ 분자 열용량(molar heat capacity)에 비례한다.

2 밀도가 2.0g/cm^3인 유리구를 물속에 중력침강시켰을 경우 종말 침강속도가 0.49cm/sec이었다. Stokes법칙이 적용될 때, 이 유리구의 지름(cm)은? (단, 물의 점도는 1.0cP, 밀도는 1.0g/cm^3이다)

① 3×10^{-3}
② $\frac{0.05}{\sqrt{10}}$
③ $\frac{0.07}{\sqrt{10}}$
④ $\frac{0.11}{\sqrt{10}}$

ANSWER

1 ③ 평균 자유 경로에 비례한다.

2
$$v_s = \frac{g(\rho_p - \rho_f)d^2}{18\mu}$$
$$0.49\text{cm/s} = \frac{980\text{cm/s}^2 \times (2\text{g/cm}^3 - 1\text{g/cm}^3) \times \text{d}^2}{18 \times 0.001\text{g/cm}\cdot\text{s}}$$
$$\therefore d^2 = 9\times10^{-6},\ d = 3\times10^{-3}$$

답 1.③ 2.①

3 뉴턴의 점도법칙을 따르는 뉴턴유체(Newtonian fluid)로 가정할 수 없는 것은?

① 기체 질소 ② 액체 물
③ 액체 헥세인 ④ 고분자용액

4 절대온도 0K의 환경에서 복사면적이 $2m^2$이고 10K의 온도를 지니는 흑체복사물질이 1.13×10^{-3}W의 복사에너지를 방출한다. 같은 0K의 환경에서 방사물질의 온도를 100K로 올렸을 때 방출되는 복사에너지[W]는?

① 2.26×10^{-3}W ② 1.13×10^{-2}W
③ 2.26W ④ 11.3W

5 뉴턴의 점도법칙을 따르는 유사소성 유체(Pseudo plastic)가 될 수 있는 것은?

① 시멘트 용액 ② 고분자 용액
③ 치약 ④ 액체 물

ANSWER

3 뉴턴유체는 전단응력과 전단변형률의 관계가 선형적인 관계이며, 그 관계 곡선이 원점을 지나는 유체이다. 따라서 고분자 용액의 경우는 뉴턴유체뿐만 아니라 팽창성 유체(Dilatant) 및 유사소성 유체(Pseudo plastic) 등 또한 포함하기 때문에 적절하지 못하다.

4 복사에너지의 총량은 복사표면적에 비례하고 절대온도의 4제곱에 비례한다.
복사면적은 일정하고 절대온도가 10배가 되었으므로
복사에너지의 양 = 처음 복사에너지의 10^4배
$1.13 \times 10^{-3} \times 10^4 = 11.3$W
∴ 11.3W

5 ① 시멘트 용액 – 팽창성유체
③ 치약 – 빙햄유체
④ 액체 물 – 뉴턴유체

답 – 3.④ 4.④ 5.②

6 **다음 중 유체가 역류하는 것을 막는 데 쓰이는 밸브는?**

① 게이트 밸브(gate valve)
② 콕 밸브(cock valve)
③ 글로브 밸브(glove valve)
④ 체크 밸브(check valve)

7 **액체 수송용 정변위 펌프에서 왕복 펌프가 아닌 것은?**

① 플런저 펌프(plunger pump)
② 피스톤 펌프(piston pump)
③ 로브 펌프(lobe pump)
④ 격막 펌프(diaphragm pump)

8 **뉴턴유체의 점도에 대한 설명으로 옳은 것만을 모두 고르면?**

> ㉠ 액체의 점도는 온도가 증가하면 감소한다.
> ㉡ 기체의 점도는 온도가 증가하면 감소한다.
> ㉢ 점도 1mPa · sec = 10cP이다.
> ㉣ 다른 조건이 동일하다면 점도가 증가할수록 전단응력이 증가한다.

① ㉠, ㉡
② ㉠, ㉢
③ ㉠, ㉣
④ ㉡, ㉢

ANSWER

6 체크 밸브
㉠ 유체가 일정한 방향으로 흐르도록 하고 역류를 방지하는 데 사용하는 밸브이다.
㉡ 종류 : 리프트형, 풋형, 스윙형 등이 있다.

7 왕복 펌프 … 플런저 펌프, 피스톤 펌프, 격막 펌프
회전 펌프(rotary pump) … 로브 펌프

8 ㉠ 액체의 점도는 온도가 증가하면 감소한다.
㉡ 기체의 점도는 온도가 증가하면 증가한다.
㉢ 점도 1mPa · sec= $1cP$
㉣ 뉴턴 유체에서 전단응력 $\tau = \mu \frac{du}{dy}$ 의 관계식에서 속도구배에 대한 비례상수 μ가 점도이며 일정하다. 따라서 다른 조건이 동일하다면 점도가 증가할수록 전단응력이 증가한다.

답 — 6.④ 7.③ 8.③

9 **전도나 대류와 달리 에너지가 전자파의 형태로 어떤 매체의 존재 없이 전달되는 현상인 복사에 대한 설명으로 옳지 않은 것은?**

① 주어진 온도에서 어떤 물질의 열복사 속도는 응집상태 및 분자구조에 따라 변한다.
② 이산화탄소를 포함한 다원자(polyatomic) 기체는 여러 파장에서 복사를 방사하고 흡수한다.
③ 흑체는 파장과 방향에 관계없이 입사하는 모든 복사를 흡수한다.
④ 고체와 액체의 경우 두께와 상관없이 전 스펙트럼 범위에 걸쳐 복사를 흡수하고 방사한다.

10 **유속 8 cm/sec인 물이 상온에서 내경 2cm인 관 속으로 흘러갈 때, Fanning마찰계수는? (단, 물의 점도는 1.0cP, 밀도는 1.0g/cm³이다)**

① 0.001
② 0.01
③ 0.1
④ 1.0

11 **다음 중 두께 5mm, 외경 35mm인 강관에 물이 흐르고 외측을 포화수증기로 가열할 때의 총괄 열전달계수(kcal/m² · h · ℃)는? (단, 강관의 열전도도 = 40kcal/m² · h · ℃, 물의 경막계수 = 2,000kcal/m² · h · ℃, 수증기의 경막계수 = 6,000kcal/m² · h · ℃)**

① 1,293
② 1,383
③ 1,483
④ 1,583

ANSWER

9 복사의 경우 표면의 색에 따라 흡수의 양이 달라지고 표면적에 따라 흡수와 방사의 양은 달라진다.

10 층류에서 $f = \frac{16}{N_{RE}}$, $N_{RE} = \frac{0.02\text{m} \times 0.08\text{m/s} \times 1{,}000\text{kg/m}^3}{0.001\text{kg/m} \cdot \text{s}} = 1{,}600$, $f = \frac{16}{1{,}600} = 0.01$

11 총괄 열전달계수$(U) = \dfrac{1}{\frac{1}{h_1} + \left(\frac{l_1}{k_1}\right)\left(\frac{D_1}{D_2}\right) + \left(\frac{1}{h_3}\right)\left(\frac{D_1}{D_3}\right)}$

$$= \frac{1}{\frac{1}{2{,}000} + \frac{0.005 \times 25}{40 \times 30} + \frac{25}{6{,}000 \times 35}} = 1{,}383\text{kcal/m}^2 \cdot \text{h} \cdot ℃$$

(h_3 : 수증기의 경막계수, h_1 : 물의 경막계수, l_1 : 벽의 두께, k_1 : 벽의 평균 열전도도, D_1 : 내관직경, D_2 : 외관직경)

답 9.④ 10.② 11.②

12 콘크리트 벽의 두께가 100cm이고 바깥 표면의 온도가 5℃일 때 안쪽 표면의 온도를 30℃로 유지한다면, 벽을 통한 단위면적당 열전달량은? (단, 콘크리트의 열전도도 = 2.0×10^{-4}kcal/m · s · ℃)

① 9kcal/m^2 · h
② 12kcal/m^2 · h
③ 15kcal/m^2 · h
④ 18kcal/m^2 · h

13 다음 그림은 관 내부 지점 1에서의 비뉴턴 유체(Non-Newtonian fluid)의 속도분포를 나타내고 있다. 유체는 전단속도(shear rate)가 증가할수록 점도가 증가하는 전단농후(shear thickening) 거동을 보인다. 이때 A, B, C 각 위치에서 전단응력(shear stress)의 크기 순서는?

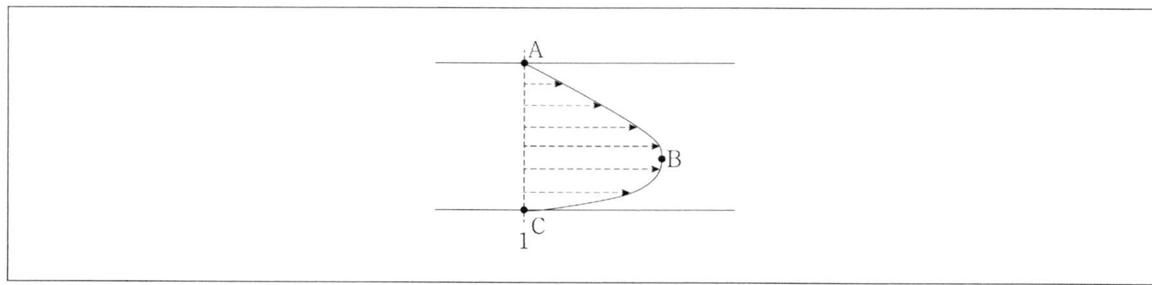

① A > B > C
② A > C > B
③ C > A > B
④ C > B > A

ANSWER

12 열전도도는 $\frac{q}{A} = k \cdot \frac{\Delta T}{L}$

$$= \frac{2\text{kcal}}{10^4\text{m} \cdot \text{s} \cdot ℃} \Bigg| \frac{3,600\text{s}}{1\text{h}} \Bigg| \frac{(30-5)℃}{1\text{m}} = 18\text{kcal/m}^2 \cdot \text{h}$$

13 전단응력 $\tau = \mu \frac{du}{dy}$의 관계식에 $\frac{du}{dy}$(속도구배)의 의미는 전단 변형율이다. 즉 관로에서의 거리변화에 따른 유속의 변화를 의미한다. 따라서 속도구배가 큰 경우 전단응력이 크다.

㉠ B지점 : 미소의 거리변화에 따른 속도의 변화가 가장 작기 때문에 전단응력이 제일 작다.
㉡ C지점 : 미소의 거리변화에 따른 속도의 변화가 가장 크기 때문에 전단응력이 제일 크다.
∴ 전단응력의 크기순서는 C > A > B이다.

답 — 12.④ 13.③

14 완전 흑체의 단위표면적으로부터 단위시간에 방사하는 총 복사에너지는 그 물체의 절대온도의 몇 제곱에 비례하는가?

① 0.5 ② 2

③ 3 ④ 4

15 개방된 원통형 탱크에 비압축성 물질 A와 물질 B가 있다. B의 밀도는 A의 밀도의 10배이고, B는 바닥 배출구를 통해 배출된다. A의 높이(h_1)가 20m, B의 높이(h_2)가 1m일 때, 정상상태에서 B의 배출 유속[m/s]은? (단, 모든 마찰과 A의 하강속도는 무시하며, A의 수면과 B의 배출구에서 대기압은 같고, 중력가속도는 10 m/s^{2}이다)

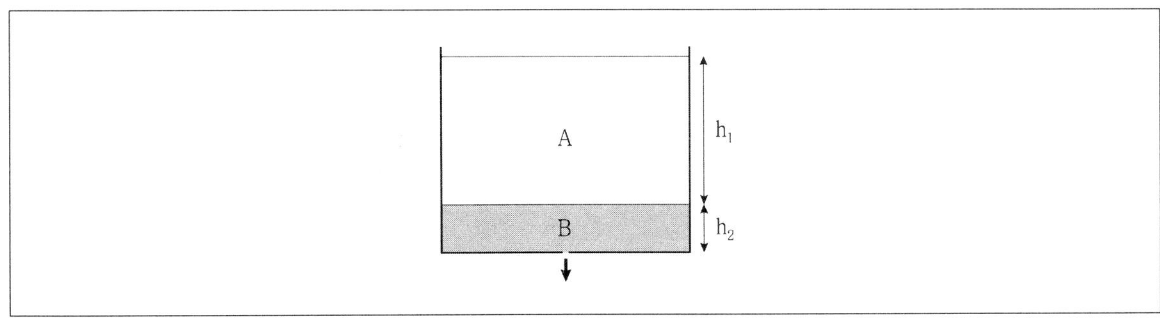

① 3 ② $\sqrt{30}$

③ $\sqrt{60}$ ④ $\sqrt{180}$

ANSWER

14 슈테판 – 볼츠만 법칙(Stefan–Boltzmann law)

㉠ 흑체 표면에서 방출하는 복사열에너지의 총량은 절대온도의 4제곱에 비례한다.

㉡ 흑체 표면에서 방출하는 복사열에너지의 총량은 복사표면적에 비례한다.

㉢ 공식 : $E = \sigma \cdot T^4$

15 ㉠ 높이구하기 : 유체가 다르므로 A유체의 상당높이를 사용한다. $\rho_A \cdot g \cdot h_1 = \rho_B \cdot g \cdot h_e$ (h_e : A유체의 상당높이)

$$\therefore \rho_A \cdot g \cdot h_1 = \rho_B \cdot g \cdot h_e \Rightarrow h_e = \frac{\rho_A}{\rho_B} h_1 = \frac{1}{10} \times 20\text{m} = 2\text{m} \ \therefore \ h = h_e + h_2 = 2\text{m} + 1\text{m} = 3\text{m}$$

㉡ 유속구하기 : $u = \sqrt{2gh} = \sqrt{2 \times 10\text{m/s}^2 \times 3\text{m}} = \sqrt{60}\,\text{m/s}$

답 – 14.④ 15.③

16 외부는 200mm 두께의 보통벽돌로, 내부는 100mm 두께의 내화벽돌로 된 가마의 내부온도가 900℃, 외부온도가 60℃라면 m^2당 열손실은 얼마인가? (단, 보통벽돌의 열전도도 = 0.4W/m · ℃, 내화벽돌의 열전도도= 0.1W/m · ℃)

① 300W
② 420W
③ 560W
④ 640W

17 개방된 원통형 탱크에 비압축성 물질 A와 물질 B가 있다. B의 밀도는 A의 밀도의 5배이고, B는 바닥 배출구를 통해 배출된다. B의 배출 유속[m/s]이 10이라고 할 때, A의 높이(h_1)는? (단, B의 높이(h_2)가 1m 이며, 모든 마찰과 A의 하강속도는 무시하며, A의 수면과 B의 배출구에서 대기압은 같고, 중력가속도는 $10m/s^2$이다)

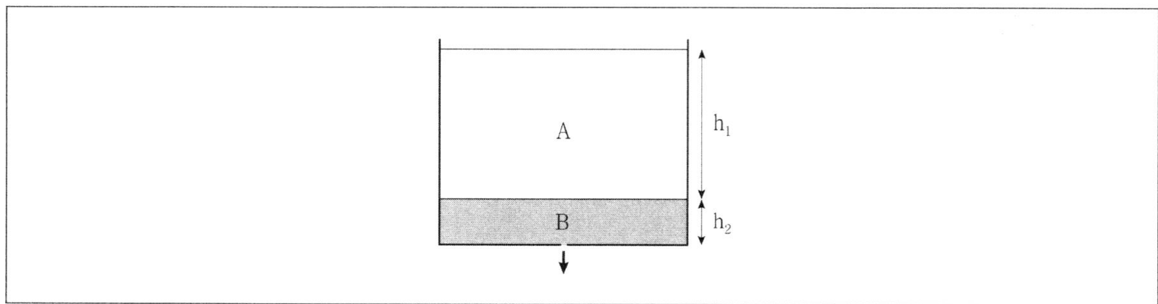

① 10
② 20
③ 30
④ 40

ANSWER

16 열손실량$(q) = \dfrac{\Delta T}{\Delta R}$ (ΔT : 온도차, ΔR : 열저항)

$\Delta R = \dfrac{L_1}{K_1} + \dfrac{L_2}{K_2} = \dfrac{0.2}{0.4} + \dfrac{0.1}{0.1} = 1.5$ (L : 벽두께, K : 열전도도)

$q = \dfrac{900-60}{1.5} = 560\text{W}$

17 ㉠ 상당높이 구하기 : $u = \sqrt{2gh} = \sqrt{2 \times 10\text{m/s}^2 \times \text{h}_e} = \sqrt{100}\,\text{m/s}$ $\therefore h = 5\text{m}$

㉡ h_1 구하기 : 유체가 다르므로 A유체의 상당높이를 사용한다. $\rho_A \cdot g \cdot h_1 = \rho_B \cdot g \cdot h_e$ (h_e : A유체의 상당높이)

$\therefore h_e = h - h_2 = 5\text{m} - 1\text{m} = 4\text{m}$

$\therefore \rho_A \cdot g \cdot h_1 = \rho_B \cdot g \cdot h_e \Rightarrow h_e = \dfrac{\rho_A}{\rho_B} h_1 = \dfrac{1}{5} \times h_1 = 4\text{m}$ $\therefore h_1 = 20\text{m}$

답 16.③ 17.②

18 안지름이 50mm인 관을 20m 설치하는데, 관 중간에 게이트밸브 1개와 90° 엘보 1개를 설치하였다. 관 부속품에 대한 상당길이는? (단, 상당길이계수는 게이트밸브를 100으로, 90° 엘보를 30으로 계산한다)

① 2.6m
② 5.2m
③ 6.5m
④ 12.6m

19 균일물질로 된 가마벽의 두께는 0.1m이고, 평균 열전달 넓이가 20m^{2}이다. 가마 안쪽의 온도가 500℃이고, 외면의 온도가 100℃라면, 이 벽면에서 발생되는 열손실량은? (단, 열전도도＝0.5W/m · K)

① 400W
② 4,000W
③ 40,000W
④ 50,000W

20 병류(parallel flow)와 향류(countercurrent flow) 열교환기에 대한 설명으로 옳지 않은 것은?

① 병류는 고온유체와 냉각유체의 흐름 방향이 같다.
② 병류에서는 냉각유체의 출구 온도가 고온유체의 출구 온도보다 높을 수 없다.
③ 고온유체의 급냉에는 향류보다 병류 사용이 유리하다.
④ 향류의 경우 고온유체의 출구온도가 냉각유체의 출구 온도보다 항상 높다.

ANSWER

18 L_e(상당길이) $= n_1 D_1 + n_2 D_2 + n_2 D_2 + \cdots = (100 \times 0.05) + (30 \times 0.05) = 6.5\text{m}$

19 열손실량$(q) = \dfrac{kA(T_1 - T_2)}{L} = \dfrac{0.5 \times 20 \times 400}{0.1} = 40{,}000\text{W}$

20 향류의 경우 고온유체의 출구온도가 냉각유체의 출구온도보다 낮을 수 있다.

답 18.③ 19.③ 20.④

21 다음 중 마찰계수(f)가 0.01인 유체의 레이놀즈수(N_{Re})는? (단, 층류이다)

① 100　　② 160
③ 1,000　　④ 1,600

22 관 내 유체흐름의 마찰에 의한 압력손실을 계산할 때 N_{Re} < 2,100인 경우에는 어느 식을 이용하여 구하는가?

① 베르누이의 식　　② 레이놀즈의 식
③ 패닝의 식　　④ 하겐-포아젤리의 식

23 복사열전달에 대한 설명으로 옳지 않은 것은?

① 방사율(emissivity)은 같은 온도에서 흑체가 방사한 에너지에 대한 실제 표면에서 방사된 에너지의 비율로 정의된다.
② 열복사의 파장범위는 1,000μm보다 큰 파장 영역에 존재한다.
③ 흑체는 표면에 입사되는 모든 복사를 흡수하며, 가장 많은 복사에너지를 방출한다.
④ 두 물체 간의 복사열전달량은 온도 차이뿐만 아니라 각 물체의 절대 온도에도 의존한다.

ANSWER

21 $N_{Re} = \frac{16}{f} = \frac{16}{0.01} = 1,600$

22 압력손실

㉠ Hagen-Poiseuille식 : $\Delta\frac{P}{\rho} = \frac{32\mu uL}{D^2 \cdot \rho}$　($N_{Re} \leq 2,100$, 층류일 때)

㉡ Fanring 식 : $\Delta\frac{P}{\rho} = 4f\left(\frac{L}{D}\right)\left(\frac{u^2}{2}\right)$　(N_{Re}>4,000, 난류일 때)

23 ① 에너지는 흡수, 반사, 투과 세 영역으로 나뉘며, 흑체가 흡수한 에너지는 방사의 에너지와 동일하다. 따라서 방사율은 흑체가 방사한 에너지에 대한 실제 표면에서 방사된 에너지의 비율로 정의된다.
② 물체에서 방사되는 복사의 파장은 0.1~100μm사이에 걸쳐 분포되어 있다.
③ 흑체는 파장에 상관없이 모든 주파수를 흡수하며, 흡수한 에너지만큼 복사에너지를 방출하기 때문에 가장 많은 복사에너지를 방출한다.
④ 두 면적간의 순(net) 복사는 $Q_{\neq t} = \sigma AF(T_1^4 - T_2^4)$으로 표현되며, 이때 온도는 절대온도이다.

답 — 21.④ 22.④ 23.②

24 300 ℃, 30 N/cm^2 상태인 수증기를 등엔탈피 변화시켜 압력이 15 N/cm^{2}로 되었다면, 온도(℃)는? (단, 측정 압력 범위에서 Joule-Thomson 계수는 10으로 가정한다)

① 100 ② 150

③ 200 ④ 250

25 가스가 100kJ의 열량을 흡수하여 25kJ의 일을 했을 때, 이 가스의 내부에너지의 증가량은?

① 25kJ ② 50kJ

③ 75kJ ④ 100kJ

26 다음과 같은 세 층의 열이동 속도식에서 각 층의 열이동 속도(q_1, q_2, q_3)의 관계식을 구하면? (단, 정상상태로 가정한다)

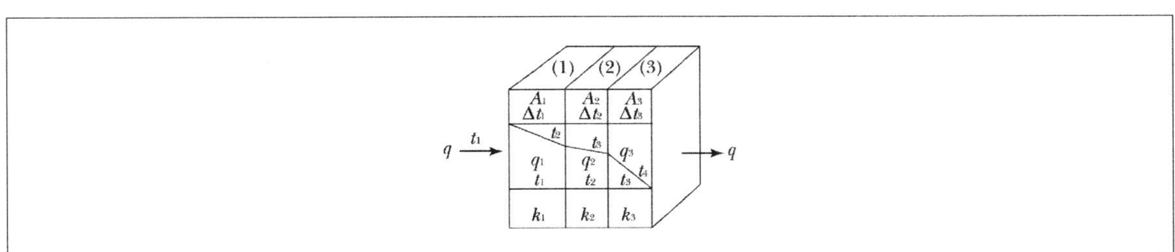

① $\frac{1}{q_1} + \frac{1}{q_2} + \frac{1}{q_3} = \frac{1}{q}$ ② $q_1 = q_2 = q_3 = q$

③ $q_1 < q_2 < q_3 < q$ ④ $q_1 + q_2 + q_3 = q$

ANSWER

24 $300 : 30 = x : 15$, $x = 150$

25 U(내부에너지) = Q(열량) − W(일) = 100 − 25 = 75kJ

26 정상상태에서의 고체의 각층의 열전달 속도는 동일하다($q = q_1 = q_2 = q_3$).

답 — 24.② 25.③ 26.②

27 닫힌계에서 1kg의 물이 120℃의 일정 온도와 200kPa의 일정 압력에서 모두 기화될 때 내부에너지 변화(ΔU)[kJ]는? (단, 모든 과정은 가역과정으로 과정 중 2500kJ의 열이 가해지며, 이 조건에서 수증기의 비부피는 0.8 m^3/kg이고, 물의 비부피는 매우 작아 무시한다)

① 160　　② 2340

③ 2430　　④ 2660

28 20℃의 어떤 이상기체 10g을 등압조건에서 120℃까지 가열하였더니 엔탈피 변화가 1,000cal이었다. 이 온도범위에서 이 기체의 평균열용량(C_p)은?

① 0.1cal/g · ℃　　② 1.0cal/g · ℃

③ 5.0cal/g · ℃　　④ 10.0cal/g · ℃

29 다음 중 화학공장에서 많이 사용되는 압력차 유량계로 옳지 않은 것은?

① 벤추리미터　　② 모세관

③ 로타미터　　④ 오리피스미터

ANSWER

27 엔탈피 정의를 활용한다.(에너지 보존법칙 기반) $\Delta H = \Delta U + \Delta PV = Q$(일정압력 시) $\Rightarrow \Delta H = 2700\text{kJ}$

$\therefore \Delta U = \Delta H - \Delta PV \Rightarrow \Delta U = 2,500\text{kJ} - 200\text{kPa} \times 0.8\text{m}^3/\text{kg} = 2,340\text{kJ}$

28 $\Delta H = C_p \cdot \Delta T \cdot m$

$1,000(\text{cal}) = C_p \times (120 - 20) \times 10\text{g}$

$\therefore C_p = 1.0\,\text{cal/g} \cdot ℃$

29 ③ 관 내의 단면적을 이용하여 유량을 측정하는 면적식 유량계이다.

답 – 27.② 28.② 29.③

30 비중이 1인 비압축성 유체가 내경 4cm의 관 속을 1cm/s의 속도로 흐른다. 관의 길이가 1km일 때 압력의 손실은? (단, 이 뉴턴유체의 점도 = 1cP)

① 120Pa　　② 160Pa

③ 200Pa　　④ 240Pa

31 다음과 같은 성질을 가진 오일 A와 오일 B를 각각 $10kg \cdot min^{-1}$, $20kg \cdot min^{-1}$의 유량으로 혼합하여 펌프오일을 생산한다. 제조공정에 열의 유출입이 없고, 정상상태가 유지될 때 생산 제품인 펌프오일 흐름의 온도[℃]는? (단, 생산 제품인 펌프오일의 열용량은 $3kJ \cdot kg^{-1} \cdot K^{-1}$이며, 모든 흐름에서의 기준온도는 25℃로 한다)

	열용량($kJ \cdot kg^{-1} \cdot K^{-1}$)	온도(℃)
오일 A	1	125
오일 B	5	150

① 120　　② 130

③ 140　　④ 150

ANSWER

30 $\frac{\Delta P}{\rho} = \frac{2 \cdot f \cdot l \cdot u^2}{D}$에서 $\Delta P = \frac{2 \cdot f \cdot l \cdot u^2}{D} \cdot \rho$

f(마찰계수) $= \frac{16}{N_{Re}}$ 이고

$N_{Re} = \frac{\rho \cdot u \cdot D}{\mu} = \frac{1,000 \times 0.01 \times 0.04}{1 \times 10^{-3}} = 400$이므로 $f = 0.04$

$\Delta P = \frac{0.04 \times 2 \times 1,000 \times 0.01^2 \times 1,000}{0.04} = 200\text{Pa}$

31 에너지 보존법칙 $E_A + E_B = E_C$를 이용한다.

㉠ $E_A = m_A C_p \Delta T$(10kg/min × 1kJ/kg · K × (398K − 298K)) = 1,000kJ

㉡ $E_B = m_B C_p \Delta T$(20kg/min × 5kJ/kg · K × (423K − 298K)) = 12,500kJ

㉢ $m_A + m_B = m_C \Rightarrow$ 10kg/min+20kg/min=30kg/min

∴ $E_C = E_A + E_B = 13,500\text{kJ} = m_C C_p \Delta T =$ (30kg/min × 3kJ/kg · K × (x − 298K))

$\Rightarrow (x - 298\text{K}) = 150\text{K} \Rightarrow x = 448\text{K} = 150℃$

답 – 30.③ 31.④

32 철, 내화벽돌, 보온벽돌의 3개의 층으로 구성된 노벽의 두께가 각각 3cm, 20cm, 6cm이고 열전도는 각각 10kcal/m · hr · ℃, 1kcal/m · hr · ℃, 0.2kcal/m · hr · ℃이다. 내벽과 외벽의 온도는 각각 1,100℃, 60℃일 때 면적 1m^{2}당 단위시간당 손실되는 열량 kcal/m^2 · hr은?

① 1,367.6　　② 1,567.6
③ 1,967.6　　④ 2,067.6

33 유속 4cm/sec인 물이 상온에서 내경 2cm인 관 속으로 흘러갈 때, Fanning의 마찰계수는? (단, 물의 점도 = 0.01g/cm · sec)

① 0.002　　② 0.02
③ 0.2　　④ 0.04

ANSWER

32

$$q = -kA\frac{dT}{dx} = \frac{\Delta T}{\frac{dx}{K} + \frac{dy}{K} + \frac{dz}{K}} \times A$$

$$q = \frac{(1,100-60)}{\frac{0.03}{10} + \frac{0.2}{1} + \frac{0.06}{0.2}} \times 1 = \frac{1.040}{0.503} \fallingdotseq 2,067.594\,\mathrm{kcal/m^2 \cdot hr}$$

33

Fanning의 마찰계수 = $\frac{16}{N_{Re}}$ (층류일 때)

$N_{Re} = \frac{\rho \cdot u \cdot D}{\mu}$ (ρ : 밀도, u : 유속, D : 내경, μ : 점도)

물의 $\rho = 1,000\,\mathrm{kg/m^3}$, $u = 0.04\,\mathrm{m/sec}$, $\mu = 0.1 \times 10^{-2}\,\mathrm{kg/m \cdot s}$, $D = 0.02\,\mathrm{m}$를 대입하면

$$N_{Re} = \frac{1,000\mathrm{kg}}{\mathrm{m^3}} \cdot \frac{0.04\mathrm{m}}{\mathrm{s}} \cdot 0.02\mathrm{m} \cdot \frac{10^2\,\mathrm{m \cdot s}}{0.1\mathrm{kg}} = 800 \le 2,100$$이므로 층류

$\therefore$ 마찰계수 $f = \frac{16}{800} = 0.02$

답 — 32.④ 33.②

34 펌프에서 일어나는 공동화 현상을 피하기 위해 할 수 있는 것은?

① 저장조에서 펌프로 유체를 보내는 파이프의 직경을 작게 한다.
② 유체의 온도를 높인다.
③ 펌프의 임펠러 속도를 감소시킨다.
④ 펌프 전단에 있는 저장조를 더 높은 곳에 설치한다.

35 비중이 0.62이고 점도가 10cP인 유체가 내경 10cm인 관을 3.6m^3/hr의 유량으로 흐를 때 N_{Re}는 어느 정도인가?

① 220　　② 790
③ 2,200　　④ 7,900

ANSWER

34 공동화 현상은 회전식 펌프에 의해 수송되는 용매가 휘발성인 강한 경우, 펌프의 출구 쪽의 압력이 용매의 증기압 보다 낮아지게 될 때 발생한다. (∵ 출구 쪽 압력이 용매의 증기압보다 낮게 되면 용매는 액체에서 기체로 변하고, 이로 인해 펌프는 공회전을 한다.) 따라서 출구 쪽의 압력을 높여주기 위해서 펌프 전단에 있는 저장조를 더 높은 곳에 설치한다.

35 $N_{Re} = \dfrac{\rho \cdot u \cdot D}{\mu}$

Q(유량) $= u \times A = u \times \dfrac{\pi D^2}{4}$ 에서 $u = \dfrac{4Q}{\pi D^2} = \dfrac{Q}{A}$, 10cP = 0.01kg/m · s을 대입하면

$$N_{Re} = \frac{\rho \cdot u \cdot D}{\mu} = \frac{\rho \cdot \frac{Q}{A} \cdot D}{\mu}$$

$$= \frac{(0.62\text{g/cm}^3 \times 10^6\text{cm}^3/\text{m}^3 \times 1\text{kg}/10^3\text{g}) \times (3.6\text{m}^3/\text{hr} \times 1\text{hr}/3{,}600\text{s} \times 4/\pi \times 1/0.01\text{m}^2) \times 0.1\text{m}}{0.01\text{kg/m·s}} = 789.8$$

0.62g	10^6cm^3	kg	3.6m^3	1hr	4	0.1m	m · s
cm^3	1 m^3	10^3g	hr	3,600s	3.14	0.01m^2	0.01kg

답— 34.④ 35.②

36 무차원 수에 대한 설명으로 옳지 않은 것은?

① Schmidt수는 물질확산속도에 대한 유체의 점성확산속도의 비율로 나타낸다.

② Prandtl수는 열확산도에 대한 운동량 확산도의 비율로 나타낸다.

③ Grashof수는 점성력에 대한 저항력의 비율로 나타낸다.

④ Stanton수는 유체의 열용량에 대한 유체에 전달된 열의 비율로 나타낸다.

37 수면의 높이가 항상 4.9m로 일정한 큰 개방형 탱크의 밑바닥에 직경 5mm의 구멍이 났을 경우, 이 구멍을 통해 아래로 나오는 배출점에서의 유속은? (단, 이 탱크는 공중에 설치되어 있고 마찰손실은 무시하며, 중력가속도는 9.8m/sec^{2}이다)

① 2.4m/sec　　② 4.9m/sec

③ 9.8m/sec　　④ 19.6m/sec

ANSWER

36 ① $Sc=\nu/D=(Viscous\ diffusion rate)/(Mass\ diffusion rate)$

② $\Pr=\nu/\alpha=(Momentum\ diffusivity)/(Thermal\ diffusivity)$

③ $Gr=g\cdot\beta\cdot(T_s-T_\infty)\cdot L_c^3/\nu^2=(Buoyancy\ force)/(Viscous\ force)$

④ $St=h_{conv}/\rho Vc_P=(Heat\ Transferred\ into\ a\ Fluid)/(Thermal\ Capacity)$

37 베르누이식… 유체가 비압축성인 이상유체일 경우 ①~② 사이에 마찰수두가 없다면 속도수두, 위치수두, 압력수두의 합이 일정하다.

①=②

$$\frac{P_1}{\rho}+\frac{u_1^{\ 2}}{2}+gh_1=\frac{P_2}{\rho}+\frac{u_2^{\ 2}}{2}+gh_2$$

마찰손실이 무시되고 $h_2=0$, $u_1=0$이므로,

$$0+0+gh_1=0+\frac{u_2^{\ 2}}{2}+0$$

$u^2=9.8\times4.9\times2$

$\therefore u=9.8\text{m/sec}$

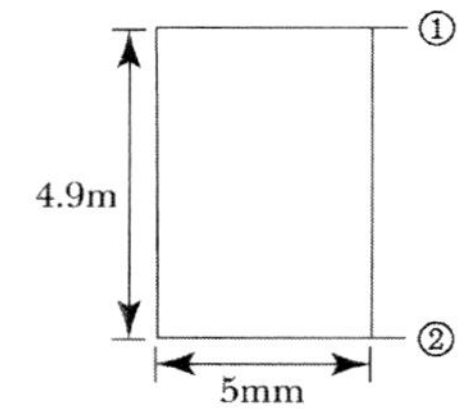

답 36.③ 37.③

38 닫힌계에서 이상기체 1 mol에 대한 설명으로 옳은 것은? (단, $\gamma = \frac{C_P}{C_V}$)

① 단열공정에서 $\frac{dT}{T} = (\gamma - 1)\frac{dV}{V}$ 이다.

② 단열공정에서 $C_V dT = -PdV$ 이다.

③ 등온공정에서 기체 압력이 P_1에서 P_2로 변화할 때, $Q = RT\ln\frac{P_2}{P_1}$ 이다.

④ 등온공정에서 기체 부피가 V_1에서 V_2로 변화할 때, $Q = RT\ln\frac{V_1}{V_2}$ 이다.

39 열전도에 대한 Fourier의 법칙에 대한 설명으로 옳지 않은 것은?

① 열전도를 일으키는 추진력(Driving force)은 온도차이다.

② 열전도의 속도는 면적과 온도기울기에 비례해서 증가한다.

③ 열전도시 저항은 전달면적/두께에 비례한다.

④ 열전도 속도는 온도차를 저항으로 나눈 값으로 나타낼 수 있다.

ANSWER

38 ① 단열공정에서 $\Delta U = W$ or $C_V dT = -PdV$이며, 이상기체 상태방정식을 도입하면 $C_V\frac{dT}{T} = -nR\frac{dV}{V}$ 이다.

$C_P - C_V = nR$임을 이용하면, $\frac{dT}{T} = -\frac{(C_P - C_V)}{C_V}\frac{dV}{V} \Rightarrow \frac{dT}{T} = -(\gamma - 1)\frac{dV}{V}$

② 단열공정에서 $\Delta U = W$ or $C_V dT = -PdV$이다.

③④ 등온공정에서는 $du = dq + dw$에서 온도가 일정하므로 $dq = 0$이 된다. 따라서 $du = dw$이다. 등온공정에서 기체의 부피 변화를 예로 들면, $W = -\int_{V_1}^{V_2} PdV \Rightarrow W = -\int_{V_1}^{V_2}\frac{RT}{V}dV \Rightarrow W = RTln\frac{V_1}{V_2}$

39 Fourier의 법칙은 열전달속도 = $\frac{\text{추진력}}{\text{열저항}}$ 으로

$q = \frac{\Delta t}{R} = -\frac{\Delta t}{l/kA}$ (Δt : 온도차, l : 두께, k : 열전도도, A : 열전달면적)

$R \propto \frac{l}{kA}$

답 — 38.② 39.③

40 일회 통과형 향류열교환기에서 온도 400K의 기름을 2kg/sec의 속도로 통과시켜 350K으로 냉각시킨다. 냉각매체는 온도 280K, 유속 2kg/sec이다. 총괄열전달계수는 100W/m^2 · K이다. 대수 평균온도차가 80K이라면, 필요한 열교환기 면적[m^2]은? (단, 기름의 비열 = 2,000J/kg · K)

① 10m^2 ② 15m^2
③ 20m^2 ④ 25m^2

41 다음과 같은 금속벽을 통한 열전달이 일어날 때 고온부의 온도 T_1의 값은? (단, 열전도도는 25kcal/m hr℃이고, 열손실량은 10,000kcal/hr이다)

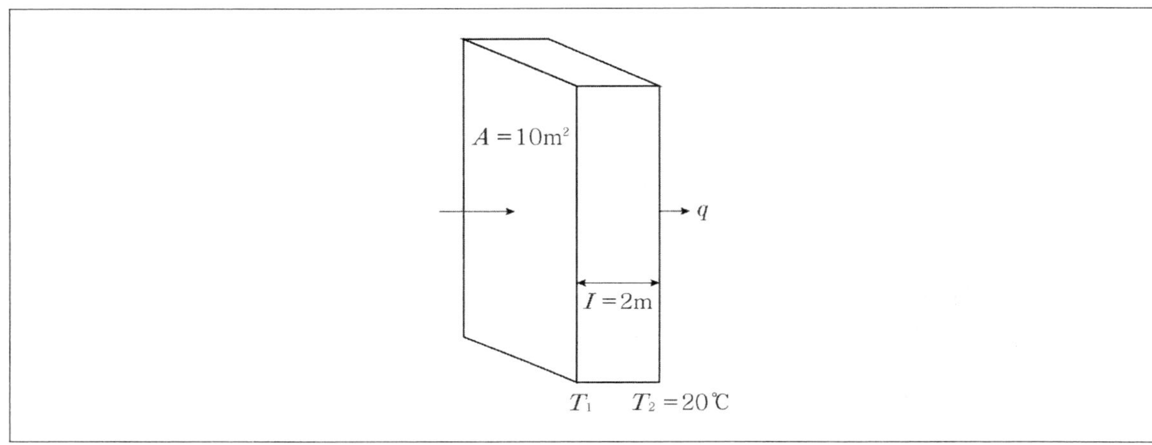

① 50℃ ② 100℃
③ 150℃ ④ 200℃

ANSWER

40 $Q = C \cdot m \cdot \triangle T$
$2,000 \times 2 \times 50 = 100 \times A \times 80$
$\therefore A = 25m^2$

41 Fourier's Law $Q = -kA \times \triangle T/\triangle x$($k$: 열전도도, A : 면적, T절대온도, x : 거리)
$\therefore$ 10,000kcal/hr = 25kcal/m · hr × 10m^2 × ΔT/2m, $\triangle T$ = 80K
T_2 = 293K 이므로 T_1 = 373K⇒100℃

답 — 40.④ 41.②

42 비중이 0.5, 점도가 1cP인 비압축성 유체가 5cm/sec의 유속으로 원관을 흐를 때 Fanning 마찰계수가 0.016이 되는 원관의 내경은? (단, 이 흐름은 층류라고 가정한다)

① 1cm
② 2cm
③ 4cm
④ 8cm

43 유체에 대한 설명으로 옳은 것은?

① 전단응력(shear stress)은 점성도와 속도구배를 곱한 값이다.
② 동점도(kinematic viscosity)는 유체의 밀도를 절대점도로 나눈 값이다.
③ 뉴튼 유체(Newtonian fluid)의 점도는 전단변형률 크기에 영향을 받는다.
④ 뉴튼 유체가 원관 속을 흐를 때 레이놀즈(Reynolds) 수가 2,000 이하면 난류(turbulent flow)이다.

ANSWER

42 $f=\dfrac{16}{Re}=0.016$에서 $Re=1{,}000$

$Re=\dfrac{\rho\cdot u\cdot D}{\mu}=\dfrac{500\times x\times 0.05}{1\times 10^{-3}}=1{,}000$

$\therefore x=4\text{cm}$

43 ① 전단응력은 점성도와 속도구배를 곱한 값이다.
② 동점도는 유체의 절대점도를 유체의 밀도로 나눈 값이다.
③ 뉴튼 유체의 특징은 점도가 전단변형률 크기에 무관한 것이다.
④ 뉴튼 유체가 원관 속을 흐를 때 레이놀즈 수가 2,000이하면 층류이다.

답 42.③ 43.①

44 **점도에 대한 설명으로 옳지 않은 것은?**

① 레이놀즈 수는 동점도(kinematic viscosity)에 반비례한다.
② 동점도는 확산계수(diffusivity)와 차원이 같다.
③ 운동에너지를 열에너지로 만드는 유체의 능력이다.
④ 뉴턴 유체에서는 전단응력이 전단율에 비례하며, 그 비례상수를 동점도라고 한다.

45 **수직으로 놓인 지름 3m의 원통형 탱크에 높이 1.8m까지 물이 채워져 있다. 탱크 바닥에 내경 10cm의 관을 연결하여 1.2m/s의 일정한 관내 평균유속으로 물을 배출한다면, 탱크의 물이 모두 배출되는 데 걸리는 시간[min]은?**

① 18.5
② 22.5
③ 26.5
④ 30.5

ANSWER

44 ① 레이놀즈 수는 $N_{Re} = \rho u D / \mu$이고 동점도는 $v = \mu / \rho$이다. 따라서 레이놀즈의 수는 밀도를 점도로 나눈 것에 비하여 동점도는 점도를 밀도로 나눈 것이므로 서로의 관계는 반비례 한다.
② 동점도의 단위는 cm^2/s 이다. 확산계수의 단위도 cm^2/s 이다. 따라서 차원이 동일하다.
③ 점도는 유체에 외부에서 가해지는 힘에 저항하는 정도를 말한다. 즉 외부에서 가해진 운동에너지가 저항으로 인해 발생된 열로 저항의 정도를 측정한다.
④ 뉴턴유체는 전단응력과 전단변형률의 관계가 선형적인 관계이며, 그 관계 곡선이 원점을 지나는 유체를 말하며 이때의 비례 상수가 점성계수, 혹은 점도이다.

45 ㉠ 원통형 탱크안에 있는 물의 양 : $\pi r^2 h = \pi \times (1.5\text{m})^2 \times 1.8\text{m} \fallingdotseq 12.72\text{m}^3$
㉡ 관을 통하여 배출되는 부피유량 : $uA = u\pi r^2 = 1.2\text{m/s} \times \pi \times (0.1\text{m}/2)^2 \fallingdotseq 9.42 \times 10^{-3}\text{m}^3/\text{s}$
∴ 탱크의 물이 모두 배출되는 시간 : $\dfrac{12.72\text{m}^3}{9.42 \times 10^{-3}\text{m}^3/\text{s}} \times \dfrac{1\text{min}}{60\text{s}} \fallingdotseq 22.5\text{min}$

답 – 44.④ 45.②

46 수직으로 놓인 지름 1m의 원통형 탱크에 높이 1.8m까지 물이 채워져 있다. 탱크 바닥에 내경 10cm의 관을 연결하여 탱크의 물이 모두 배출되는데 걸리는 시간이 5min이라면, 배출되는 관내 평균유속 [m/s]은?

① 5.42×10^{-3}
② 5.98×10^{-3}
③ 8.67×10^{-3}
④ 1.12×10^{-2}

47 차원(dimension)이 다른 것은? (단, ν는 동점도, μ는 절대점도, α는 열확산계수, k는 열전도도, ρ는 밀도, D는 물질확산계수, c_p는 비열을 의미한다)

① $\dfrac{\nu}{\alpha}$
② $\dfrac{\mu}{\rho\cdot D}$
③ $\dfrac{D}{\alpha}$
④ $\dfrac{\rho\cdot c_p}{k\cdot\mu}$

ANSWER

46 ㉠ 원통형 탱크안에 있는 물의 양 : $\pi r^2 h=\pi\times(0.5\text{m})^2\times1.8\text{m}\fallingdotseq1.41\text{m}^3$

㉡ 탱크의 물이 모두 배출되는 시간 : $\dfrac{V}{Q}=\dfrac{V}{uA}=\dfrac{1.41\text{m}^3}{\text{u}\pi\text{r}^2}=5\,\text{min}\Rightarrow\dfrac{1.41\text{m}^3}{\text{u}\times\pi\times(0.5\text{m})^2}=300\text{s}$

∴ 배출되는 관내 평균유속 $u=\dfrac{1.41\text{m}^3}{\pi\times(0.5\text{m})^2\times300\text{s}}\fallingdotseq5.98\times10^{-3}\text{m/s}$

47 ① 동점도 : 길이^2/시간, 열확산도 : 길이^2/시간 ∴ 동점도/열확산도 ⇒ 무차원

② 점도 : 질량/길이 · 시간, 밀도 : 질량/길이^3, 물질확산계수 : 길이^2/시간
∴ 점도/(밀도×물질확산계수) ⇒ 무차원

③ 물질확산계수 : 길이^2/시간, 열확산도 : 길이^2/시간 ∴ 물질확산계수/열확산도 ⇒ 무차원

④ 밀도 : 질량/길이^3, 비열 : 길이^2/시간^2 · 온도, 열전도도 : 질량 · 길이/시간 · 온도, 점도 : 질량/길이 · 시간
∴ (밀도×비열)/(열전도도×점도) ⇒ 1/(길이×질량)

답 46.② 47.④

48 **혼합물 내의 확산에 대한 설명으로 옳지 않은 것은?**

① m^2/s는 확산도의 단위이다.

② 일반적으로 액체의 확산도(diffusivity)가 기체의 확산도보다 크다.

③ 몰 플럭스(molar flux)는 단위 면적당 단위 시간당 몰수로 표시한다.

④ 확산의 가장 주된 원인은 농도 구배(gradient)이다.

49 **25℃에서 다음 반응의 정압하에서와 정용하에서의 반응열의 차이는? (단위 : cal)**

$$C(s) + \frac{1}{2}O_2(g) \rightarrow CO(g)$$

① 2.96 ② 29.6

③ 296 ④ 2,960

ANSWER

48 확산의 driving force는 농도 구배이다. 즉 농도 기울기가 클수록 확산이 잘 일어난다. 또한 확산의 단위는 플럭스(flux)를 사용하는데 이는 단위 면적당, 단위시간당, 몰수를 의미하는 것이다. 일반적으로 확산은 운동에너지가 더 활발한 기체가 액체보다 더 빠르게 일어난다. 확산도의 단위는 m^2/s이다

49 $\Delta H_p - \Delta H_v = (\Delta n) \times R \times T = \left(1 - \frac{1}{2}\right) \times 1.987 \times 298 = 296\text{cal}$

답 48.② 49.③

50 12.5% 황산용액에 77.5% 황산용액 200kg을 혼합하였더니 19% 황산용액이 되었다. 이때 만들어진 19%의 황산용액의 양은? (단, 농도는 중량%)

① 2,000kg　　② 1,000kg

③ 1,500kg　　④ 500kg

51 다음 중 유체의 흐름방향을 바꾸기 위한 관의 이음쇠는?

① 티, 벤드　　② 크로스, 유니온

③ 니플, 커플링　　④ 부싱, 리듀서

52 다음 중 엔탈피(Enthalpy)에 대한 설명으로 옳지 않은 것은?

① 엔탈피는 0℃, 1atm을 기준상태로 잡는다.

② 엔탈피의 증가는 정압하에서 흡수된 열량과 같다.

③ 엔탈피는 계의 최초 상태와 최종 상태에만 관계되고 경로에는 무관하다.

④ 연속적인 흐름의 계에서는 흡수한 열량과 엔탈피의 증가량은 대략 같다.

ANSWER

50 19% 황산용액의 양 $= x$

$12.5(x-200)+77.5\times 200=19\times x$

$\therefore x=\dfrac{(-12.5\times 200)+(77.5\times 200)}{(19-12.5)}=2{,}000\text{kg}$

51 관의 방향변경 부속품으로는 Y자관, 티, 엘보우, 크로스(십자), 벤드 등이 있다.

52 ① 엔탈피는 표준상태 25℃, 1atm인 상태를 기준으로 한다.

답 — 50.① 51.① 52.①

53 10℃의 공기가 1kg/s의 일정한 질량유속으로 관에 들어가서 50℃로 관을 나간다. 공기의 비열을 0.5kcal/kg · ℃라고 할 때, 단위시간당 공기로 전달된 열량[kcal/s]은?

① 10　　② 15
③ 20　　④ 25

54 다음 반응은 25℃에서 정압반응열 $\Delta H = -326.7$cal이다. 같은 온도에서 정용반응열(cal)은?

$C_2H_5OH(l) + 3O_2(g) \rightarrow 3H_2O(l) + 2CO_2(g)$

① −265.43　　② −572.52
③ +265.43　　④ +572.52

55 평균열전도도가 0.20kcal/m · hr · ℃인 벽돌로 두께 300mm의 노벽이 있다. 이 노벽의 내벽면 온도가 550℃, 외벽면 온도가 250℃인 경우 단위면적당 열손실은?

① 200kcal/hr　　② 250kcal/hr
③ 300kcal/hr　　④ 350kcal/hr

ANSWER

53 공기에 가해진 열량을 구하면 다음과 같다. $Q = mC_p\Delta T$
$\therefore\ Q = mC_p\Delta T = 1\text{kg/s} \times 0.5\text{kcal/kg} \cdot ℃ \times (50℃ - 10℃) = 20\text{kcal/s}$

54 $\Delta H_p - \Delta H_v = (\Delta n) \times R \times T = (2-3) \times 1.987 \times 298 = -592.13\text{cal}$
$\therefore\ \Delta H_v = \Delta H_p + 592.13\text{cal} = -326.7 + 592.13 = +265.43\text{cal}$

55 $q = \dfrac{\Delta T}{\dfrac{l}{k \cdot A}} = \dfrac{550-250}{\dfrac{300 \times 10^{-3}}{0.2 \times 1}} = 200\,\text{kcal/hr}$

답 — 53.③ 54.③ 55.①

56 다음의 반응에서 반응열 ΔH = −207kcal/g−mole, $H_2O(l)$의 생성열 ΔH_f = −68.4kcal/g−mole, $CO_2(g)$의 생성열 ΔH_f = −94kcal/g−mole일 때 CH_3COOH의 생성열은 몇 kcal / g−mole인가?

$CH_3COOH(l) + 2O_2(g) \rightarrow 2H_2O(l) + 2CO_2(g)$

① −154.4
② −117.8
③ −54.2
④ −28.5

57 두께가 0.5 cm인 은 평판과 단위면적당 정상상태 열전달 속도가 같은 철 평판의 두께[cm]는? (단, 은의 열전도도는 450W/m · K, 철의 열전도도는 15W/m · K이며, 열전달 조건은 동일하다)

① $\frac{1}{60}$
② $\frac{1}{30}$
③ 30
④ 60

ANSWER

56 생성열 $= 2\times(-68.4) + 2(-94) - x = -207$

$\therefore x = -117.8$

57 열전달 속도와 관련된 식은 다음과 같다. $q = -k\frac{\Delta T}{\Delta x}$ (k : 열전도도, ΔT: 온도변화량, Δx : 두께)

열전달 조건은 동일하므로 $\frac{q}{\Delta T}$= 일정하다는 의미이다.

$\therefore -\frac{k_1}{\Delta x_1} = -\frac{k_2}{\Delta x_2} \Rightarrow \frac{450\text{W/m} \cdot \text{K}}{0.5\text{cm}} = \frac{15\text{W/m} \cdot \text{K}}{\Delta x_2} \Rightarrow \Delta x_2 = \frac{1}{60}\text{cm}$

답− 56.② 57.①

58 1lb의 물이 1기압, 32°F에서 1기압, 260°F의 수증기로 변하는 데 얼마의 열이 필요한가? (단, H_2O의 C_P는 1Btu/lb°F, 수증기의 C_P는 0.47Btu/lb°F이다. 1기압, 212°F에서의 증발열은 970.3Btu/lb이다)

① 1,173Btu
② 1,180Btu
③ 1,275Btu
④ 2,245Btu

59 오토크레이브 안의 압력은 압력계기에 4kg/cm²로 나타나 있고 실험실 벽에 걸린 기압계는 756mmHg를 가리키고 있을 때 반응기 안의 절대압력[kg/cm²]은?

① 5.03kg/cm²
② 10kg/cm²
③ 15.63kg/cm²
④ 71.6kg/cm²

60 Hess의 법칙과 관계 있는 함수는?

① Entropy
② 비열
③ 반응열
④ 열용량

ANSWER

58

32°F의 물 $\xrightarrow{H_1}$ 212°F의 물 $\xrightarrow{H_2}$ 212°F의 수증기 $\xrightarrow{H_3}$ 260°F의 수증기

$H_1 = mC_P\Delta T = 1\times 1\times 180 = 180$

$H_2 = ml = 1\times 970.3 = 970.3$

$H_3 = mC_P\Delta T = 1\times 0.47\times 48 = 22.56$

$\therefore H_T = 180 + 970.3 + 22.56 = 1,172.86 \fallingdotseq 1,173\,\text{Btu}$

59

절대압 = 대기압 + 지시압에서 지시압 $= 756\text{mmHg}\times\dfrac{1.0332\text{kg/cm}^2}{760\text{mmHg}} = 1.02776$이므로

절대압 $= 4 + 1.02776 \fallingdotseq 5.03\,\text{kg/cm}^2$

60 Hess의 법칙 … 반응의 초기와 최종상태가 결정되면 경로에 관계없이 총열량은 일정하다.

답 — 58.① 59.① 60.③

61 두께가 1cm인 은 평판과 단위면적당 정상상태 열전달 속도가 같은 철 평판의 두께[cm]가 0.5이라 할 때, 철의 열전도도[W/m · K]는? (단, 은의 열전도도는 450W/m · K이며, 열전달 조건은 동일하다)

① 150　　② 175
③ 200　　④ 225

62 전도에 의한 열전달 현상에 대한 설명으로 옳지 않은 것은?

① 열전달은 온도가 높은 곳에서 낮은 곳으로 일어난다.
② 열전달 속도는 온도 차에 비례한다.
③ 열전달 속도는 비열에 비례한다.
④ 열전달 속도는 열전도도에 비례한다.

ANSWER

61 열전달 속도와 관련된 식은 다음과 같다. $q=-k\frac{\Delta T}{\Delta x}$ (k : 열전도도, ΔT : 온도변화량, Δx : 두께)

열전달 조건은 동일하므로 $\frac{q}{\Delta T}$= 일정하다는 의미이다.

$\therefore -\frac{k_1}{\Delta x_1}=-\frac{k_2}{\Delta x_2} \Rightarrow \frac{450\text{W/m}\cdot\text{K}}{1\text{cm}}=\frac{x}{0.5\text{cm}} \Rightarrow x=225\text{W/m}\cdot\text{K}$

62 열전달은 온도가 높은 곳에서 낮은 곳으로 흐른다. 열전달 속도는 온도차, 열전도도에 비례하지만 비열에는 반비례 한다.

답 61.④ 62.③

63 다음 반응의 반응열이 −200.5kcal이고, $Fe_2O_3(s)$의 생성열이 −198.5kcal일 때 Al_2O_3의 생성열은 몇 kcal인가?

$$Fe_2O_3(s) + 2Al(s) \rightarrow Al_2O_3 + 2Fe(s)$$

① −199kcal
② −299kcal
③ −399kcal
④ −499kcal

64 다음 중 레이놀즈에 영향을 주는 인자가 아닌 것은?

① 압력구배
② 관의 거칠기
③ 벽면굴곡
④ 벽면온도

ANSWER

63 Al_2O_3생성열 − Fe_2O_3생성열 = 반응열

$x - (-198.5) = -200.5$

$\therefore x = -399$kcal

64 ② 관에서는 영향이 없다.

※ 레이놀즈에 영향을 주는 인자

㉠ **압력구배** : 적절한 압력구배가 전이현상을 없애며 부적절한 압력구배는 전이현상을 늦춘다.

㉡ **자유흐름 난류** : 자유흐름 난류는 전이 레이놀즈수를 감소시킨다.

㉢ **흡인** : 블록면은 전이 레이놀즈수를 증가시키나 오목면은 감소시킨다.

㉣ **벽면굴곡** : 블록면은 전이 레이놀즈수를 증가시키나 오목면은 감소시킨다.

㉤ **벽면온도** : 차가운 벽은 전이 레이놀즈수를 증가시키나 뜨거운 벽은 감소시킨다.

답 63.③ 64.②

65 다음 중 베르누이식의 가정조건이 아닌 것은?

① 점성의 흐름
② 정상상태의 흐름
③ 비압축성의 흐름
④ 계의 내용물 균일

66 다음 중 공동현상의 발생조건이 아닌 것은?

① 물의 압력이 높아질 때
② 펌프와 흡수면 사이의 수직거리가 너무 길 때
③ 펌프의 물이 과속으로 유량증가할 때
④ 관 속의 어느 부분이 고온이 되었을 때

ANSWER

65 베르누이식 제한조건
㉠ 비점성의 흐름
㉡ 정상상태의 흐름
㉢ 비압축성의 흐름
㉣ 계를 통한 단일 정상상태의 흐름
㉤ 정전, 자기, 표면에너지 무시
㉥ 중력가속도 일정
㉦ 계의 내용물 균일

66 ① 물의 압력이 낮아질 때 발생한다.
※ **공동현상** … 캐비테이션이라고 하기도 하며 물이 관 속을 흐를 때 물 속의 어느 부분의 정압이 그 때의 물의 온도에 해당하는 증기압 이하로 되면 부분적으로 증기가 발생하는 현상을 말한다.

답 — 65.① 66.①

67 다음 중 수격현상을 방지하는 방법이 아닌 것은?

① Valve는 Pump송출구 가까이 설치한다.
② Surge thank를 설치한다.
③ Pump에 플라이 휠을 설치한다.
④ 관 내 유속흐름속도를 가능한 빠르게 한다.

68 열의 이동기구 중 하나인 전도는 분자의 진동에너지가 인접한 분자에 전해지는 것이다. 벽면을 통해 열이 전도된다고 가정할 때, 열 전달속도를 빠르게 하는 방법이 아닌 것은?

① 벽면의 두께를 감소시킨다.
② 열전도도가 큰 벽면을 사용한다.
③ 벽면 양끝의 온도 차이를 크게 한다.
④ 벽면의 면적을 감소시킨다.

69 다음 중 유체를 한쪽 방향으로 보내는 밸브형태가 아닌 것은?

① 스윙체크밸브　② 글러브체크밸브
③ 리프트체크밸브　④ 볼체크밸브

ANSWER

67 수격현상방지법
㉠ 관 내 유속흐름속도를 가능한 작게 한다.
㉡ Surge thank를 설치한다.
㉢ Pump에 플라이 휠을 설치하여 급격한 속도변화를 막는다.
㉣ Valve는 Pump송출구 가까이 설치하고, Valve를 서서히 제어한다.
㉤ 도출관에 공기실을 설치하여 역류시 공기실의 공기를 압축하도록 유도한다.

68 ① 벽면의 두께를 감소시키면 Δx값이 작아지므로 열전달속도는 증가된다.
② 열전도도가 큰 벽면을 사용하면 k값이 커지므로 열전달속도는 증가된다.
③ 벽면 양끝의 온도 차이를 크게 하면 열전달속도는 증가한다.
④ 열전달속도는 $\dot{Q}= A\times k\times \frac{\Delta T}{\Delta x}$의 식으로 표현된다. 따라서 면적 A를 감소시키면 열전달 속도가 감소된다.

69 유체를 한쪽 방향으로 보내는 밸브는 체크밸브라하고 그 종류에는 스윙체크밸브, 리프트체크밸브, 볼체크밸브 세 가지가 있다.

답 67.④ 68.④ 69.②

70 다음 그림과 같이 두께 D의 차가운 고체 평판(빗금친 부분) 위로 뜨거운 유체가 $x=0$부터 평행하게 흐르고 있다. 유체의 열전달계수와 열전도도를 각각 h와 k_f라고 하고, 고체의 열전도도를 k_s라고 할 때 $x=L$에서 고체 평판 표면의 수직방향으로의 열전달에 대한 Nusselt 수는?

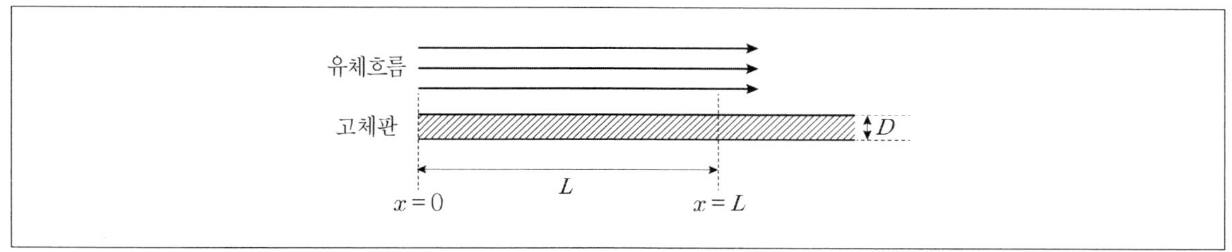

① $\dfrac{h \cdot D}{k_s}$ ② $\dfrac{h \cdot L}{k_s}$

③ $\dfrac{h \cdot D}{k_f}$ ④ $\dfrac{h \cdot L}{k_f}$

71 어떤 물질의 100 ~ 200℃에서의 평균열용량은 7.0cal/g-mole℃ 100 ~ 500℃에서의 평균열용량은 7.5cal/g-mole℃이다. 이 물질 1kg-mole을 200℃에서 500℃까지 가열하는 데 필요한 열량은?

① 2,100kcal ② 2,300kcal

③ 3,000kcal ④ 3,200kcal

ANSWER

70 $Nsselt$ 수 $= \dfrac{\text{대류에 의한 열전달}}{\text{전도에 의한 열전달}} = \dfrac{h\Delta T}{k_f \Delta T/L} = \dfrac{hL}{k_f} = Nu$로 정의된다. 여기서 L은 열 교환이 일어나는 두께(길이)를 의미한다. 따라서 고체판과 유체흐름의 열 교환이 일어나는 길이는 L이므로 위 시스템에서 $N=\dfrac{hL}{k_f}$이다. (열전도도는 유체에 의한 열전도도를 기준으로 한다.)

71 $\int_{200}^{500} C_p \cdot \Delta T = \int_{100}^{500} C_p Z \cdot \Delta T - \int_{100}^{200} C_p \cdot \Delta T$

$= 7.5 \times 400 - 7 \times 100$

$= 3,000 - 700$

$= 2,300\text{kcal}$

답 — 70.④ 71.②

72 위가 열려 있는 용기에 32℉의 얼음 1lb와 80℉의 물 5lb를 혼합하여 방안에 방치해 두었더니 혼합물의 온도는 70℉였다. 물과 얼음에 얼마의 열이 가해졌는가? (단, 얼음의 융해열 = 144Btu/lb)

① 132Btu
② 152Btu
③ 162Btu
④ 172Btu

73 구형 수박 A의 반지름은 구형 수박 B의 반지름의 9배다. 수박 A, B를 냉장고에 넣어 25℃에서 15℃로 냉각하는 데 걸리는 시간을 각각 t_A, t_B라 할 때 $\frac{t_A}{t_B}$ 값은? (단, 냉장고 내부 온도와 수박 표면에서의 열전달계수는 일정하고, 수박 내부 열전달 저항은 무시한다)

① $\frac{1}{9}$
② $\frac{1}{3}$
③ 3
④ 9

ANSWER

72 물이 잃은 열량 $Q_1 = cmT = 5 \times 1 \times (80-70) = 50\text{Btu}$
얼음이 얻은 열량 $Q_2 = 1 \times 144 + 1 \times 1 \times (70-32) = 182\text{Btu}$
가해진 열량 $Q_2 - Q_1 = 182 - 50 = 132\ \text{Btu}$

73 $Bi = \frac{hL}{k} = \frac{\text{전도에 의한 열전달}}{\text{대류에 의한 열전달}}$의 관계에서 전도에 의한 열전달을 무시 한다고 가정했으므로 $Bi = 0$이다.
따라서 위 시스템에서는 대류에 의한 열전달이 지배적이며, 냉각 시 필요한 에너지=대류의 열전달이다.
㉠ 냉각 시 필요한 에너지 : $\dot{Q} = mC_P\frac{dT}{dt} = \rho VC_P\frac{dT}{dt}$ (ρ ; 밀도, V : 부피 C_P : 열용량)
㉡ 대류에 의한 열전달의 관계식 : $\dot{Q} = Ah\Delta T$ (A ; 면적, h : 열전달계수, ΔT : 온도변화량)
∴ 냉각 시 필요한 에너지=대류의 열전달 $\Rightarrow \rho VC_P\frac{dT}{dt} = Ah(T_b - T) \Rightarrow \rho VC_P\frac{dT}{Ah(T_b - T)} = dt$

$$\Rightarrow \frac{\rho C_P}{h}\int_{T_1}^{T_2} V\frac{dT}{A(T_b - T)} = \int_0^t dt \Rightarrow \frac{\rho C_P}{h}\int_{T_1}^{T_2}\frac{\frac{4}{3}\pi r^3 dT}{4\pi r^2(T_b - T)} = \int_0^t dt$$

$$\Rightarrow \frac{\rho C_P}{3h}\int_{T_1}^{T_2}\frac{rdT}{(T_b - T)} = \int_0^t dt \Rightarrow t = r \times \frac{\rho C_P}{3h}\ln\frac{T_b - T_1}{T_b - T_2}$$

∴ 시간은 반지름에 비례한다. $\frac{t_A}{t_B} = 9$

답– 72.① 73.④

74 절대압력 3.5kgf/cm^{2}와 끓는점 77.8℃에서의 액체 프로판의 비용적은 0.14m^3/kg, 엔탈피는 11.81 kcal/kg이다. 이 증발과정에 수반하는 내부에너지의 변화는?

① 143kgf · m/kg

② 358kgf · m/kg

③ 1,288kgf · m/kg

④ 2,710kgf · m/k

75 다음 반응에 대한 표준반응열(NH_3 4g−mole기준)은? (단, $\Delta H_{f^\circ 297}$(kcal/kg−mole)는 $NH_3(g)$ = −11.04, $NO(g)$ = 21.60, $H_2O(g)$ = −57.8)

$4NH_3(g) + 5O_2(g) \rightarrow 4NO(g) + 6H_2O(g)$

① −216.24kcal/kg

② +216.24kcal/kg

③ −21.62kcal/kg

④ +54.06kcal/kg

ANSWER

74 $\Delta H = \Delta U + \Delta(PV)$

$\Delta H = 11.81\text{kcal/kg} \times \dfrac{427\text{kgf}\cdot\text{m}}{1\text{kcal}} = 5,042.9\text{kgf}\cdot\text{m/kg}$

$\Delta PV = 3.5\text{kgf/cm}^2 \times \dfrac{(100\text{cm})^2}{(1\text{m})^2} \times 0.14\,\text{m}^3/\text{kg} = 4,900\text{kgf}\cdot\text{m/kg}$

$\therefore\ \Delta U = 5,042.9 - 4,900 = 142.9 \fallingdotseq 143\text{kgf}\cdot\text{m/kg}$

75 $4\times(21.6) + 6\times(-57.8) - 4\times(-11.04) = -216.24\text{kcal/kg}$

답 − 74.① 75.①

76 1기압, 0℃의 얼음 1kg을 1기압, 200℃의 수증기로 만드는 데 필요한 열량은? (단, 1기압, 0℃에서 융해열은 80kcal/kg, 1기압, 100℃에서 증발잠열은 539kcal/kg, 물의 비열은 1kcal/kg · ℃, 수증기의 평균비열은 0.46 kcal/kg · ℃이다)

① 252kcal
② 504kcal
③ 765kcal
④ 886kcal

77 물의 기화열은 100℃, 1atm에서 539cal/g이다. 물 1g-mole이 100℃에서 증발할 때, 엔트로피의 변화는 얼마인가?

① −27cal/°K
② −26cal/°K
③ −25cal/°K
④ −22cal/°K

78 Propane의 표준 총발열량이 −530,600cal/g-mole이다. 이의 표준 진발열량은? (단, H_2O의 증발잠열 = −10,519cal/g-mole)

① −488,524cal/g-mole
② −528,824cal/g-mole
③ −67,842cal/g-mole
④ −87,546cal/g-mole

ANSWER

76 0℃ 얼음 $\xrightarrow{㉠}$ 0℃ 물 $\xrightarrow{㉡}$ 100℃ 물 $\xrightarrow{㉢}$ 100℃ 수증기 $\xrightarrow{㉣}$ 200℃ 수증기

㉠에서 $1 \times 80 = 80$
㉡에서 $1 \times 1 \times 100 = 100$
㉢에서 $1 \times 539 = 539$
㉣에서 $1 \times 0.46 \times 100 = 46$
$H =$ ㉠ + ㉡ + ㉢ + ㉣ $= 80 + 100 + 539 + 46 = 765\text{kcal}$

77 $\Delta S = -\frac{Q}{T} = -\frac{539 \times 18}{373} = -26$

78 $C_3H_5 + 5O_2 \rightarrow 3CO_2 + 4H_2O$
진발열량 = 총발열량 − 증발잠열 $= -530,600 - (4 \times -10,519) = -488,524\text{cal/g-mole}$

답 − 76.③ 77.② 78.①

79 900g의 물체가 120m의 높이에서 지상으로 떨어질 때 발생하는 열은 몇 cal인가?

① 253cal　　② 1,045cal
③ 1,058cal　　④ 2,048cal

80 표준상태에 있는 100L의 헬륨을 밀폐된 용기에서 100℃로 가열하였을 때 내부에너지의 변화량(ΔU)은 얼마인가? (단, 헬륨의 $C_V = \frac{3}{2}R$)

① 1,331cal　　② 1,500cal
③ 1,989cal　　④ 2,224cal

81 1atm, 300K의 수증기를 물로 변화시킬 때 엔탈피 변화량은? (단, 물의 증기압 = 24mmHg)

① −1,041cal　　② −2,041cal
③ −3,041cal　　④ −4,041cal

ANSWER

79 $E_P = mgh = 0.9kg \times 9.8m/s^2 \times 120m = 1{,}058kg \cdot m^2/s^2 = 1{,}058J$이고,
1cal = 4.184J 이므로
$E_P = \frac{1{,}058J}{4.184J/cal} ≒ 253cal$

80 $\Delta H = nC_p\Delta T$
$\Delta U = nC_v\Delta T$
$\therefore \Delta U = \frac{100L}{22.4L} \times \frac{3}{2} \times 1.987 \times (100-0) = 1{,}330.6 = 1{,}331cal$

81 $\Delta H = -RT\ln\frac{P_2}{P_1} = -1.987 \times 300 \times \ln\left(\frac{760-24}{24}\right) = -2{,}040.5cal ≒ -2{,}041cal$

답 — 79.① 80.① 81.②

82 **단면이 원형인 매끈한 배관에서 뉴튼 유체(Newtonian fluid)가 흐를 때, 레이놀즈(Reynolds) 수의 증가와 관련하여 옳은 것만을 모두 고르면?**

> ㉠ 관성력에 비해 점성력이 상대적으로 증가한다.
> ㉡ 유체의 평균 유속, 밀도, 관의 지름이 같다면 점도가 감소할수록 레이놀즈 수가 증가한다.
> ㉢ 난류에서 층류로 전이가 일어남에 따라 레이놀즈 수가 증가한다.

① ㉠
② ㉡
③ ㉠, ㉡
④ ㉡, ㉢

83 **다음 중 열전도도에 대한 설명으로 옳지 않은 것은?**

① 온도에 대한 함수이다.
② 물질마다 다 다르다.
③ 열전도도의 단위는 kcal/m, h, K를 사용한다.
④ 열전도도가 높을수록 열저항이 높다.

ANSWER

82 ㉠ 레이놀즈수$(Ne)=\dfrac{\text{관성력의 힘}}{\text{점성력의 힘}}$이므로 레이놀즈 수가 증가하면 관성력의 힘이 상대적으로 증가한다.

㉡ 레이놀즈수$(Ne)=\dfrac{\rho ud}{\mu}$ (ρ : 밀도, u : 유속, d : 직경, μ : 점도) 따라서 분자가 일정할 때 점도가 감소할수록 레이놀즈 수는 증가한다.

㉢ 난류에서 층류로 전이가 일어남에 따라 레이놀즈의 수는 감소한다.

83 열전도도(Thermal conductivity)는 열전도율로 어떤 물질이 열전달이 잘 되는지, 안 되는지를 나타내는 척도이다.

※ 열저항 … $R=\dfrac{l}{K\cdot A}$에서 열전도도가 높을수록 열저항은 낮아진다.

답 82.② 83.④

84 단면이 원형인 매끈한 배관에서 뉴튼 유체(Newtonian fluid)가 흐를 때, 레이놀즈(Reynolds) 수와 관련하여 옳은 것만을 모두 고르면?

> ㉠ 레이놀즈 수는 관성력에 대한 점성력의 힘의 비율을 의미한다.
> ㉡ 레이놀즈 수의 차원은 무차원이다.
> ㉢ 레이놀즈 수가 2,100 이하인 경우에는 층류의 흐름을 보인다.

① ㉠ ② ㉡
③ ㉠, ㉡ ④ ㉡, ㉢

85 피스톤/실린더 장치 내에서 1mol의 공기가 $1m^3$의 초기부피로부터 $10m^3$의 최종상태로 가역팽창 할 때, 공기에 의해 행해진 일의 절대값[J]은? (단, P는 압력, V는 몰부피일 때, 공기는 PV=5J/mol의 관계를 만족하며 변한다)

① 4 ② 20
③ 10ln5 ④ 10ln10

ANSWER

84 ㉠ 레이놀즈수$(Ne) = \dfrac{\text{관성력의 힘}}{\text{점성력의 힘}}$을 의미한다.

㉡ 레이놀즈수$(Ne) = \dfrac{\rho ud}{\mu}$ (ρ : 밀도, u : 유속, d : 직경, μ : 점도). 따라서 무차원이다.

㉢ 2,100 이하는 층류, 이보다 큰 값은 난류의 흐름을 보인다.

85 $\dfrac{PV}{n} = 10 = RT$에서 이상기체상수는 정해진 값이 있기 때문에 등온과정으로 볼 수 있다.

∴ 등온과정에 의한 일 $W = -RTln\dfrac{V_2}{V_1} = -10\ln\dfrac{10}{1} \Rightarrow 10\ln10$ (∵ 절대값이라는 조건을 주었기 때문)

답 — 84.④ 85.④

86 점도가 1cP이고 밀도가 0.5g/cm^{3}인 비압축성 유체가 관 내를 5cm/s의 유속으로 층류로 흐를 때 마찰계수가 0.016이라면 관의 내경은?

① 1cm ② 2cm

③ 3cm ④ 4cm

87 열 전달매체를 거치지 않는 전자파에 의한 열이동현상은?

① 복사 ② 대류

③ 전도 ④ 확산

88 다음 중 층류에 대한 설명으로 옳지 않은 것은?

① 평균유속이 최대유속의 약 1/2이다.

② 레이놀즈수가 4,000 이상인 흐름이다.

③ 유체가 관벽에 평행하게 흐른다.

④ 서로 혼합되지 않는 흐름이다.

ANSWER

86 $N_{Re} = \frac{16}{f} = \frac{16}{0.016} = 1,000$

$N_{Re} = \frac{D \cdot u \cdot \rho}{\mu} = 1,000$이고, $D = \frac{1,000 \times \mu}{u \cdot \rho} = \frac{1,000 \times 0.01}{5 \times 0.5} = 4\text{cm}$

87 복사 … 물질을 구성하는 원자집단이 열에 의해 들뜨게 되어 그 결과 전자기파에 의해 사방으로 전파되는 현상이다.

88 층류 … 유체가 관벽에 직선으로 흐르는 흐름으로 유체흐름 속도가 느리고 질서정연한 흐름으로 서로 혼합되지 않는다.

㉠ 층류 : $N_{Re} \le 2,100$

㉡ 난류 : $N_{Re} > 4,000$

답 86.④ 87.① 88.②

89 푸리에의 법칙에서의 비례상수 k는 무엇에 대한 함수인가?

① 단면적
② 온도
③ 저항
④ 전열거리

90 벽을 사이에 두고 안쪽 온도는 400K, 바깥쪽 온도는 200K로 측정되었다. 벽의 열전도도는 0.70W/m · K이고 두께는 20cm, 면적은 8m^{2}일 때 손실되는 열량은?

① 1,400W
② 2,800W
③ 4,200W
④ 5,600W

91 다음 중 총괄전열계수의 단위로 옳은 것은?

① W · m/K
② W/m^2 · s
③ kcal/m^2 · h · ℃
④ kcal/m^2 · ℃

ANSWER

89 $q = \dfrac{\Delta T}{R} = \dfrac{\Delta T}{\dfrac{l}{k \cdot A}}$

∴ 비례상수 k는 열전도도를 나타내며 온도의 함수이다.

90 $q = \dfrac{\Delta T}{\dfrac{l}{kA}} = \dfrac{0.7 \times 8 \times (400 - 200)}{0.2} = 5,600\text{W}$

91 총괄전열계수(U) 단위 … W/m^2 · K, kcal/m^2 · h · ℃

답 — 89.② 90.④ 91.③

92 피스톤/실린더 장치 내에서 1mol의 공기가 $1m^3$의 초기부피로부터 최종상태로 가역팽창하며 이로 인한 일의 절대값[J]이 5ln5일 때, 최종상태로 팽창된 부피[m^3]는? (단, P는 압력, V는 몰부피일 때, 공기는 PV = 5J/mol의 관계를 만족하며 변한다)

① 5 ② 10
③ 15 ④ 20

93 벽의 두께가 2cm이고 평균 열전도도가 4kcal/m · h · ℃인 벽이 있다. 벽의 내부온도는 300℃이고, 벽의 외부온도는 100℃일 때 이 벽이 5시간동안 면적당 잃은 열량은?

① 10^5kcal ② 2×10^5kcal
③ 10^4kcal ④ 2×10^4kcal

94 다음 중 경막계수의 단위는?

① kcal/m^2 · h ② kcal/m^2 · atm
③ kcal/m^2 · h · ℃ ④ kcal/m^2 · ℃

ANSWER

92 $\frac{PV}{n} = 5 = RT$에서 이상기체상수는 정해진 값이 있기 때문에 등온과정으로 볼 수 있다.

∴ 등온과정에 의한 일 $W = -RT\ln\frac{V_2}{V_1} = -5\ln\frac{V_2}{1} \Rightarrow 5\ln5$, ∴ $V_2 = 5m^3$

93 $q = \frac{\Delta T}{\frac{l}{kA}} = \frac{200}{\frac{0.02}{4 \times A}} = 40,000A$

∴ $\frac{q}{A} \times 5hr = 40,000 \times 5 = 200,000kcal = 2 \times 10^5 kcal$

94 경막계수 … 경막열전달계수, 표면계수라고도 하며 단위는 kcal/m^2 · h · ℃를 사용한다.

답 — 92.① 93.② 94.③

95 **비열이 일정한 이상기체의 엔트로피 변화에 대한 설명으로 옳지 않은 것은?**

① 등온과정에서 엔트로피 변화는 압력이 증가함에 따라 감소한다.
② 정압과정에서 엔트로피 변화는 온도가 증가함에 따라 감소한다.
③ 정적과정에서 엔트로피 변화는 압력이 증가함에 따라 증가한다.
④ 정적과정에서 엔트로피 변화는 온도가 증가함에 따라 증가한다.

96 **피스톤 주위의 압력이 0일 때 피스톤이 압축 운동을 하면서 20kJ의 열을 주위로부터 흡수하였다. 이 때 피스톤 내부 에너지의 변화는?**

① 변화 없음
② 20kJ 증가
③ 20kJ 감소
④ 40kJ 증가

ANSWER

95
① 등온과정 : $\Delta S = -R\int_{P_1}^{P_2}\frac{dP}{P} = R\ln\frac{P_1}{P_2}$ 따라서 압력이 증가함에 따라 감소한다.

② 정압과정 : $\Delta S = C_P\int_{T_1}^{T_2}\frac{dT}{T} = C_P\ln\frac{T_2}{T_1}$ 따라서 온도가 증가함에 따라 증가한다.

③ 정적과정 : $\Delta S = C_V\int_{T_1}^{T_2}\frac{dT}{T} = C_V\ln\frac{T_2}{T_1}$, $PV = nRT$ 압력이 증가하면 온도가 증가하는 관계이므로 따라서 압력이 증가함에 따라 엔트로피는 증가한다.

④ 정적과정 : $\Delta S = C_V\int_{T_1}^{T_2}\frac{dT}{T} = C_V\ln\frac{T_2}{T_1}$, 따라서 온도가 증가함에 따라 증가한다.

96 $\Delta U = Q + W = Q + \Delta PV$에서 압력 P=0이므로 $\Delta U = Q$이다. 압축운동을 하면서 20kJ을 흡수 했으므로 외부에 일을 받은 것과 동일하다. 따라서 피스톤 내부 에너지 변화는 20kJ 증가이다.

답 — 95.② 96.④

97 수평 원형관을 통한 유체흐름이 Hagen-Poiseuille식을 만족할 때 관의 반지름이 2배로 커지면 부피 유량의 변화는? (단, 흐름은 정상상태이며 유체의 점도와 단위 길이당 압력강하는 일정하다)

① 4배 커진다.
② 16배 커진다.
③ 64배 커진다.
④ 256배 커진다.

98 다음 중 열교환기 설계시 필수적인 요소에 속하지 않는 것은?

① 열전달면적
② 총괄열전달계수
③ 평균온도차
④ 평균유속

99 다음 중 물의 점도가 아닌 것은?

① 0.01poise
② 1cP
③ 1×10^{-2}kg/m · s
④ 1×10^{-3}Pa · s

ANSWER

97 Hagen-Poiseuille식을 유량에 대해 나타낸 식은 다음과 같다. $Q=\dfrac{\Delta P\pi d^4}{128L\mu}$

∴ 관의 반지름이 2배로 커지면 $Q\propto d^4$ 이므로 16배 증가한다.

98 $q=U\cdot A\cdot \Delta T$ (U : 총괄열전달계수, A : 전달면적, ΔT : 온도차)

99 물의 점도 1cP = 0.01poise = 1×10^{-3} kg/m · s = 1×10^{-3} Pa · s

답 — 97.② 98.④ 99.③

100 정상상태에서 내경 2mm의 관에 유입유체의 양이 100kg/s이다. 이 관의 중간에 35kg/s의 유체가 새어나왔다. 유출량은?

① 45kg/s　　② 55kg/s
③ 65kg/s　　④ 75kg/s

101 수평 원형관을 통한 유체흐름이 Hagen-Poiseuille식을 만족할 때 유량이 4배 증가하였다면, 관의 길이는 몇 배 증가하였는가? (단, 흐름은 정상상태이며 유체의 점도, 관의 직경, 압력강하는 일정하다)

① 2　　② 4
③ $\frac{1}{2}$　　④ $\frac{1}{4}$

102 poise는 몇 lb/ft · s인가?

① 0.024　　② 0.048
③ 0.671　　④ 0.096

ANSWER

100 유입량 = 새어나온 양 + 유출량
유출량 = 100 − 35 = 65kg/s

101 Hagen-Poiseuille식을 유량에 대해 나타낸 식은 다음과 같다. $Q=\frac{\Delta P\pi d^4}{128L\mu}$

∴ 즉 유량과 관의 길이와의 관계는 $Q\propto\frac{1}{L}$ 인 반비례 관계이므로 유량이 4배 증가한 것은 관의 길이가 $\frac{1}{4}$ 배로 되었다는 것이다.

102 10poise = 10g/cm · s
$\frac{10g}{cm\cdot s}\times\frac{1lb}{454g}\times\frac{30.48cm}{1ft}=0.671lb/ft\cdot s$

답 100.③　101.④　102.③

103 동점도가 4stock이고 밀도는 0.8일 때 절대점도는?

① 1.2poise
② 2.2poise
③ 3.2poise
④ 4.2poise

104 동점도의 단위로 옳지 않은 것은?

① poise
② Reynolds
③ m^2/s
④ Stock

105 다음 중 초기제작비가 저렴하나 동력손실이 큰 유량계는?

① 로터미터
② 피토관
③ 오리피스미터
④ 벤투리미터

ANSWER

103 동점도 $= \frac{\text{절대점도}}{\text{밀도}}$, 절대점도 = 동점도 × 밀도

$\mu = 0.8g/cm^3 \times 4cm^2/s = 3.2g/cm \cdot s = 3.2poise$

104 ① 점도의 단위이다.

※ **동점도단위** … $1Reynolds = 1m^2/s = 10^{-4}Stock$

105 오리피스미터

㉠ 수조의 흐름을 정체시킨 벽면에 설치한 구멍으로 여기에서 물을 분출시켜 유량을 측정한다.
㉡ 제작이 용이하고, 값이 싸며 정확도가 높아 자주 사용되나 두의 손실이 커서 소요동력이 크다.

답 — 103.③ 104.① 105.③

106 원관 내 유체흐름에서 N_{Re}(레이놀즈수)의 물리적 의미를 바르게 나타낸 것은?

① 관성력/점성력
② 압력/점성력
③ 중력/점성력
④ 마찰력/관성력

107 30℃의 물이 2cm인 관에 2m/s의 속도로 흐르고 있을 때 물의 N_{Re}는? (단, 점도 = 8×10^{-3}g/cm · s)

① 5×10^4
② 5×10^3
③ 5×10^2
④ 5×10^1

108 내경이 0.04m인 관 내로 유체가 유속 2m/s의 속도로 흐르고 있을 때 레이놀즈수는? (단, 동점도 = 5st)

① 80
② 160
③ 240
④ 320

ANSWER

106 레이놀즈수$(N_{Re}) = \dfrac{D \cdot \rho \cdot u}{\mu} = \dfrac{\text{관성력}}{\text{점성력}}$

107 $N_{Re} = \dfrac{D \cdot u \cdot \rho}{\mu} = \dfrac{2\times 200\times 1}{0.008} = 50,000 = 5\times 10^4$

108 $N_{Re} = \dfrac{D \cdot u \cdot \rho}{\mu} = \dfrac{D \cdot u}{\nu} = \dfrac{4\times 200}{5} = 160$ $(\because$ 동점도 $\nu = \dfrac{\rho}{\mu})$

답 — 106.① 107.① 108.②

109 물이 관 내부를 흐르고 SI단위계(m, kg, s)로 계산한 레이놀즈(Reynolds) 수가 100일 때, 영국단위계(ft, lb, s)로 계산한 레이놀즈 수는? (단, 1ft = 0.3048 m, 1lb = 0.4536kg이다)

① 100
② 387
③ 1,800
④ 3,217

110 이상유체의 기본가정으로 옳지 않은 것은?

① 비회전성 흐름
② 비점성 흐름
③ 퍼텐셜 흐름
④ 마찰 흐름

111 물이 관 내부를 흐르고 관의 직경이 10 ft, 유속이 5ft/s이고, 밀도가 1lb/gal, 점도가 100cP일 때, 레이놀즈 수는? (단, 1ft = 0.3048 m, 1lb = 0.4536kg, 1gal = 3.785L이다)

① 100
② 564
③ 1,113
④ 1,817

ANSWER

109 레이놀즈수는 단위가 없는 무차원이다. 레이놀즈의 값은 단위가 바뀐다고 변하지 않는 값이다.

110 이상유체의 기본가정 … 퍼텐셜 흐름(Potential flow), 무마찰 흐름, 비회전성 흐름, 비점성 흐름, 비압축성 흐름

111

$$Re = \frac{\rho u D}{\mu} = \frac{\frac{0.4536\text{kg}}{3.785 \times 10^{-3}\text{m}^3} \times \frac{0.3048\text{m}}{\text{s}} \times 3.048\text{m}}{0.1\text{kg/m}\cdot\text{s}} \fallingdotseq 1,113$$

답 — 109.① 110.④ 111.③

112 내관 직경이 5cm 관을 이용해 1시간에 $10m^3$의 물을 수송하려고 한다. 물의 평균유속은 얼마로 해야 하는가?

① 1.43m/s
② 2.87m/s
③ 3.92m/s
④ 5.12m/s

113 유체가 관내에 층류로 흐르고 있고 평균유속은 20m/s이다. 이 유체의 최대유속은?

① 5m/s
② 10m/s
③ 20m/s
④ 40m/s

114 일정량의 부피유량으로 액체 수송시 관의 지름을 $\frac{1}{2}$배로 줄인다면 유속은 처음 유속의 몇 배가 되는가?

① $\frac{1}{2}$
② 1
③ 2
④ 4

ANSWER

112 부피유속 $(V) = 10m^3/h \times \frac{1h}{3,600s} \fallingdotseq 0.0028$

단면적 $(A) = \frac{\pi}{4} \times (0.05)^2 = 0.00196$

평균유속$= \frac{V}{A} = \frac{0.0028}{0.00196} = 1.43\,m/s$

113 층류이므로 평균유속 $(\bar{u}) = \frac{1}{2} \times u_{max}$ 에서

$u_{max} = \bar{u} \times 2 = 20 \times 2 = 40$ m/s

114 $\overline{u_1} \cdot A_1 = \overline{u_2} \cdot A_2$이므로 $\overline{u_1} \cdot D_1^2 = \overline{u_2} \cdot D_2^2$

$\bar{u}_2 = \bar{u}_1 \times \frac{{D_1}^2}{{D_2}^2} = \bar{u}_1 \times \frac{(2D_2)^2}{{D_2}^2} \quad \left(\because D_2 = \frac{1}{2}D_1\right)$

$\therefore \bar{u}_2 = 4 \times \bar{u}_1$

답 112.① 113.④ 114.④

115 세 층의 단열재로 보온한 벽이 있다. 내부로부터 두께가 각각 150mm, 60mm, 400mm이고, 열전도도(thermal conductivity)는 0.15kcal/m · h · ℃, 0.03kcal/m · h · ℃, 8kcal/m · h · ℃이다. 안쪽면의 온도가 640℃이고, 바깥면의 온도는 30℃일 때 단위면적당 열손실[kcal/m^2 · h]은? (단, 각 층간에는 열적 접촉이 잘 되어 있어 각 층 사이의 계면에서는 온도강하가 없다)

① 100
② 200
③ 300
④ 400

116 단면적이 1m^{2}의 관 내에 유체가 난류로 흐르고 있고 중심에서의 유속이 3m/s일 때에 이 유체의 부피 유량은?

① 1.2m^3/s
② 2.4m^3/s
③ 3.6m^3/s
④ 4.8m^3/s

117 다음 중 두 관을 연결할 때 사용하는 부속품이 아닌 것은?

① 니플
② 유니온
③ 소켓
④ 크로스

ANSWER

115 연속식 다단 전도에 의한 열전달에 관련된 식은 다음과 같다. $\frac{q}{A}=\frac{T_1-T_4}{\frac{L_A}{k_A}+\frac{L_B}{k_B}+\frac{L_C}{k_C}}$

($\frac{q}{A}$: 단위면적당 열손실, k : 열전도도, L : 두께, T : 온도)

$$\therefore \frac{q}{A}=\frac{T_1-T_4}{\frac{L_A}{k_A}+\frac{L_B}{k_B}+\frac{L_C}{k_C}}=\frac{640℃-30℃}{\frac{0.15\text{m}}{0.15\text{kcal/m}\cdot\text{h}\cdot℃}+\frac{0.06\text{m}}{0.03\text{kcal/m}\cdot\text{h}\cdot℃}+\frac{0.4\text{m}}{8\text{kcal/m}\cdot\text{h}\cdot℃}}=200\text{kcal/h}\cdot\text{m}^2$$

116 난류이므로 $\bar{u}=0.8u_{max}=0.8\times3=2.4\text{m/s}$

$Q=A\bar{u}=1\text{m}^2\times2.4\text{m/s}=2.4\text{m}^3/\text{s}$

117 두 관의 연결부속품으로는 소켓, 유니온, 니플 등이 있다.
※ 관선의 방향변경 … 엘보우, 티, 벤드, 크로스, Y자관

답 115.② 116.② 117.④

118 가로 3m, 세로 2m의 직사각형의 관에 물이 2m/s의 속도로 흐르고 있을 때 상당직경은?

① 1.2m ② 2.4m

③ 3.6m ④ 4.8m

119 관의 직경을 줄였을 때 일어나는 현상이 아닌 것은?

① 두손실 ② 유속의 증가

③ 단면적의 감소 ④ 유량증가

120 이중관식 열교환기에서 관 내부로는 130℃의 오일이 들어가고 외부에는 15℃의 물이 흐르면서 열교환을 하여 물은 75℃로 데워져 나가고 오일의 온도는 85℃로 내려간다. 병류(parallelflow)일 경우 대수평균 온도차는? (단, 열손실은 없다고 가정하며, $\ln x = 2.3\log x$ 이고, 대수평균 온도차는 소수점 이하 둘째 자리에서 반올림한다)

① 36.5℃ ② 39.2℃

③ 43.8℃ ④ 45.7℃

ANSWER

118 상당직경 $D_e = \dfrac{4\times \text{유로단면적}}{\text{젖은 벽의 총길이}} = 4\cdot D_H$(수력학적 반지름)

$D_e = 4\times\dfrac{ab}{2a+2b} = \dfrac{2ab}{a+b} = \dfrac{2\times3\times2}{3+2} = \dfrac{12}{5} = 2.4\ \text{m}$

119 유로를 줄여도 총유량은 일정하다$\left(A = \dfrac{\pi}{4}D^2\right)$.

120 대수평균 온도차 $\Delta T_{lm} = (\Delta T_1 - \Delta T_2)/\ln(\Delta T_1/\Delta T_2)$

$(\Delta T_1 = T_{h\cdot inlet} - T_{c\cdot inlet},\ \Delta T_2 = T_{h\cdot outlet} - T_{c\cdot outlet})$

$\Delta T_1 = 130-15 = 115$℃, $\Delta T_2 = 85-75 = 10$℃ 이므로

∴ 대수평균온도차 $\Delta T_{lm} = (115-10)/\ln(100/10) = 105/\ln(10) = 105/2.3\log10 = 105/2.3 \fallingdotseq 45.7$℃

답 118.② 119.④ 120.④

121 어떤 유체의 비중이 0.8이고 압력은 $2\times10^4 N/m^2$이다. 이를 두(Head)로 환산하면?

① 1.55m
② 2.55m
③ 3.55m
④ 4.55m

122 레이놀즈수가 320일 때 이 유체의 마찰계수는?

① 0.05
② 0.1
③ 0.15
④ 0.2

123 다음 중 유체를 한 방향으로 흐르게 하는 밸브가 아닌 것은?

① 볼체크밸브
② 체크밸브
③ 플랩밸브
④ 글로브밸브

ANSWER

121 두(Head) … 단위질량의 유체가 가지고 있는 에너지를 말한다.
밀도가 ρ인 액체의 H(두)와 ρ(압력)의 관계 $P=\rho\cdot g\cdot H$

$$H=\frac{P}{\rho\cdot g}=\frac{20,000}{800\times9.8}=2.55$$

122 $N_{Re}=\frac{16}{f}=\frac{16}{320}=0.05$

123 글로브밸브
㉠ 유체의 흐름을 차단하거나 유량을 제어하는 밸브이다.
㉡ 유체방향전환이 밸브 내에서 이루어지므로 에너지 손실이 크다.

답 — 121.② 122.① 123.④

124 **액체 수송에 사용되는 원심펌프의 특징이 아닌 것은?**

① 배출속도가 고르다.

② 고압을 필요로 하거나 점성이 큰 액체 수송에 적당하다.

③ 양정거리가 작고 수송량이 클 때 적당하다.

④ 종류로는 벌류트펌프, 터빈펌프가 있다.

125 **유체의 역류를 막기 위해 사용되는 밸브는?**

① 게이트밸브 ② 앵글밸브

③ 체크밸브 ④ 볼밸브

126 **수면이 지면보다 30m 낮게 유지되는 우물물을 $3m^3/s$의 유량으로 지면보다 20m 높은 곳으로 퍼올린다. 이 때 유체의 수송에 필요한 펌프의 동력[kW]은? (단, 모든 마찰은 무시하고, 중력가속도 = $10m/s^2$, 밀도 = $1g/cm^3$, 펌프 효율 = 75%이다)**

① 1,000 ② 1,500

③ 2,000 ④ 2,500

ANSWER

124 ② 왕복펌프에 대한 설명이다.

※ **왕복펌프** … 소유량, 고정량을 요구할 때 사용하는 용적형 펌프로 점성이 있고 부식성이 강한 산성용액의 슬러리 압송에 적당하다.

125 **체크밸브** … 유체를 일정 방향으로 흐르게 하는 역류방지용 밸브이다.

126 에너지 보존법칙을 활용한다. 우물물의 위치에너지(지면보다 10m위)=펌프가 한 에너지

$\therefore \dot{m}gh = W$

1) **우물물의 위치에너지** : $\dot{m}gh = \rho \dot{V}gh = 1{,}000\text{kg/m}^3 \times 3\text{m}^3/\text{s} \times 10\text{m/s} \times (30\text{m} + 20\text{m}) = 1{,}500{,}000\text{W}$

2) **실제 펌프의 동력에너지** : 펌프가 한 에너지÷펌프 효율 ⇒ $1{,}500{,}000\text{W} \div 0.75 = 2{,}000{,}000\text{W} = 2{,}000\text{kW}$

답 124.② 125.③ 126.③

127 **다음 중 점도에 대한 설명으로 옳지 않은 것은?**

① 유체의 흐름에 저항하는 값의 크기로 측정한다.
② 유체 고유의 성질인 끈적끈적한 정도를 나타낸다.
③ 단위로는 Stoke, Reynolds를 사용한다.
④ 잘 흐를 수 있는 정도를 나타내는 상대적 지표이다.

128 **다음 중 뉴턴유체가 아닌 것은?**

① 물 ② 벤젠
③ 사염화탄소 ④ 콜로이드

129 **열역학에서 상태 함수(state function)가 아닌 것은?**

① 엔탈피 ② 깁스에너지
③ 엔트로피 ④ 열

ANSWER

127 ④ 동점도에 대한 설명이다.
※ **동점도** … 유체의 절대점도와 밀도와의 비를 뜻한다 $\left(\nu=\frac{\mu}{\rho}\right)$.

128 ④ 콜로이드는 비뉴턴유체인 의소성 유체에 속한다.
※ **뉴턴유체** … 전단응력과 전단변형률에 비례하는 유체를 말한다.

129 ㉠ **상태함수** : 상태함수란 계의 상태에만 의존하고 현재 상태에 도달하기까지의 경로 즉 과정에는 무관한 함수, 대표적으로 엔탈피, 엔트로피, 내부에너지, 깁스에너지 등이 있다.
㉡ **경로함수** : 한 상태에서 다른 상태로 변화할 때 그 변화량이 과정의 경로에 따라 달라지는 함수, 대표적으로 일과 열이 있다.

답 — 127.④ 128.④ 129.④

130 **다음 중 층류에 대한 설명이 아닌 것은?**

① 관성력에 비해 점성력이 지배하는 흐름이다.
② 유체 흐름속도가 느리다.
③ 관벽에 직선으로 흐르는 흐름으로 점성류라고도 한다.
④ 서로 완전 혼합하는 흐름이다.

131 **10m에서 떨어지는 3kg의 물체가 얻은 에너지로 질량 2kg인 유체를 흐르게 한다면 유속은 얼마인가?**

① 16m/s
② 17m/s
③ 18m/s
④ 19m/s

132 **유체의 운동이 고체의 영향을 받으면서 흐르는 유체의 영역을 무엇이라 하는가?**

① 경막
② 경계층
③ 난류
④ 층류

ANSWER

130 ④ 난류에 관한 설명이다.
※ 층류 … 질서정연한 흐름으로 서로 혼합되지 않는 흐름이다.

131 $E_P = mgh = 3 \times 9.8 \times 10 = 294\text{J}$

$E_K = \frac{1}{2}mv^2 = \frac{1}{2} \times 2 \times v^2 = 294\text{J}$

$V = \sqrt{294} = 17.15 ≒ 17\text{m/s}$

132 경계층(Boundary layer) … 유체의 운동이 고체의 영향을 받으면서 흐르는 영역으로 점성의 영향으로 고체와 유체의 계면에서 유속은 0이고 판에서 멀어질수록 유속은 증가한다.

답 130.④ 131.② 132.②

133 베르누이식의 기본가정이 아닌 것은?

① 비압축성유체이다.
② 정상상태이다.
③ 유체입자는 유선을 따라 움직인다.
④ 점성유체이다.

134 총압력 250kPa과 300K의 기체혼합물 1kmol에는 부피비로 30% CH_4, 40% C_2H_6 그리고 30% N_2를 포함하고 있다. 이들 기체의 절대속도는 모두 같은 방향 (x 방향)으로 각각 15m/s, −10m/s 그리고 −5m/s이다. 이 혼합기체의 몰평균 속도(molar average velocity)에 기준한 확산 플럭스 J_{CH4}[mol/m² · s]로 가장 옳은 것은? (단, 기체상수 R = 8.31J/mol · K이다.)

① 481
② 351
③ 301
④ 261

ANSWER

133 베르누이식의 기본가정 … 비압축성, 정상상태, 마찰이 없는 비점성, 유체, 퍼텐셜흐름이고, $\Delta Q = 0$ 이다.

134 A의 확산플럭스 = A의농도 × A의 상대속도, A의 상대속도 = A의절대속도 − 평균속도를 이용한다.
※ 이상기체 상태방정식 $PV = nRT$에서 온도와 압력이 일정하므로 부피비가 몰수비 이다.

㉠ 평균속도 = $\sum_A^C$절대속도 × 몰분율 ⇒ $15\text{m/s} \times 0.3 - 10\text{m/s} \times 0.4 - 5\text{m/s} \times 0.3 = -1\text{m/s}$

㉡ A의 상대속도 = A의절대속도 − 평균속도 ⇒ $15\text{m/s} - (-1\text{m/s}) = 16\text{m/s}$

㉢ A의부피 $= \dfrac{nRT}{P} = \dfrac{1000\text{mol} \times 8.31\text{J/mol} \cdot \text{K} \times 300\text{K}}{250 \times 10^3\text{Pa}} = 9.972\text{m}^3$

㉣ A의농도 $= \dfrac{A\text{의몰수}}{A\text{의 부피}} = \dfrac{1000 \times 0.3\text{mol}}{9.972\text{m}^3} = 30.08\text{mol/m}^3$

㉤ A의 확산플럭스 = A의농도 × A의 상대속도 ⇒ $30.08\text{mol/m}^3 \times 16\text{m/s} \fallingdotseq 481\text{mol/m}^2 \cdot \text{s}$

답 — 133.④ 134.①

135 뉴턴 유체(Newtonian fluid)가 단면적이 $0.4m^2$인 원통형 관을 통해 층류(laminar flow)로 흐르고 있다. 이 유체의 최대 유속(maximum velocity)이 3cm/s일 때, 부피 유량[cm^3/s]은?

① 300 ② 600
③ 3,000 ④ 6,000

136 저수지 수문같이 완전 열든지 완전 닫아야 하는 곳에 사용되며 값이 비싸고, 개폐에 시간이 걸리는 밸브는?

① 막음밸브 ② 앵글밸브
③ 게이트밸브 ④ 플러그밸브

137 섬세한 유량조절이 가능하고 조작이 용이하며 가격이 저렴한 밸브는?

① 글로브밸브 ② 막음밸브
③ 콕밸브 ④ 플러그밸브

ANSWER

135 부피유량=평균유속×면적의 식을 통해 구할 수 있다. 그리고 층류에서 평균유속 = 최대유속 × $\frac{1}{2}$ 이다.

$\therefore\ \dot{V} = 1.5\text{cm/s} \times 0.4\text{m}^2 \times \frac{(100\text{cm})^2}{1\text{m}^2} = 6{,}000\text{cm}^3/\text{s}$

136 게이트밸브(Gate valve) … 유체의 흐름과 직각으로 움직이는 게이트의 상하운동에 의해 유량을 조절하는 밸브로 섬세한 유량 조절은 하기 힘들다.

137 글로브밸브는 유체의 흐름을 차단하거나 유량을 제어하는 밸브로 유체흐름의 방향 전환시 에너지 손실이 크다.

답 — 135.④ 136.③ 137.①

138 Prandtl수(Pr)에 대한 설명으로 가장 옳은 것은?

① Pr은 운동량확산계수에 대한 열확산계수의 비이다.

② Pr이 1보다 클 때 유체동역학적 층은 열경계 층보다 두껍다.

③ 기체의 점도와 열확산계수는 온도에 따라 다른 비율로 증가하여, 온도에 무관하지 않는다.

④ 액상금속의 경우 기체나 액체에 비해 매우 높은 Pr을 갖는다.

139 다음 중 용적식 회전펌프에 속하지 않는 것은?

① 날개펌프 ② 재생펌프

③ 플런저펌프 ④ 기어펌프

140 다음 중 점성이 큰 액체를 수송하는 데 적합한 펌프가 아닌 것은?

① 격막펌프 ② 플런저펌프

③ 피스톤펌프 ④ 터빈펌프

ANSWER

138 ① $Pr = \nu/\alpha = (Momentum\ diffusivity)/(Thermal\ diffusivity)$ 이므로 옳지 못한 설명이다.

② Pr이 1보다 클 때 유체동역학적 층은 열경계 층보다 두껍다.

③ $Pr = \frac{C_p\mu}{k}$로 표현되기도 하며 점도와 열확산계수 모두 온도의 함수이기 때문에 기체의 Pr은 온도에 무관하다.

④ 액상금속보다 일반 기체나 액체가 훨씬 더 높은 Pr값을 갖는다.

139 펌프의 종류

㉠ **회전펌프**: 기어펌프, 날개펌프, 재생펌프 등

㉡ **왕복펌프**: 피스톤펌프, 플런저펌프 등

140 ④ 원심펌프의 종류이다.

※ **왕복펌프**

㉠ **개념**: 고압을 필요로 하거나 점성이 큰 액체 수송에 적합하다.

㉡ **종류**: 피스톤, 플런저, 내산, 격막, 버킷펌프 등이 있다.

답 — 138.② 139.③ 140.④

141 다음 중 구조가 간단하고 윤활유, 중유 같은 점도가 높은 액체수송에 사용되는 펌프는?

① 기어펌프　　② 제트펌프
③ 플런저펌프　　④ 벌류트펌프

142 관 유동에서 Re(Reynolds number)가 3,200으로 계산 되었다. Fanning 마찰계수(f_F)의 값은?

① f_F=0.000625　　② f_F=0.0025
③ f_F=0.005　　④ f_F=0.01

143 초기 펌프작동시 펌프 속에 들어 있는 공기에 의해 수두(Head) 감소가 일어나 펌핑이 정지되는 현상을 무엇이라 하는가?

① 수격작용　　② 공기바인딩
③ 공동현상　　④ 맥동현상

ANSWER

141 ② 특수펌프 ③ 왕복펌프 ④ 원심펌프

142 관 유동에서 층류인 경우 Fanning 마찰계수는 다음과 같다. $f=\frac{16}{Re}$ $\therefore f=\frac{16}{Re}=\frac{16}{3200}=0.005$

143 ① 펌프 급정지, 급시동시에 관로 내 급격한 유속변화로 유체압력이 상승 또는 하강하는 현상
③ 유체 속 낮은 압력이 생길 때 물 속에 포함된 기체가 분리되면서 물이 없는 빈곳이 생기는 현상
④ 운전 중 펌프가 맥동을 일으켜 펌프 입출구에 진동계, 압력계의 지침이 흔들리고 유출유량에 변화되는 현상

답 141.① 142.③ 143.②

144 기체수송장치인 원심송풍기에 대한 설명이 아닌 것은?

① 원심펌프와 같이 기체를 회전하는 날개 사이로 끌어들여 원심력으로 기체를 운반한다.
② 종류로는 통풍기, 송풍기, 압축기 등이 있다.
③ 압력상승으로 인한 위험성이 작으므로 안전밸브가 필요 없다.
④ 기체의 흐름이 고르나 진동이 크다.

145 다음 중 간접적으로 유량을 측정하는 방법이 아닌 것은?

① 압력차유량계
② 전자유량계
③ 부피유량계
④ 넓이유량계

146 다음 중 부피유량계가 아닌 것은?

① 습식가스미터
② 회전식 유량계
③ 로터미터
④ 기어유량계

ANSWER

144 원심송풍기 … 기체의 흐름이 고르며 효율이 비교적 좋고 설치면적과 진동이 작다.

145 유량계 측정방법
㉠ 직접법 : 부피유량계, 속도유량계
㉡ 간접법 : 압력차유량계, 넓이유량계, 전자유량계

146 ③ 넓이유량계에 해당한다.
※ 부피유량계의 종류 … 왕복식 유량계, 습식가스미터, 기어유량계, 회전식 유량계, 원판형 유량계 등이 있다.

답 144.④ 145.③ 146.③

147 다음 중 압력차유량계의 종류가 아닌 것은?

① 벤투리미터 ② 피토관
③ 오리피스미터 ④ 습식가스미터

148 유체가 흐를 때 프로펠러의 회전수를 측정하여 유량을 측정하는 유량계는?

① 압력차유량계 ② 넓이유량계
③ 속도유량계 ④ 부피유량계

149 압력차유량계의 종류로 제작이 쉽고 정확한 결과를 얻을 수 있지만 압력손실이 큰 유량계는?

① 오리피스미터 ② 노즐
③ 피토관 ④ 벤투리미터

150 점도가 큰 액체의 수송에 적당한 펌프가 아닌 것은?

① 원심펌프 ② 왕복펌프
③ 다이아프램펌프 ④ 회전펌프

ANSWER

147 ④ 부피유량계에 해당한다.
※ **압력차유량계** … 유체의 유로를 좁혀서 생기는 압력차를 측정해 유량을 측정하는 유량계로 종류에는 오리피스미터, 벤투리미터, 노즐, 피토관이 있다.

148 **속도유량계** … 구조가 비교적 간단하고 작은 계기로 많은 유량의 측정이 가능하며 종류로는 풍속계, 수도미터 등이 있다.

149 오리피스미터는 제작이 용이하고 값이 저렴하며 정확한 결과를 얻을 수 있어 널리 사용되지만 압력손실이 커서 수송에 많은 동력이 소요된다.

150 원심펌프로 점도가 큰 액체를 수송할 경우 효율이 떨어진다.

답 — 147.④ 148.③ 149.① 150.①

151 비중이 1이고 점도가 1cP인 물이 내부 지름 1cm의 관속을 0.5m/s의 속도로 흐를 때 Re(Reynolds number)는?

① 5
② 50
③ 5,000
④ 50,000

152 위험하고 독성이 있는 고액의 액체 수송에 적당한 펌프는?

① 에시드에그펌프
② 원심펌프
③ 기포펌프
④ 왕복펌프

153 열교환기에서 유체가 관다발에 직각으로 흐르는 흐름 형태는?

① 향류흐름
② 다중통과흐름
③ 병류흐름
④ 교차흐름

ANSWER

151 레이놀즈 수 : $\frac{\rho ud}{\mu}$ (ρ : 밀도, u : 평균유속, d : 관의직경, μ : 점도)

$$\therefore \frac{\rho ud}{\mu} = \frac{1 \times 1\text{g/cm}^3 \times 50\text{cm/s} \times 1\text{cm}}{0.01\text{g/cm} \cdot \text{s}} = 5,000$$

152 위험성이 있고 독성이 있는 액체는 새어나오면 안 되므로 에시드에그 같은 특수펌프로 수송해야 한다.

153 한 유체가 관다발에 직각으로 흐르는 경우를 교차흐름으로 지칭한다. 대표적으로 자동차 방열기, 가정용 냉동기 내 응축기 등이 있다.

답 151.③ 152.① 153.④

154 다음 중 공동현상이 일어나는 경우가 아닌 것은?

① 펌프의 흡입압력이 액체의 증기압보다 낮을 경우
② 펌프의 급정지시
③ 좁은 유로로 고속유입시
④ 벽면에 요철이 있을 때

155 다음 중 공동현상의 영향으로 옳지 않은 것은?

① 장시간동안 일어나면 재료의 부식을 야기한다.
② 충격으로 벽면이 침식된다.
③ 압력상승으로 밸브, 관 등이 파괴된다.
④ 고압영역에서 일어날 땐 심한 충격, 소음, 진동을 일으킨다.

156 고압배관과 저압배관 사이에 설치하여 저압축 압력을 일정하게 유지시켜주는 밸브는?

① 막음밸브 ② 글로브밸브
③ 감압밸브 ④ 다이아프램밸브

ANSWER

154 ② 수격작용이 발생한다.
※ 공동현상의 원인
㉠ 흡입압력이 액체증기압보다 낮을 때
㉡ 좁은 유로로 고속유입할 때
㉢ 벽면에 요철 또는 만곡부가 있을 때
㉣ 압력이 수온의 포화증기압보다 낮을 때

155 ③ 수격작용의 영향이다.
※ 공동현상 … 유체 속에서 압력이 낮은 곳이 생길 때 물 속의 기체가 분리되어 물이 없는 공간이 생기는 현상이다.

156 감압밸브 … 저압배관과 고압배관 사이에 설치하며 고압축의 압력변화에 관계없이 저압축 압력을 일정하게 유지시켜주는 밸브이다.

답 ― 154.② 155.③ 156.③

157 다음 중 공동현상 방지법이 아닌 것은?

① 2단 펌프를 사용한다.
② 회전속도를 낮춘다.
③ 펌프 설치높이를 낮춘다.
④ 플리어 휠을 설치한다.

158 다음 중 수격작용이 일어나는 원인이 아닌 것은?

① 펌프의 급정지시
② 펌프의 급시동시
③ 토출밸브 급폐쇄시
④ 유입시

159 다음 중 원심송풍기의 특징으로 옳지 않은 것은?

① 효율이 높다.
② 기체흐름이 고르다.
③ 설치면적이 적다.
④ 안전밸브가 필요하다.

ANSWER

157 ④ 수격작용의 방지법이다.
※ 공동현상 방지법
㉠ 양펌프, 2단 펌프사용 : 흡입손실두가 감소한다.
㉡ 회전속도 낮춤 : 흡입속도가 감소된다.
㉢ 펌프높이 낮춤 : 흡입양정을 짧게 한다.

158 ④ 좁은 유로로 고속유입시에는 공동현상이 일어날 수 있다.
※ 수격작용 … 펌프의 급정지, 급시동, 토출밸브를 급폐쇄했을 때 관로 내 유속의 변화로 유체의 압력이 상승 또는 하강되는 현상을 말한다.

159 ④ 원심송풍기는 압력이 상승하여 생기는 위험성이 없으므로 안전밸브는 필요하지 않다.

답 157.④ 158.④ 159.④

160 높이 3m, 지름 2m인 원통형 탱크에 깊이 1m까지 물이 차 있다. 탱크 위에 지름 4cm의 관을 접속시켜서 평균 유속 1m/s로 들여보낸다면 탱크를 채우는 데 걸리는 시간[s]은?

① 314　　② 1,250
③ 6,280　　④ 15,000

161 다음 그래프는 등온 정압 조건에서 유체의 전단속도(shear rate)와 전단응력(shear stress)의 관계를 나타낸다. 4가지 유형(a~d) 중 빙엄 플라스틱(Bingham plastic)은?

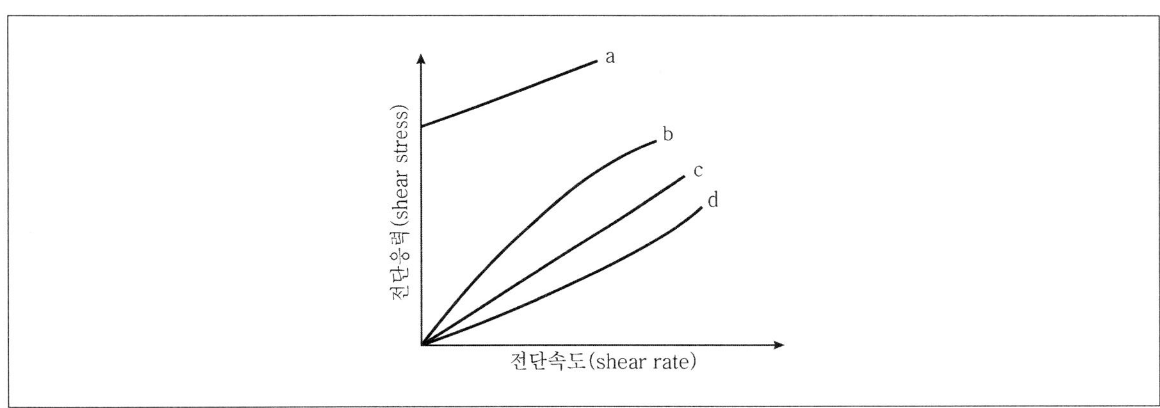

① a　　② b
③ c　　④ d

ANSWER

160 ㉠ 채워야 하는 물의 양 : $\pi r^2 h \Rightarrow \pi \times (1\text{m})^2 \times 2\text{m} = 2\pi\text{m}^3$ (원통형 탱크에 1m가 이미 채워져 있기 때문)

㉡ 관을 통해 나오는 부피유량 : $uA \Rightarrow u\pi r^2 \Rightarrow 1\text{m/s} \times \pi \times (0.04\text{m})^2 = 1.6 \times 10^{-3}\pi\text{m}^3/\text{s}$

∴ 탱크를 채우는 데 걸리는 시간 : $\dfrac{\text{부피}}{\text{부피유량}} = \dfrac{2\pi\text{m}^3}{1.6 \times 10^{-3}\pi\text{m}^3/\text{s}} = 1{,}250\text{s}$

161 Bingham 플라스틱은 낮은 응력에서 강체로 작동하지만 높은 응력에서 점성 유체로 흐르는 점성 플라스틱 물질이다.

답 160.② 161.①

162 비압축성 뉴튼 유체(Newtonian fluid)에 적용되는 나비에-스토크스(Navier-Stokes) 식에 포함되지 않는 항은?

① 위치에 따른 압력 변화
② 시간에 따른 운동량 변화
③ 유체에 가해지는 중력
④ 시간에 따른 전단응력 변화

163 다음 중 전도에 관한 설명으로 옳지 않은 것은?

① 정지되어 있는 물체에서 일어난다.
② 푸리에의 법칙으로 설명된다.
③ 난류운동에 있는 유체 내의 와류현상 때문에 일어난다.
④ 연속적인 열의 전달이다.

164 다음 중 전자파로 열전달하는 방법은?

① 자연대류 ② 강제대류
③ 복사 ④ 전도

ANSWER

162 비압축성 나비에 스토크스 방정식 : $\frac{\partial u}{\partial t}+(u \cdot \nabla u)-\nu\nabla^2 u=-\nabla w+g$

이 식을 통해서 위치에 따른 압력 변화, 시간에 따른 전단응력 변화, 유체에 가해지는 중력, 시간에 따른 운동량 변화 모두 포함된다. 그러나 뉴튼 유체인 경우에는 전단응력이 변하지 않는 상수로 바뀌기 때문에 시간에 따른 전단응력 변화는 포함되지 않는다.

163 전도(Conduction) … 한 물체 내에서 그 물체를 구성하고 있는 에너지가 분자의 이동 없이 그 이웃 분자에 전달되는 현상으로 정지되어 있는 물체에서 연속적으로 전달된다.

164 복사 … 모든 물질이 절대온도가 아닌 온도에 따라 표면에서 전자기파에 의해 사방에 발산되는 현상이다.

답 — 162.④ 163.③ 164.③

165 동점도(kinematic viscosity)에 대한 설명으로 옳지 않은 것은?

① 점도(μ)를 밀도(ρ)로 나눈 값(μ/ρ)을 동점도라 한다.

② 동점도는 $\frac{\text{길이}^3}{\text{시간}}$의 단위를 가진다.

③ 동점도의 단위는 물질확산계수(diffusivity)의 단위와 일치한다.

④ 동점도의 단위는 열확산도(Thermal diffusivity)의 단위와 일치한다.

166 1,000℃ 이상의 온도에서 주로 일어나는 열전달 방식은?

① 강제대류 ② 자연대류

③ 전도 ④ 복사

167 푸리에의 법칙(Fourier's law)에 관한 설명 중 옳지 않은 것은?

① 열전달속도(q)는 항상 양(+)의 값을 가진다.

② 비례상수(k)는 열전도도로 열전달의 척도이다.

③ 열전달의 기본법칙이다.

④ 일반적으로 열전달속도는 전열넓이와 온도차에 반비례한다.

ANSWER

165 ① 동점도란 절대점도 혹은 점도를 밀도로 나눈 값이다.

② 점도의 차원은 질량/길이 · 시간, 밀도의 차원은 질량/(길이)^{3}이므로 $\frac{\text{질량/길이} \cdot \text{시간}}{\text{질량/(길이)}^3} = \frac{(\text{길이})^2}{\text{시간}}$이다.

③ 물질 확산계수의 단위는 m^2/s이므로 옳은 설명이다.

④ 열확산도의 단위는 m^2/s이다. 따라서 옳은 설명이다.

166 300℃ 이하에서의 열전달은 전도와 대류가 대부분이고, 1,000℃ 이상의 고온에서는 복사에 의한 열전달이 지배적이다.

167 ④ 열전달속도는 전열넓이와 열전도도 온도차에 비례하고, 전달구간의 길이에 반비례한다.

$$q = -kA\frac{\Delta T}{l}$$

답 — 165.② 166.④ 167.④

168 어떤 비압축성 액체가 단면적이 일정한 수평 원관을 흐를 때, 레이놀즈(Reynolds) 수에 따른 유체의 압력강하($\frac{\Delta P}{L}$)와 유속($\overline{V}$)의 관계는 다음과 같다.

레이놀즈 수(Re)	압력강하와 유속과의 관계
$Re < 2,100$	$\frac{\Delta P}{L} \propto \overline{V}$
$2,500 < Re < 10^6$	$\frac{\Delta P}{L} \propto \overline{V}^{1.8}$
$Re > 10^6$	$\frac{\Delta P}{L} \propto \overline{V}^{2}$

지름이 15cm인 수평 원관을 밀도 0.85 g/cm^{3}인 액체가 5cm/s의 속도로 흐르며, 액체의 점도가 5 cP이다. 이때, 부피유속을 네 배로 증가시키면 압력강하는 몇 배가 되겠는가? (단, L은 배관의 길이, 1 cP = 0.001 Pa·s 이다)

① 2.0
② 3.5
③ 4.0
④ 4.5

169 다음 중 열전도도에 관한 설명으로 옳지 않은 것은?

① 물질의 고유특성으로 물질에 따라 다르다.
② 같은 물질이라도 온도에 따라 다르다.
③ 기체의 열전도도는 온도에 비례한다.
④ 열전도도가 높으면 온도변화율이 크다.

ANSWER

168 레이놀즈 수 : $\frac{\rho ud}{\mu}$ (ρ : 밀도, u : 평균유속, d : 관의직경, μ : 점도)

$\frac{\rho ud}{\mu} = \frac{0.85g/cm^3 \times 5cm/s \times 15cm}{0.05g/cm \cdot s} = 1,275$ 이므로 층류이며, 압력강하와 유속과의 관계는 선형이다.

∴ 부피유속 : uA 이므로 관의 직경이 일정할 때 부피유속이 4배가 된다는 것은 유속이 4배가 된 것이다.
최종적으로 부피유속을 네 배로 증가시키면 압력강하는 4배가 된다. (또한 배관의 길이도 일정하다.)

169 ④ 열전도도가 높을 때는 온도변화율이 작고, 열전도도가 낮으면 온도변화율이 크다.

답 – 168.③ 169.④

170 이중관 열교환기에서 유체 A가 질량유속 8,000 lb/h 흐르며 200℉에서 120℉로 냉각된다. 이때 냉각에 사용된 유체 B는 주입온도 50℉에서 질량유속 4,000 lb/h으로 병류(cocurrent flow) 공급된다. 이 경우 로그평균 온도차(LMTD : logarithmic mean temperature difference)는 몇 ℉ 인가? (단, A와 B의 비열은 각각 0.5 Btu/lb · ℉와 1.2 Btu/lb · ℉이며, ln2=0.7, ln3=1.1, ln5=1.6 으로 계산한다. 결과는 소수 첫째 자리에서 반올림한다)

① 55
② 65
③ 75
④ 85

171 열용량(heat capacity)에 대한 설명으로 옳지 않은 것은? (단, R은 보편 기체상수이다)

① 열용량은 어떤 물질의 온도를 1℃ 올리는 데 필요한 에너지의 양이다.
② 열용량은 크기성질(intensive property)이다.
③ 이상기체의 정압 몰 열용량(constant-pressure molar heat capacity, C_P)과 정적 몰 열용량(constant-volume molar heat capacity, C_V)의 차($C_V - C_P$)는 R이다.
④ 어떤 물질 1 g의 열용량을 비열(specific heat capacity)이라고 한다.

ANSWER

170 ㉠ 에너지 보존법칙 : $Q = \dot{m}C_P\Delta T_h = \dot{m}C_P\Delta T_c$

$\Rightarrow$ 8,000lb/h × 0.5Btu/lb × (200°F − 120°F) = 4,000lb/h × 1.2Btu/lb × (x − 50°F) $\Rightarrow x$ = 100°F ($T_{c,out}$)

㉡ 대수평균 온도차 : $\Delta T_{lm} = \dfrac{\Delta T_1 - \Delta T_2}{\ln(\dfrac{\Delta ET_1}{\Delta T_2})}$ $(\Delta T_1 = T_{h,in} - T_{c,in},\ \Delta T_2 = T_{h,out} - T_{c,out})$

$$\Rightarrow \Delta T_{lm} = \frac{\Delta T_1 - \Delta T_2}{\ln(\frac{\Delta T_1}{\Delta T_2})} = \frac{150°F - 20°F}{\ln(\frac{150°F}{20°F})} = \frac{150°F - 20°F}{\ln3 + \ln5 - \ln2} = \frac{150°F - 20°F}{1.1 + 1.6 - 0.7} = 65°F$$

$(\Delta T_1 = T_{h,in} - T_{c,in} = 200°F - 50°F = 150°F,\ \Delta T_2 = T_{h,out} - T_{c,out} = 120°F - 100°F = 20°F)$

171 ① 열용량은 어떤 물질의 온도를 1℃ 올리는 데 필요한 에너지의 양이다.
② 열용량은 크기성질(extensive factor)이다.
③ 이상기체에서 $C_P - C_V = nR$ 혹은 $C_{P,m} - C_{V,m} = R$의 관계가 성립한다.
④ 비열은 단위 질량의 물질 온도를 1℃ 높이는데 필요한 열에너지를 말한다. 즉 어떤 물질 1g의 열용량과 같은 의미이다.

답 170.② 171.③

172 지름 1m인 개방된 물탱크에 높이 5m만큼 물을 채운 후, 바닥에 연결된 지름 1cm인 원관 배출구의 밸브를 열어 물을 배출한다. 배출되는 물의 부피유속이 초기 부피유속의 절반이 되었을 때 물탱크의 수위[m]는? (단, 배출관에서 마찰 손실은 무시한다)

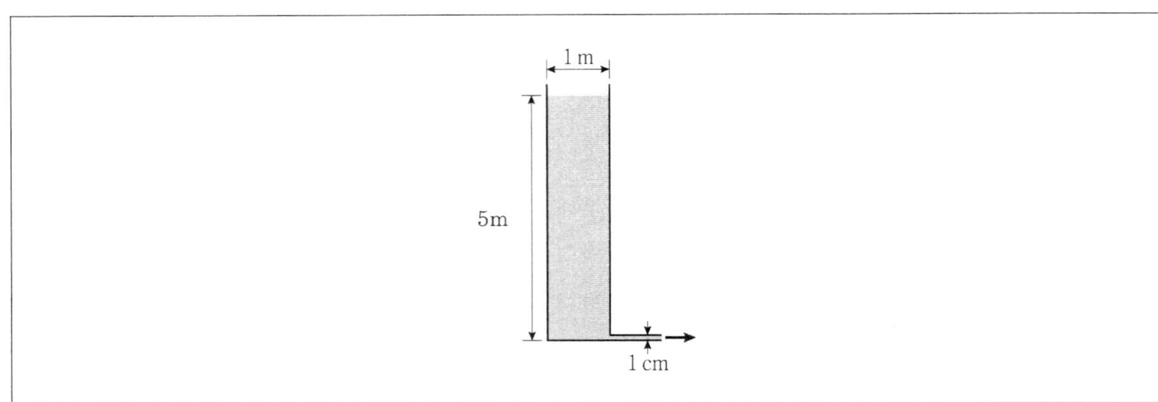

① 0.75
② 1.0
③ 1.25
④ 1.5

173 다음 중 자연대류에 관한 설명으로 옳지 않은 것은?

① 유체에 외부의 힘이 없이도 발생되는 대류이다.
② 강제대류에 비해 경막계수가 작다.
③ 송풍기나 교반기 등의 장치를 사용해서 일으킨다.
④ 유체의 밀도차에 의해 일어난다.

ANSWER

172 에너지 보존법칙을 활용한다. 위치에너지 = 운동에너지 ∴ $\frac{1}{2}mv^2 = mgh \Rightarrow v = \sqrt{2gh}$ 또한 부피유속은 uA(유속×면적)의 관계이므로, 면적이 동일하기 때문에 유속에만 연관된다.

㉠ 초기의 유속 : $v = \sqrt{2gh} = \sqrt{2 \times 9.8\text{m/s}^2 \times 5\text{m}} \fallingdotseq 9.90\text{m/s}$

㉡ 초기의 유속의 절반인 경우 : $9.90/2 = 4.95\text{m/s}$

∴ 초기의 부피유속의 절반일 때 높이 : $v = \sqrt{2gh} \fallingdotseq 4.95 \Rightarrow h = \frac{(4.95\text{m/s})^2}{2 \times 9.8\text{m/s}^2} \fallingdotseq 1.25\text{m}$

173 ③ 강제대류에 관한 설명이다.

※ 강제대류 … 고체표면과 그 위를 외부적인 힘에 의해 강제로 흐르는 유체의 열전달이다.

답 – 172.③ 173.③

174 열전달을 방해하는 유체층으로 난류의 영향을 미치지 않는 층류상태의 얇은 막은?

① 이중막　　② 경막
③ 유동층　　④ 역삼투막

175 다음 중 경막계수에 관한 설명으로 옳지 않은 것은?

① 경막계수가 커질수록 전열속도가 크다.
② 경막열전달계수 또는 표면계수라고도 한다.
③ 단위로는 $W/m^2 \cdot K$를 사용한다.
④ 오염계수가 클수록 경막계수의 값은 작아진다.

176 다음 중 경막계수에 영향을 주는 인자가 아닌 것은?

① 전열장치의 구조
② 유체의 성질
③ 강제대류에서의 유체의 팽창계수
④ 비열

ANSWER

174 경막 … 유체가 원통형 파이프 속을 흐를 때 파이프 속의 안쪽 벽에 붙어서 생성되며 유체와 고체사이에 열의 전도를 방해한다.

175 ④ 총괄열전달계수에 관한 설명이다.
※ 경막계수의 특징
㉠ 자연대류일 때보다 강제대류에서 더 크다.
㉡ 비등, 응축같은 상변화 과정에서는 잠열로 인해 경막계수가 크다.

176 경막계수에 영향을 주는 인자 … 전열장치구조, 전열면의 모양과 배치, 유체의 성질, 유체의 흐름상태, 자연대류에서의 유체팽창계수, 비열 등이다.

답 174.② 175.④ 176.③

177 다음 중 경막계수를 사용하는 경우가 아닌 것은?

① 액체가 끓을 때
② 증기가 팽창할 때
③ 자연대류에 의해 유체의 온도가 변화할 때
④ 강제대류에 의해 유체의 온도가 변화할 때

178 세겹의 단열재로 이루어진 벽이 있다. 내부에서부터 벽의 두께가 200mm, 100mm, 100mm, 열전도도가 0.1W/m · K, 0.2W/m · K, 0.3W/m · K이고, 외부온도가 40℃, 내부의 온도가 200℃일 때 이 벽들의 단위넓이당 열손실은?

① 56.47W
② 66.47W
③ 76.47W
④ 86.47W

179 내부표면온도가 30℃이고 외부표면온도가 10℃인 벽의 두께는 100mm이다. 이 벽의 열손실플럭스는? (단, 벽의 열전도도 = 0.5kcal/m · h · ℃)

① $100\text{kcal/m}^2 \cdot \text{h}$
② $200\text{kcal/m}^2 \cdot \text{h}$
③ $300\text{kcal/m}^2 \cdot \text{h}$
④ $400\text{kcal/m}^2 \cdot \text{h}$

ANSWER

177 ② 증기가 압축할 때 경막계수를 사용한다.

178 다층벽의 열전도도 $q = \dfrac{T_2 - T_1}{R_1 + R_2 + R_3}$

$$= \frac{T_2 - T_1}{\dfrac{l}{k_1 A_1} + \dfrac{l_2}{k_2 A_2} + \dfrac{l_3}{k_3 A_3}}$$

$$= \frac{200 - 40}{\dfrac{0.2}{0.1 \times 1} + \dfrac{0.1}{0.2 \times 1} + \dfrac{0.1}{0.3 \times 1}} = 56.47\text{W}$$

179 열손실플럭스(Heatflux) $= \dfrac{q}{A} = \dfrac{\Delta T}{\dfrac{L}{k}} = \dfrac{(30 - 10)}{\dfrac{0.1}{0.5}} = 100\text{kcal/m}^2 \cdot \text{h}$

답 177.② 178.① 179.①

180 **비등특성곡선에서 기포의 상승에 동반된 교란에 의해 열이동이 증가하는 영역은?**

① 자연대류영역
② 전이비등영역
③ 핵비등영역
④ 막비등영역

181 **어떤 물체의 복사에너지의 투과율이 0.5이고, 흡수율이 0.2이다. 이 물체의 반사율은 얼마인가?**

① 0.1 ② 0.2
③ 0.3 ④ 0.5

182 **다음 중 완전흑체에 대한 설명으로 옳지 않은 것은?**

① 복사능은 1이다.
② 복사에너지는 절대온도의 2승에 비례한다.
③ 복사에너지를 전부 흡수한다.
④ 존재하지 않는 가상적인 물질이다.

ANSWER

180 설문은 핵비등의 영역에 대한 설명으로 열전달계수는 온도의 증가에 따라 계속 증가한다.

181 투과율 + 흡수율 + 반사율 = 1
$1-(0.5+0.2)=0.3$

182 흑체의 복사에너지는 절대온도의 4승에 비례한다.
$E_b=\sigma T^4[\mathrm{W/m^2}]$ (σ : 슈테판볼츠만상수, T : 절대상수)

답 180.③ 181.③ 182.②

183 다음 중 다중효용 증발관의 목적은?

① 증발효율의 증가
② 증기량의 절약
③ 증발능력의 증가
④ 증발과정의 간소화

184 응축액을 오염시키고 기포가 액면에 파괴될 때 발생되며 증발액체의 큰 손실의 원인이 되는 것은?

① 거품 ② 기포
③ 콜로이드 ④ 비말

185 촉매의 기공을 통한 기체확산에서 다음과 같이 정의되는 무차원 수는?

$$\frac{\text{운동량 확산}}{\text{물질 확산}}$$

① Grashof 수 ② Prandtl 수
③ Schmidt 수 ④ Knudsen 수

ANSWER

183 다중효용 증발관의 목적은 증기량의 절약이다(n중효용 증발관은 $\frac{1}{n}$만큼의 수증기양이 절약된다).

184 비말 … 액체표면에서 올라간 액체방울의 일부는 액체 본체로 떨어지지 않고 증기흐름 속에 섞이는데 이와 같이 증기 속에 존재하는 작은 액체방울을 말한다.

185 슈미트 수 : 물질 확산과 운동량확산의 상대적인 크기를 의미한다.

답 183.② 184.④ 185.③

186 온도차이 ΔT, 열전도도 k, 두께 x, 열전달 면적 A인 평면벽을 통한 1차원 정상상태 열흐름 속도는 Q이다. 벽의 열전도도 k가 2배 증가하고 두께 x가 4배 증가할 때, 열흐름 속도는?

① $\frac{1}{2}Q$
② Q
③ $2Q$
④ $4Q$

187 다음 중 거품제거법으로 옳지 않은 것은?

① 방해판을 증기유로에 설치한다.
② 판에 수증기를 고속으로 분출시켜 파괴한다.
③ 강제순환식 증발관을 설치한다.
④ 적은 양의 식물유를 첨가한다.

188 증발조작시 나타나는 용액의 특성으로 옳지 않은 것은?

① 스케일 생성
② 분축
③ 비말동반
④ 비점상승

ANSWER

186 열전도와 관련된 식 $Q=-Ak\frac{dT}{dx}$을 이용한다. (k : 열전도도, x : 두께)

열전도도가 2배 증가하고 두께가 4배 증가하였으므로 열 흐름 속도는 $\frac{1}{2}Q$가 된다.

187 ① 비말제거방법이다.
※ **거품제거법** … 장관식 수직증발관 이용, 거품층에 수증기를 분출하여 뜨거운 표면에 접촉시켜 파괴, 계면활성제 첨가

188 ② 분축은 증기혼합물이 응축하는 현상이다.
※ **증발조작시 용액의 특성** … 비점상승, 스케일 생성, 비말동반, 발포 등이 있다.

답 186.① 187.① 188.②

189 **수평관식 증발관에 대한 설명으로 옳지 않은 것은?**

① 가열관의 관석을 제거하기 쉽다.
② 가열면을 넓히기 곤란하다.
③ 응축되지 않은 가열수증기의 배출이 용이하다.
④ 비점에서 머무는 시간이 짧아 열에 예민한 물질처리가 가능하다.

190 **모든 증발관에 공통적으로 포함된 장치가 아닌 것은?**

① 응축기
② 재비기
③ 거품제거기
④ 펌프

191 **원액의 대류를 원활하게 하여 전열이 잘 일어나도록 하는 장치이며 강액관이라고도 불리우는 공간은?**

① 비말
② 로타이터
③ 다운테이크
④ 스케일

ANSWER

189 ① 수직관식 증발기에 관한 설명이다.
※ 수평관식 증발기의 특징
㉠ 장점
• 액층이 깊지 않아 비점상승도가 적다.
• 증기측의 비응축기체의 탈기효율이 좋다.
㉡ 단점 : 액순환이 나빠서 고점도액체, 스케일을 형성하는 곳에서는 사용할 수 없다.

190 모든 증발관에는 가열수증기의 입 · 출구, 원료용액의 입구, 농축액 출구, 거품제거기, 펌프, 응축기, 발생증기의 출구가 있다.

191 다운테이크(Down take) … 관군과 동체 사이에 액의 순환을 원활하게 하기 위한 장치로 수직관형 증발관에 설치된다.

답 — 189.① 190.② 191.③

192 **회전펌프(rotary pump)에 대한 설명으로 옳지 않은 것은?**

① 운전 속도가 한정되어 있다.
② 운동 부분과 고정 부분이 밀착되어 있다.
③ 배출 공간에서 흡입 공간으로 역류가 적다.
④ 피스톤 양쪽에서 교대로 액체를 끌어들인다.

193 **다음 중 냉매의 조건으로 옳지 않은 것은?**

① 응축압력이 낮아야 한다.
② 임계압력은 상온보다 높아야 한다.
③ 증기비열, 액체의 비열은 작아야 한다.
④ 화학적으로 안정성이 있어야 한다.

194 **다관형 열교환기의 종류로 한쪽은 고정되어 있고 다른 한쪽은 열팽창에 의한 관의 신축이 자유로운 교환기는?**

① 부동두식 열교환기
② 핀형 열교환기
③ 관형 열교환기
④ 관 – 핀형 열교환기

ANSWER

192 ① 운전 속도가 특정 속도이상으로 빨라지면 Cavitation(유체속 기포발생)현상이 일어난다. 따라서 운전 속도는 한정되어 있다.
② 운동 부분과 고정 부분이 밀착되어 있어서 배출공간에서부터 흡입공간으로의 역류가 최소화된다.
③ 운동부분인 임펠러에서 유체의 유속을 높이고 고정부분인 벌루트에서 압력을 높여 송출한다. 따라서 역류가 발생할 가능성이 적다.
④ 회전펌프는 임펠러의 원심력을 이용하여 유체를 이송시키는 것이다.

193 ③ 증기비열은 크고, 액체의 비열은 낮아야 한다.

194 부동두식 열교환기 … 다관형 열교환기의 가장 이상적인 형태로 관판에 의해 한쪽이 고정되어 있으나 다른 한쪽은 열팽창에 의한 신축이 자유로운 구조로 되어 있는 열교환기이다. 온도차가 큰 경우나 유체가 오염되었을 때도 사용이 가능하지만 구조가 복잡하고 설치비가 비싸다.

답 – 192.④ 193.③ 194.①

195 A물체의 복사에너지의 반사율은 0.3, 흡수율은 0.4이고, B물체의 복사에너지의 반사율은 0.2, 흡수율은 0.6일 때 A와 B물체의 투과율을 비교한 것으로 옳은 것은?

① A > B　　② B < A
③ A = B　　④ 알 수 없다.

196 상부가 개방되고 바닥에 배출구가 있는 탱크에 물이 높이 2h만큼 채워져 유지된다. 탱크의 배출구를 통한 물의 배출 속도는?(단, 모든 마찰 손실은 무시하고, 배출 중 물의 높이 h는 일정하며, g는 중력 가속도이다)

① $\sqrt{2gh}$　　② $2\sqrt{gh}$
③ gh　　④ $2gh$

197 원형관 내 공기의 유속을 측정하기 위해 설치한 피토관의 압력차가 512Pa일 때, 공기의 유속[m/s]은? (단, 공기의 밀도는 1kg/m^{3}이며 비압축성 흐름으로 가정하고, 마찰손실은 없다)

① 16　　② 32
③ 64　　④ 128

ANSWER

195 투과율 + 반사율 + 흡수율 = 1
A물체의 투과율 = 1 − (0.3 + 0.4) = 0.3
B물체의 투과율 = 1 − (0.2 + 0.6) = 0.2
∴ A > B

196 먼저 유속을 구하기 위해 에너지 보존법칙을 이용한다. 즉 위치에너지=운동에너지
$\therefore mgh = \frac{1}{2}u^2 \Rightarrow u = \sqrt{2g \times 2h} = 2\sqrt{gh}$

197 피토관에서 유속을 구하는 관계식은 다음과 같다. $V = \sqrt{\frac{2(P_0 - P)}{\rho_{air}}}$
∴ 압력차가 512Pa이며 공기의 밀도가 1kg/m^{3}이므로 $V = \sqrt{\frac{2 \times 512\text{kg/m}\cdot\text{s}^2}{1\text{kg/m}^3}} = 32\text{m/s}$

답 — 195.① 196.② 197.②

198 2성분계 기체 확산계수(diffusion coefficient)에 대한 설명으로 옳은 것만을 모두 고른 것은? (단, 이상기체이며 반응성이 없다)

> ㉠ 온도가 일정할 때 압력이 낮아지면, 확산계수는 커진다.
> ㉡ 분자량이 크면, 확산계수는 작아진다.
> ㉢ 압력이 일정할 때 온도가 높아지면, 확산계수는 커진다.

① ㉠, ㉡　　② ㉠, ㉢
③ ㉡, ㉢　　④ ㉠, ㉡, ㉢

199 넓은 평판 표면에서 표면 위의 유체로 대류 열전달이 발생하고 있다. 이때 열흐름 속도를 높이는 방법으로 옳지 않은 것은?

① 평판 표면에 핀(fin) 등 확장표면 장치를 설치한다.
② 유체의 흐름 속도를 낮춘다.
③ 평판 표면을 열저항이 더 작은 것으로 교체한다.
④ 유체의 온도와 평판 표면의 온도 차이를 높인다.

ANSWER

198 확산계수(Diffusion coefficient)는 다음과 같은 식으로 구성된다.

$D=\frac{1}{3}\nu_{avg}\lambda$ (ν_{avg} : 입자의 평균 운동속도, λ : 평균자유경로(mean free path))

$\therefore \nu_{avg}=\sqrt{\frac{8RT}{\pi M}}$, $\lambda=(\frac{RT}{P_1N_A})\frac{1}{\sqrt{2}\sigma}$ (σ : 충돌단면)이라는 관계식을 참고하면, 압력이 감소할수록, 온도가 증가할수록, 분자량이 감소할수록 확산계수는 커진다.

199 ① 대류 열전달은 $Q=Ah(T_2-T_1)$ (h : 대류열전달계수)의 관계를 가진다. 따라서 표면적을 넓히면 열 흐름 속도가 증가한다.
② 대류열전달계수는 유체의 속도와 연관이 있다. 유체의 속도를 낮추면 대류 열전달계수 값은 작아진다. 따라서 열 흐름 속도가 감소한다.
③ 열 저항이 작은 평판으로 대체하면, 열전도가 빨라져서 열 흐름 속도를 높일 수 있다.
④ 대류 열전달 관계식을 통해서 $Q=Ah(T_2-T_1)$, 온도차이가 높아지면 열 흐름 속도가 증가함을 알 수 있다.

답 – 198.④ 199.②

200 비중이 1.5인 어떤 유체가 직경이 10cm인 관을 20cm/sec의 속도도 흐른다. 이 유체의 동점도가 0.2Stokes일 때, Reynolds수를 구하면?

① 1,000
② 1,500
③ 2,000
④ 2,500

201 직경이 10cm인 강관을 어떤 액체가 $20m^2$/hr로 흐른다. 이때의 평균유속은?

① 0.545m/sec
② 0.672m/sec
③ 0.707m/sec
④ 0.874m/sec

202 다음 중 정상류에서의 유체의 유속은?

① 관의 반지름에 비례한다.
② 관 지름의 제곱에 반비례한다.
③ 관의 지름에 반비례한다.
④ 관의 단면적에 비례한다.

ANSWER

200 $Re = \frac{D \cdot u}{\nu} = \frac{10 \times 20}{0.2} = 1,000$

201 $Q = u \times A$ (u : 유속, A : 단면적)

$$u = \frac{Q}{\frac{\pi}{4}D^2} = \frac{20\text{m}^2/\text{hr} \times \frac{1\text{hr}}{3,600\text{s}}}{\frac{\pi}{4} \times (0.1\text{m})^2} \fallingdotseq 0.707\text{m/sec}$$

202 유량 = 유속 × 단면적이므로, $Q = u \times \frac{\pi}{4}D^2$

$$u = \frac{4 \cdot Q}{\pi \cdot D^2}, \ \therefore u \propto \frac{1}{D^2}$$

답 — 200.① 201.③ 202.②

203 비중 0.8, 점도 8cP의 액체가 내경 2cm 관에서 690.8cm^3/sec로 흐를 때 흐름의 종류는?

① 층류 ② 난류
③ 임계점 ④ 구별할 수 없다.

204 평균 열전도도가 0.2kcal/m · hr · ℃인 벽돌로 두께 250mm로 만든 노벽의 내면온도는 750℃, 외면온도는 250℃인 경우 단위면적당 열손실은?

① 4kcal/hr ② 40kcal/hr
③ 400kcal/hr ④ 440kcal/hr

205 다음 중 다중효용 증발관의 목적으로 옳은 것은?

① 효용수가 많으면 많을수록 보다 경제적이다.
② 증발능력만 올릴 수 있다.
③ 증발능력도 올리고, 스팀의 양도 절약된다.
④ 열효율을 올리고 스팀의 양을 절약할 수 있다.

ANSWER

203

$$N_{Re} = \frac{D \cdot u \cdot \rho}{\mu} = \frac{D \times \left(\frac{Q}{\frac{\pi}{4}D^2}\right) \times \rho}{\mu} = \frac{\frac{Q}{\frac{\pi}{4} \cdot D} \times \rho}{\mu}$$

$$= \frac{\left(\frac{690.8}{\frac{3.14}{4} \times 2}\right) \times 0.8}{0.08} = 4,400$$

Re > 4,000이므로 난류이다.

204 $q = \frac{\Delta T}{\frac{l}{k \cdot A}} = \frac{750 - 250}{\frac{(250 \times 10^{-3})}{(0.2 \times 1)}} = 400\text{kcal/hr}$

205 다중효용 증발관은 여러 개의 증발관을 연결해 증발시킨 증기를 다음 관의 가열에 재사용하는 것으로 수증기의 양을 절약할 수 있다(n중효용 증발관은 $\frac{1}{n}$의 수증기 절약효과).

답 – 203.② 204.③ 205.④

206 다음 그림은 초기에 온도가 T_0로 균일한 무한 평판의 단면이다. 평판의 양쪽 측면을 급격히 가열하여 표면온도를 T_S로 유지하면 평판 내부에서 비정상상태 열전도가 진행된다. 평판의 중심선온도(T_c)가 가장 빨리 상승하는 평판의 열전도도 k[W/m · K]와 비열 c_P[J/kg · K]는? (단, 평판의 밀도는 일정하다)

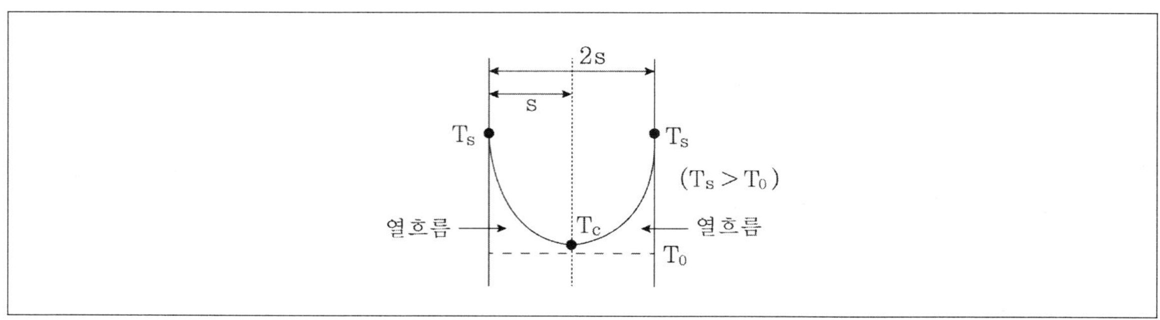

k	c_P
① 15	1,500
② 15	1,000
③ 10	1,500
④ 10	1,000

207 U자 마노미터를 오리피스 유량계에 연결하니 5cm의 차가 나타났다. 마노미터는 수은(비중 13.6)이 들어 있고 그 위쪽에는 사염화탄소(비중 1.6)가 차있다. 물 높이의 차로 나타내면 얼마인가?

① 50cm ② 60cm
③ 70cm ④ 80cm

ANSWER

206 평판의 중심선 온도가 가장 빨리 상승하기 위해서는 열전도도는 클수록, 비열은 낮을수록 좋다.

207 $\Delta P = \frac{g}{g_c}(\rho' - \rho)\text{h} = 1 \times (13.6 - 1.6) \times 5 = 60 \text{ cmH}_2\text{O}$

답 206.② 207.②

208 어떤 액체가 안지름이 3cm인 원관 속을 2cm/sec의 속도로 흐르고 있다. 이 액체의 밀도가 0.8g/cm^3, 점도가 0.6cP일 때 Fanning마찰계수는?

① 0.01
② 0.02
③ 0.03
④ 0.04

209 비압축성 유체가 다음 그림과 같이 원형관 내에서 x축 방향으로 흐른다. 이때 직경이 2cm인 원형관에서 평균속도가 v일 때, 직경이 6cm인 원형관에서의 평균 속도는? (단, 흐름은 정상상태이다)

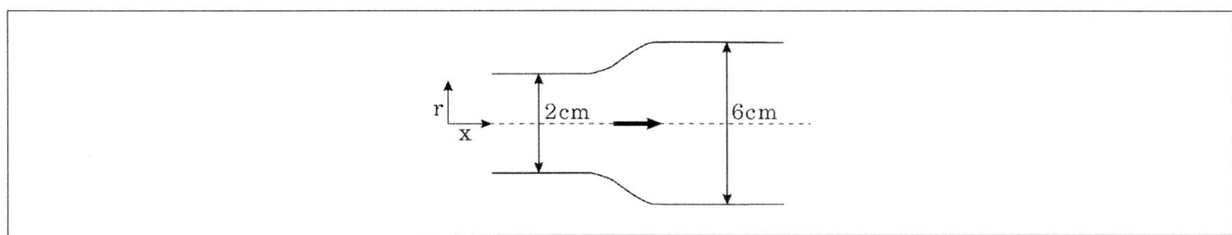

① $\frac{v}{9}$
② $\frac{v}{6}$
③ $\frac{v}{3}$
④ v

ANSWER

208 $N_{Re} = \frac{16}{f}$ (층류일 때)

$N_{Re} = \frac{D \cdot u \cdot \rho}{\mu} = \frac{3 \times 2 \times 0.8}{0.006} = 800 < 2100$, ∴층류

$f = \frac{16}{800} = 0.02$

209 정상상태 이므로 모든 관속에서의 부피유량은 동일하다.

∴ $\rho v_1 A_1 = \rho v_2 A_2$ ⇒ 동일한 유체이므로 밀도는 동일하다. $v_1 A_1 = v_2 A_2 \Rightarrow v_2 = \frac{A_1}{A_2} v_1$

$A = \frac{\pi}{4} D^2$이므로 ⇒ $v_2 = \frac{D_1^2}{D_2^2} v_1 = \frac{2^2}{6^2} v_1 = \frac{4}{36} v_1 = \frac{v_1}{9}$

답— 208.② 209.①

210 수면높이가 10m로 항상 일정한 탱크에 10mm의 관을 밑면에 연결하여 물을 배출할 때 유속은?

① 10m/sec　② 14m/sec
③ 18m/sec　④ 22m/sec

211 단면적이 $0.2m^2$인 원형관을 통해 비압축성 뉴턴 유체(Newtonian fluid)가 층류로 흐른다. 유체의 부피 유속이 $0.1m^3/s$일 때, 원형관 중심에서 유체의 유속[m/s]은? (단, 흐름은 정상상태 완전발달 흐름이다.)

① 0.5　② 1.0
③ 1.5　④ 2.0

212 Point tube를 사용하여 점도 2cP, 비중 0.9인 유체를 직경 10cm 직관 중 한 가운데 유속을 측정하니 1m/sec였다. 이 유체의 평균유속은?

① 0.8m/sec　② 1m/sec
③ 1.2m/sec　④ 1.5m/sec

ANSWER

210 $u = \sqrt{2gh} = \sqrt{2\times 9.8\times 10} = 14\text{m/sec}$

211 부피유속 = vA 식을 이용한다. (v : 평균유속, A : 면적)
$\therefore\ 0.1\text{m}^3/\text{s} = 0.2\text{m}^2\times v \Rightarrow v = 0.5\text{m/s}$
층류이면서 원형관 중심에서의 유체의 유속은 평균유속×2 이므로 ⇒ $v_{center} = 0.5\text{m/s}\times 2 = 1.0\text{m/s}$

212 $N_{Re} = \dfrac{D\cdot u\cdot \rho}{\mu} = \dfrac{10\times 100\times 0.9}{0.02} = 45{,}000$이므로 난류이다($\because N_{Re} > 4{,}000$).
난류의 평균유속 $(\overline{U}) = 0.8\times u_{max}$ (최대유속) $= 0.8\times 1 = 0.8\text{m/sec}$

답 210.② 211.② 212.①

213 향류(countercurrent flow) 이중관 열교환기 내에서 알코올과 물 사이에 열 이동이 일어난다. 알코올은 60℃로 주입되어 24℃로 배출되고, 물은 10℃로 주입되어 32℃로 배출된다. 관을 통한 단위 면적당 열흐름 속도[W/m^2]는? (단, 총괄 열전달 계수는 $600W/m^2 \cdot ℃$이고, ln7=1.9, ln2=0.70이다)

① 6,000 ② 12,000

③ 14,000 ④ 18,000

214 고체벽의 양쪽에 두 유체가 흘러 열전단이 일어난다. 벽외기준 총괄열전달계수가 800이고 외경이 10cm라면 내경(8cm)기준 총괄열전달계수는?

① 1,000 ② 1,250

③ 1,500 ④ 1,750

ANSWER

213 열 흐름 속도는 다음과 같은 식을 통해 구한다. $Q = U\Delta T_{lm}A$ (U : 총괄열전달계수, ΔT_{lm} : 대수평균온도차)

대수평균 온도차 : $\Delta T_{lm} = \dfrac{\Delta T_1 - \Delta T_2}{\ln(\dfrac{\Delta T_1}{\Delta T_2})}$ $(\Delta T_1 = T_{h,in} - T_{c,out},\ \Delta T_2 = T_{h,out} - T_{c,in})$

$\therefore\ \Delta T_{lm} = \dfrac{28℃ - 14℃}{\ln(\dfrac{28}{14})} = \dfrac{28℃ - 14℃}{\ln 2} = \dfrac{28℃ - 14℃}{0.7} = 20℃$, $(\Delta T_1 = 60 - 32 = 28℃,\ \Delta T_2 = 24 - 10 = 14℃)$

$\therefore\ \dfrac{Q}{A} = U\Delta T_{lm} \Rightarrow 600W/m^2 \cdot ℃ \times 20℃ = 12{,}000W/m^2$

214 $q = u \cdot A \cdot \Delta T$ (u : 총괄열전달계수, A : 전열면적)

$u_1 A_1 = u_2 A_2,\ u_1 D_1^{\,2} = u_2 D_2^{\,2}$

$u_2 = u_1 \times \dfrac{D_1^{\,2}}{D_2^{\,2}} = 800 \times \dfrac{10^2}{8^2} = 1{,}250$

답 — 213.② 214.②

215 내경 30mm인 강관에 공기가 흐르고 있다. 한 단면에서 압력은 3atm, 온도 27℃, 평균유속은 60m/s였다. 이 관 하류에 내경 40mm인 강관이 이어져 있을 때 이 부분의 압력이 2atm, 온도가 47℃인 경우 이 점의 평균유속은?

① 27m/s
② 36m/s
③ 48m/s
④ 54m/s

216 두께 10cm, 면적 $20m^2$, 내면온도 140℃, 외면온도 20℃일 경우 그 벽을 통한 열손실은[kcal/hr]? (단, 벽재료의 평균 열전도도 = 0.04kcal/m · hr · ℃)

① 360kcal/hr
② 480kcal/hr
③ 560kcal/hr
④ 960kcal/hr

ANSWER

215 $\overline{u_2} = \overline{u_1}\dfrac{\rho_1 {D_1}^2}{\rho_2 {D_2}^2}$

이상기체의 밀도는 $\rho \propto \dfrac{P}{T}$

$\dfrac{\rho_1}{\rho_2} = \dfrac{P_1 T_2}{P_2 T_1} = \dfrac{3}{2} \cdot \dfrac{320}{300} = 1.6$

$\therefore \overline{u_2} = 60.0 \times 1.6 \times \left(\dfrac{30}{40}\right)^2 = 54\text{m/s}$

216 $q = \dfrac{\Delta T}{R}$ (q : 단위시간당 전열량, ΔT : 온도차, R : 열저항)

$R = \dfrac{l}{K_{av} A}$ (K_{av} : 열전도도, l : 전열벽두께, A : 전열면적)

$\Delta T = 140 - 20 = 120$℃

$R = \dfrac{0.1}{0.04 \times 20} = 0.125\,\text{hr} \cdot$ ℃/kcal

$q = \dfrac{120}{0.125} = 960\text{kcal/hr}$

답 215.④ 216.④

217 기체 A가 지점 1에서 떨어진 지점 2로 확산하고 있다. 지점2의 촉매 표면에서 화학반응(A → B)이 순간반응(instantaneous reaction)으로 진행되어 A는 모두 반응한다. 생성된 기체 B는 지점2에서 지점 1로 확산한다. 이때, 기체 A의 몰플럭스는? (단, 정상상태이며 등온이다. 모든 기체는 x방향으로만 확산한다. 확산계수는 D_{AB}이고, x=0에서 A의 농도는 C_A 이다)

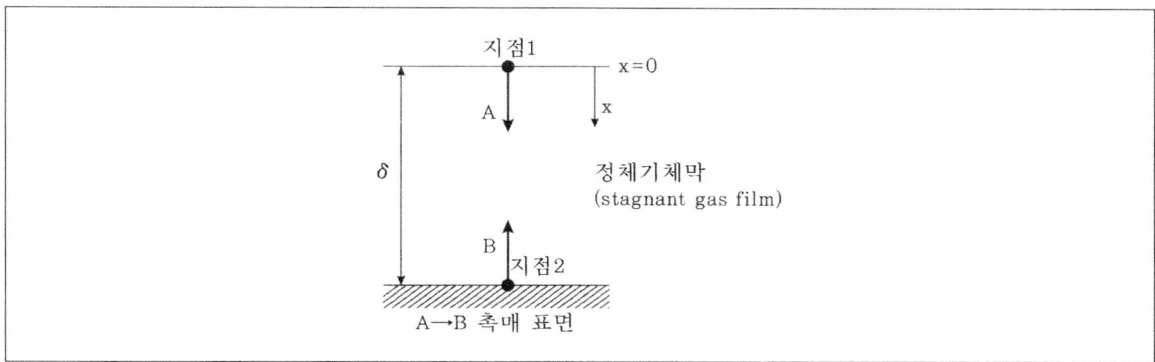

① $\dfrac{D_{AB}C_{A0}}{2\delta}$

② $\dfrac{3D_{AB}C_{A0}}{2\delta}$

③ $\dfrac{D_{AB}C_{A0}}{\delta}$

④ $\dfrac{3D_{AB}C_{A0}}{\delta}$

218 층류에 대한 설명 중 옳지 않은 것은?

① 유체가 관에 직선으로 흐르는 흐름이다.

② 유체흐름이 서로 완전혼합하는 흐름이다.

③ 점성류, 평형류, 선류라고도 한다.

④ 유체가 관 속을 흐를 때 관 벽쪽은 속도가 느리고 관 중심부는 속도가 빠른 흐름이다.

ANSWER

217 확산과 관련된 식 $J_{AB}=-D_{AB}\dfrac{dC_A}{dx}$ 는 농도의 기울기에 대해서 비례한다.

지점2에서는 A가 B로 모두 반응하므로 $C_A=0$이다.

$\therefore\ J_{AB}=-D_{AB}\displaystyle\int_1^2\frac{dC_A}{dx}=D_{AB}\frac{C_{A0}-C_A}{\delta}=D_{AB}\frac{C_{A0}}{\delta}$ (C_{A0}는 1지점에서의 농도, C_A는 2지점에서의 농도)

218 ② 난류는 흐름이 빨라질 때 운동방향이 불규칙한 형태가 되며 서로 완전혼합하는 흐름이고, 층류는 관 벽에 평행하게 흐르며 서로 혼합되지 않는 흐름이다.

답— 217.③ 218.②

219 내경 10cm의 원관중을 비중 0.9, 점도 5poise의 기름이 10m/s로 수송될 경우 레이놀즈수는?

① 1,800
② 2,000
③ 2,800
④ 3,000

220 증발관의 열원으로 수증기를 사용할 경우의 특징으로 옳지 않은 것은?

① 국부적인 과열위험이 있다.
② 압력조절 밸브에 의해 온도를 변화, 조절할 수 있다.
③ 증기기관의 폐증기를 이용할 수 있다.
④ 다중효용 혹은 자기증기압축법에 의한 증발이 가능하다.

221 점도에 대한 설명으로 옳지 않은 것은?

① 흐름에 대한 저항의 정도이다.
② 유체가 운동할 때의 가장 중요한 성질로 끈적끈적한 정도이다.
③ 운동에너지를 열에너지로 바꾸는 유체의 능력이다.
④ 운동량 확산의 척도로 사용한다.

ANSWER

219 $N_{Re} = \frac{D\bar{u}\rho}{\mu} = \frac{0.1 \times 10 \times 900}{0.5} = 1800$ (D : 내경, $\bar{u}$: 유속, ρ : 밀도, μ : 점도)

220 ① 수증기를 열원으로 사용시 가열이 균일하여 국부적인 과열염려가 없다.

221 ④ 동점도에 대한 설명으로 동점도는 유체의 절대점도와 밀도와의 비를 나타내며 $\left(\nu = \frac{\mu}{\rho}\right)$, 운동량 확산의 척도로 사용한다.

※ **점도** … 상대적 운동에 대한 유체 저항의 척도로 사용한다.

답 — 219.① 220.① 221.④

222 물질의 기본적 성질에 대한 미분형 관계식으로 가장 옳은 것은? (단, H=엔탈피, U=내부에너지, S=엔트로피, G=깁스에너지, A=헬름홀츠에너지, P=압력, V=부피, T=절대 온도이다.)

① $dU = TdS - VdP$

② $dH = TdS + VdP$

③ $dA = -SdT + PdV$

④ $dG = SdT - VdP$

223 1기압, 0℃의 얼음 1kg을 1기압 200℃의 수증기로 만드는 데 필요한 열량은? (단, 1기압 0℃에서 용해열은 80kcal/kg, 1기압, 100℃에서 증발잠열은 539kcal/kg, 물의 비열은 1kcal/kg · ℃, 수증기의 평균비열은 0.46 kcal/kg · ℃이다)

① 565kcal ② 665kcal

③ 765kcal ④ 865kcal

224 액체 수송펌프인 원심펌프에 대한 설명이 아닌 것은?

① 진동과 소음이 적고 장치가 간단하다.

② 경량 · 소형이고 고속운전에 적당하다.

③ 임펠러를 빠르게 회전시킬 때 일어나는 원심력을 이용한 펌프이다.

④ 종류로는 기어펌프, 스크류펌프, 로브펌프가 있다.

ANSWER

222 ① $dU = TdS - PdV$ ② $dH = TdS + VdP$
③ $dA = -SdT - PdV$ ④ $dG = -SdT + VdP$

223 $Q = 80 + (1 \times 1 \times 100) + (1 \times 539) + \{1 \times 0.46 \times (200 - 100)\} = 765\text{kcal}$

224 ④ 케이싱 속에 회전차를 회전시켜 물을 연속으로 급수하는 회전펌프의 종류이다.
※ 원심펌프의 종류 … 벌류트펌프, 터빈펌프, 자동유출펌프가 있다.

답 222.② 223.③ 224.④

225 열교환기나 유체 순환장치를 일정시간 사용시 열전달면에 나타나는 열저항 원인물질이 층을 이루어 생성되는 것은?

① 스케일 ② 오염저항
③ 비말동반 ④ 관석

226 유체가 넓은 유로에서 좁은 곳으로 고속유입시 부분압력이 그 수온의 포화수증기압보다 낮아질 때 수중에 증기가 발생되면서 물과 기포로 나타나는 것은?

① 공동현상 ② 수격작용
③ 맥동현상 ④ 오염저항

227 20℃에서 밀도가 $5g \cdot cm^{-3}$, 표면장력이 $2N \cdot m^{-1}$인 액체에 지름이 4mm인 유리관을 그림과 같이 수직으로 세웠을 때 접촉각이 60°였다. 액위의 변화[cm]는? (단, 중력가속도=$10m/s^2$으로 계산한다)

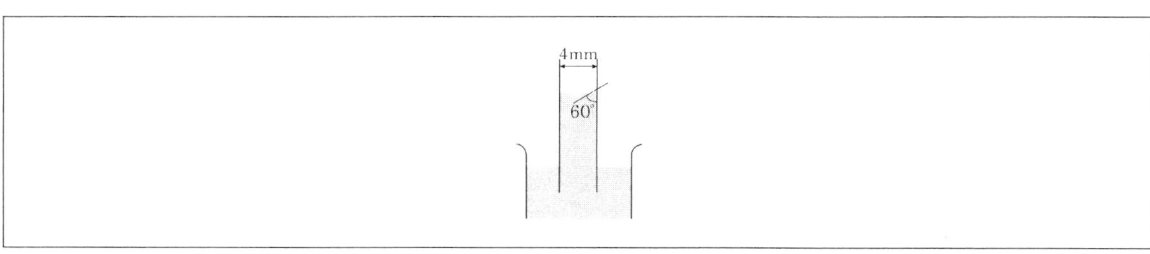

① 1 ② 2
③ 4 ④ 8

ANSWER

225 오염저항의 원인인자 … 유체미립자, 염 등의 표면부착, 부식작용, 생물막 형성, 동결오염 등

226 ② 유체가 관단의 밸브를 갑자기 폐쇄시 고압발생으로 상류탱크를 향해 진행하였다가 다시 되돌아오는 것을 반복하는 현상
③ 펌프가 운전 중 맥동을 일으켜 진공계 · 압력계의 지침이 흔들리고 송출유량이 변화하는 현상
④ 열교환기를 일정기간 사용시 열전달면에 나타나는 열저항 원인물질의 층이 생성되는 것

227 Cappillary tube에서의 액위 변화는 다음과 같은 식을 이용한다. $h = \frac{2\sigma}{\rho r g} = \frac{2\sigma(\cos\theta)}{\rho a g}$

(σ : 표면장력, ρ : 밀도, a : 유리관의 반지름)

$$\therefore h = \frac{2\sigma(\cos\theta)}{\rho a g} = \frac{2 \times 2N/m \times (1/2)}{5,000kg/m^3 \times 0.002m \times 10m/s} = 0.02m = 2cm$$

답 — 225.② 226.① 227.②

228 완전흑체에서 복사에너지에 관한 다음 설명 중 옳은 것은?

① 복사면적에 비례하고 절대온도에 비례한다.
② 복사면적에 반비례하고 절대온도에 비례한다.
③ 복사면적에 비례하고 절대온도의 4승에 반비례한다.
④ 복사면적에 비례하고 절대온도의 4승에 비례한다.

229 구리로 만든 가열기에 500kg의 기름을 60℃에서 200℃까지 수증기로 가열한다. 수증기의 온도는 240℃이고, 총괄전열계수는 500kcal/m^2 · hr · ℃이며, 기둥의 비열은 10kcal/kg · ℃이다. 대수 평균 온도차는 몇 ℃인가?

① 87℃　　② 93.1℃
③ 98.2℃　　④ 140℃

230 다음 중 경막계수에 대한 특징으로 옳지 않은 것은?

① 비등, 응축같은 상변화시 경막계수가 작다.
② 경막계는 자연대류보다 강제대류일 때 더 크다.
③ 전열장치구조, 전열면의 모양과 배치에 영향을 받는다.
④ 비열에 따라 달라진다.

ANSWER

228 Stefan–Boltzmann법칙 … 흑체표면에서 방출하는 복사에너지 총량은 절대온도의 4제곱에 비례한다는 법칙이다.

$$q = 4.88A \cdot \left(\frac{T}{100}\right)^4 [\text{kcal/hr}]$$

229

$$\Delta T_m = \frac{\Delta T_2 - \Delta T_1}{\ln\frac{\Delta T_2}{\Delta T_1}} = \frac{(240-60)-(240-200)}{\ln\frac{240-60}{240-200}} = 93.1℃$$

230 비등, 응축같은 상변화에서는 잠열로 인하여 경막계수가 매우 크다.

답 — 228.④ 229.② 230.①

231 다음 중 레이놀즈수에 관한 설명으로 옳지 않은 것은?

① 관 속에 유체가 흐를 때 그 흐름의 상태를 특정짓는 수이다.

② $4,000 < N_{Re}$이면 난류가 된다.

③ N_{Re} 값이 작으면 관성력이 크고 N_{Re} 값이 크면 점성력이 크다.

④ N_{Re} 값은 강제대류에서 지배적인 물성이다.

232 〈보기 1〉의 압력(P)-부피(V) 상도에 대한 설명으로 옳은 것을 〈보기 2〉에서 모두 고른 것은?

〈보기 1〉

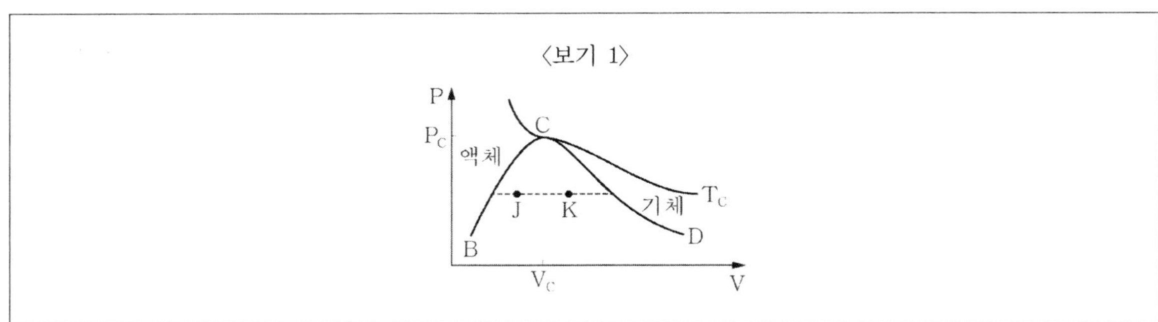

〈보기 2〉

㉠ K지점과 J지점은 온도가 서로 같다.
㉡ BCD곡선에서 왼쪽 절반(B에서 C)은 기화온도에서 포화 액체를 나타낸다.
㉢ BCD 아래쪽은 기체와 액체의 혼합영역이다.
㉣ 점 C에서 액상과 증기상은 서로 구별할 수 있다.

① ㉠, ㉡　　② ㉡, ㉢

③ ㉠, ㉡, ㉢　　④ ㉡, ㉢, ㉣

ANSWER

231 ③ $N_{Re} = \dfrac{\rho \cdot u \cdot D}{\mu} = \dfrac{u \cdot D}{\nu} = \dfrac{관성력}{점성력}$

232 ㉠ PV선도에서 J와 K를 지나는 온도의 그래프는 동일한 온도를 갖는다.
㉡ BCD곡선에서 왼쪽 절반은 포화액체곡선이며, 오른쪽 절반은 포화증기곡선이다.
㉢ BCD곡선 아래쪽은 기체와 액체의 혼합영역이다.
㉣ T_C로 표시된 임계등온선은 둥근 곡선의 정상인 임계점 C에서 수평으로 변곡하게 되며 이 점에서 액상과 증기상의 성질이 같기 때문에 서로 구별할 수 없다.

답 231.③ 232.③

233 **불투명 고체의 반사율에 영향을 주는 요인이 아닌 것은?**

① 표면의 거칠기　② 표면의 온도
③ 반사각　④ 복사선의 파장

234 **다음 중 난반사에 대한 설명이 아닌 것은?**

① 거친 표면에서 일어난다.
② 입사각, 반사각이 같다.
③ 흡수율은 1에 근접한다.
④ 광학제품제조시 기본공정이다.

235 **외측이 반경 r_1, 내측이 반경 r_2인 쇠구슬이 있다. 구의 안쪽과 표면의 온도를 각각 T_1℃, T_2℃라고 할 때 이 구슬에서의 열손실[kcal/h] 계산식은? (단, 구벽의 재질은 일정하며 열전도도는 k_{av} [kcal/m · h · ℃]로 일정하다.)**

① $4\pi k_{av}(T_1 - T_2)/(1/r_1 - 1/r_2)$
② $4\pi k_{av}\ln(T_1 / T_2)/\ln(r_1/r_2)$
③ $4\pi k_{av}\ln(T_1 - T_2)/(r_1/r_2)$
④ $4\pi k_{av}(T_1 - T_2)/(r_1 - r_2)$

ANSWER

233 고체의 반사율에 영향을 주는 요인으로는 ①②④ 외에도 표면의 재질, 입사각 등이 있다.

234 ② 난반사에서는 입사한 복사선은 모든 방향으로 분산되어 일정한 반사각이 없다.

235 열전도에 대한 식은 다음과 같다. $\dot{q} = -Ak\frac{dT}{dx}$

㉠ 면적 A : $4\pi r^2$이며,
㉡ 경계조건 : T_1일 때 r_1, T_2일 때 r_2이다.

$$\therefore\ \dot{q} = -Ak\frac{dT}{dx} = -4\pi r^2 k_{av}\frac{dT}{dr} \Rightarrow -4\pi k_{av}\int_1^2 r^2\frac{dT}{dr} = 4\pi k_{av}\frac{(T_1 - T_2)}{(\frac{1}{r_1} - \frac{1}{r_2})}$$

답 233.③ 234.② 235.①

236 복사에 의한 열전달에 해당하는 법칙은?

① Stefan-Boltzmann 법칙
② Fick의 법칙
③ Fourier의 법칙
④ Newton의 냉각법칙

237 총괄유용도를 증가시키는 열교환기 흐름은?

① 병류 ② 향류
③ 다중통로흐름 ④ 수직류

238 두께가 500mm인 벽돌 벽에서 단위면적($1m^2$)당 60kcal/h의 열손실이 발생하고 있다. 벽 내면의 온도가 800℃라 할 때, 벽 외면의 온도[℉]는? (단, 이 벽돌의 열전도도는 0.4kcal/h · m · ℃이다)

① 370 ② 434
③ 725 ④ 1,337

ANSWER

236 ① Stefan-Boltzmann 법칙 : 복사에 의한 열전달에 관련된 법칙이다.
② Fourier의 법칙 : 전도에 의한 열전달에 관련된 법칙이다.
③ Fick의 법칙 : 확산에 의한 물질전달에 관련된 법칙이다.
④ Newton의 냉각법칙 : 대류에 의한 열전달에 관련된 법칙이다.

237 다중통로흐름은 총괄유용도를 증가시키기 때문에 열교환기 설계에 자주 사용된다.

238 열전도와 관련된 식 $Q=-Ak\frac{\Delta T}{\Delta x}$을 이용한다. ($k$: 열전도도, Δx : 두께)

$\therefore\ Q=-Ak\frac{\Delta T}{\Delta x} \Rightarrow 60\text{kcal/h}=-0.4\text{kcal/h}\cdot\text{m}\cdot℃\times 1\text{m}^2\times\frac{\text{T}_2-800℃}{0.5\text{m}} \Rightarrow T_2=725℃$

$\Rightarrow 725℃\times 1.8\frac{°\text{F}}{℃}+32°\text{F}=1{,}337°\text{F}$

답 236.① 237.③ 238.④

239 우리나라에서 8월에 측정된 복사체의 표면온도는 A K(Kelvin)였으며, 같은 해 12월에 측정된 복사체의 표면온도는 B℃였다. 동일한복사체 표면에서 8월에 방출된 단위시간당 복사에너지는 12월의 몇 배인가? (단, 복사체의 복사율은 일정하다고 가정한다)

① $\frac{A^2}{(B+273.15)^2}$

② $\frac{A^4}{B^4}$

③ $\frac{A^2}{B^2}$

④ $\frac{(A)^4}{(B+273.15)^4}$

240 수직관식 증발기가 아닌 것은?

① 표준형 증발기

② 단관형 증발기

③ 바스켓형 증발기

④ 침수식 증발기

241 내경 15cm인 원형 도관을 흐르는 유체의 레이놀즈 수(Re)가 3,000일때, 유체의 평균유속[m/s]은? (단, 유체의 밀도는 1,000kg/m^{3}이며, 유체의 점도는 2P이다)

① 0.04

② 0.4

③ 4

④ 40

ANSWER

239 복사에 의한 열전달과 관련된 식 $W=\sigma AT^4$을 이용한다. (σ : 볼츠만상수, A : 면적)

$$\therefore \frac{W_A}{W_B}=\frac{\sigma AT_A^4}{\sigma AT_B^4}=\frac{T_A^4}{T_B^4}=\frac{(A\text{K})^4}{(B+273.15\text{K})^4}$$

240 ①②③ 수직관식 증발기 ④ 수평관식 증발기

241 레이놀즈 수 $Re=\rho uD/\mu$식을 이용한다. (ρ는 밀도, u는 유속, D는 파이프 직경, μ는 점도)

$$\therefore Re=\rho uD/\mu \Rightarrow 3{,}000=\frac{1{,}000\text{kg/m}^3\times \text{u}\times 0.15\text{m}}{2.0\times 10^{-1}\text{kg/m}\cdot\text{s}} \Rightarrow u=4\text{m/s}$$

답 – 239.④ 240.④ 241.③

242 0.25mm의 간격으로 놓여 있는 두 개의 평행한 판 사이에 점도가 0.5×10^{-3}N · s/m^{2}인 뉴턴 유체(Newtonian fluid)가 채워져 있다. 위쪽 판을 4m/s의 속도로 이동시킬 때, 전단응력[N/m^2]은?

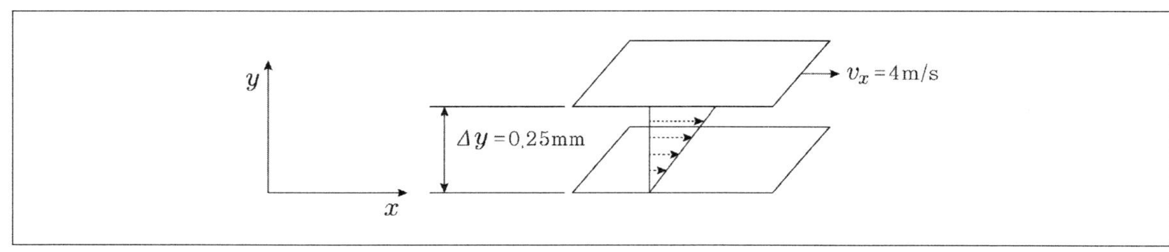

① 2　　② 4
③ 6　　④ 8

243 이중관식 열교환기(double pipe heat exchanger)에 대한 설명으로 옳은 것은?

① 병류(parallel flow)의 경우, 두 관 액체 사이의 온도 차이가 입구에서는 작지만 출구로 갈수록 커진다.
② 열교환기를 설계하기 위해 두 관 액체 사이의 평균 온도 차이를 구하는 경우, 입구에서의 온도 차이와 출구에서의 온도 차이의 대수평균을 주로 사용한다.
③ 관의 길이가 길수록 전체 열 교환량은 감소한다.
④ 관을 통한 열 교환은 전도－대류－전도의 방식으로 이루어진다.

ANSWER

242 전단응력 : $\tau=\mu\dfrac{du}{dy}$을 이용한다. (μ : 점도, u : 유속, y : 벽에서부터 떨어진 위치)

$\therefore\ \tau=\mu\dfrac{du}{dy}=0.5\times10^{-3}\text{N}\cdot\text{s/m}^2\times\dfrac{4\text{m/s}}{0.25\times10^{-3}\text{m}}=8\text{N/m}^2$

243 ① 병류의 흐름에서 온도차는 입구에서 크고 출구로 갈수록 작아진다.
② 열교환기에서 평균온도차이를 구하는 경우는 대수평균 온도차를 이용한다.
③ 관의 길이가 길수록 열 교환량은 증가한다.
④ 관을 통한 열 교환은 차가운 유체에서의 대류→관에서의 전도→뜨거운 유체에서의 대류 과정을 거친다.

답 242.④ 243.②

244 4℃의 물이 5mol/s의 몰유속(molar flow rate)으로 단면적이 $18cm^2$인 관을 흐르고 있다. 이 흐름이 플러그 흐름(plug flow)일 때, 관 중심에서의 유속[cm/s]은? (단, 물의 분자량은 18g/mol이다)

① 5　　② 15
③ 25　　④ 125

245 다음은 원형 도관에 유체가 흐를 때 마찰에 의한 압력손실을 나타내는 식이다. ΔP는 압력손실, f는 마찰계수, ρ는 유체의 밀도, u는 평균유속, L_P는 도관의 길이, D는 도관의 직경일 때, f의 차원은? (단, M은 질량, L은 길이, T는 시간을 나타낸다)

$$\Delta P = \frac{2f\rho u^2 L_P}{D}$$

① ML^{-1}　　② 무차원
③ MT^{-3}　　④ $ML^{-1}T^{-3}$

ANSWER

244 플러그 흐름 : 벽의 영향이 적은 영역에서는 전단응력을 무시할 수 있으므로, 비압축성이고 점도가 0인 이상유체와 거동이 비슷해지는데 이러한 유체를 말한다. 즉 플러그 흐름에 의해서 $\bar{u} = u_{\max}$가 된다. 또한 질량유속 $\dot{m} = \rho u A$의 식을 도입하여 유속을 구한다. $\therefore u_{\max} = \frac{\dot{m}}{\rho A} = \frac{5\text{mol/s} \times 18\text{g/mol}}{1\text{g/cm}^3 \times 18\text{cm}^2} = 5\text{cm/s}$

245 f는 패닝의 마찰계수라고도 하며, 마찰계수는 난류의 흐름에 적용되는 식이며, 속도 두와 밀도에 반비례하고, 전단응력에 비례하며, 무차원수이다.

답 — 244.① 245.②

246 반경(R)이 2cm인 고체 구(sphere)를 뜨거운 용액에 넣었을 때, 비정상상태에서의 구 내부 온도분포를 다음 그래프를 이용하여 구하고자 한다. 여기서 α는 열확산도(thermal diffusivity), T_0는 고체 구의 초기 온도, T_1은 뜨거운 용액의 온도, T는 임의의 시간에서 구 내부의 온도, r은 고체 구 중심으로부터의 거리[cm], t는 경과시간[s]을 나타낸다. 고체 구의 중심(r=0) 온도가 93.5℃에 도달할 때 걸리는 시간(t)은? (단, α=20cm^2/s, T_0=50℃, T_1=200℃이고, 용액의 온도변화는 무시하며 구의 표면온도는 용액의 온도와 같다고 가정한다)

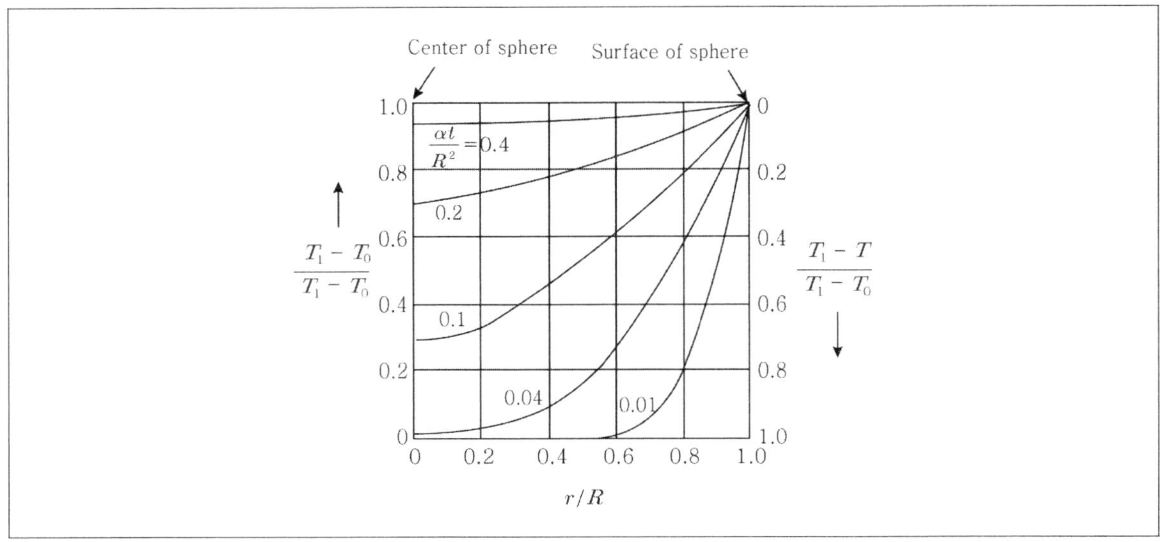

① 0.02s ② 0.5s

③ 1s ④ 2s

ANSWER

246 Center of sphere의 온도가 93.5℃에 도달했을 때 의 값을 구하면 다음과 같다.

$\frac{T-T_0}{T_1-T_0}=\frac{93.5℃-50℃}{200℃-50℃}=0.29$, 이 후 그래프를 통해 0.29일때의 $\frac{\alpha t}{R^2}$값을 확인하면 0.1임을 알 수 있다.

$\therefore\ \frac{\alpha t}{R^2}=0.1 \Rightarrow \frac{20\text{cm}^2/\text{s}\times \text{t}}{4\text{cm}^2}=0.1 \Rightarrow t=0.02\text{s}$

답 – 246.①

247 액체 벤젠의 표준 총발열량(고발열량)은 −780,980cal/g−mole이고 표준 진발열량(저발열량)은 −749,423 cal/g−mole이다. 이때 물 1g−mole당 증발잠열은?

① 1,530,403cal/g−mole

② 10,519cal/g−mole

③ 31,577cal/g−mole

④ −1,530,403cal/g−mole

248 온도가 일정하게 유지되고 있는 지름 10cm인 구형(sphere)열원이 두께가 15cm이고 열전도도가 1W/m℃인 단열재로 덮여있다. 정상상태에서 전도에 의한 열흐름 속도가 60W이고, 단열재 외부 표면 온도가 25℃로 일정하게 유지될 때 열원과 접하고 있는 단열재 내부 표면의 온도[℃]는? (단, π=3으로 가정한다)

① 70 ② 80

③ 90 ④ 100

ANSWER

247 $C_6H_6 + 5H_2 \rightarrow 6CO_2 + 3H_2O$

$\therefore \dfrac{(780,980 - 749,423)}{3} = 10,519\text{cal/g-mole}$

248 전도와 관련된 식은 다음과 같다. $\dot{Q} = -A \times k \times \dfrac{\Delta T}{\Delta x}$ (A : 면적, k : 열전도도, ΔT : 온도변화, Δx : 두께)

㉠ 빈 구의 면적 : $A = \sqrt{4\pi r_1^2} \times \sqrt{4\pi r_2^2} = 4\pi r_1 r_2 = 4 \times 3 \times 5\text{cm} \times 20\text{cm} = 1,200\text{cm}^2$

($r_1 = 5\text{cm}$, $r_2 = 5\text{cm}$(열원 반지름)+15cm(단열재 두께)=20cm, 단 단열재도 구형으로 간주한다.)

㉡ 열전도도 : $1\text{W/m℃} \times \dfrac{1\text{m}}{100\text{cm}} = 1.0 \times 10^{-2}\text{W/cm℃}$

$\therefore \dot{Q} = -A \times k \times \dfrac{\Delta T}{\Delta x} \Rightarrow 60\text{W} = -1200\text{cm}^2 \times 1.0 \times 10^{-2}\text{W/cm℃} \times \dfrac{(25℃ - T_1)}{15\text{cm}}$

$\Rightarrow 75℃ = (T_1 - 25℃) \Rightarrow T_1 = 100℃$

답 247.② 248.④

249 내경이 10cm인 관에 비중 0.9, 점도 1.5cP인 기름이 흐르고 있다. 이 기름의 임계속도는 얼마인가? (단, N_{Re} = 2,100)

① 1.5cm/s
② 2.5cm/s
③ 3.5cm/s
④ 4.5cm/s

250 내경이 0.33ft인 관에 60°F의 물이 0.72ft/sec의 속도로 흐른다. 관의 길이는 50ft, 두손실이 0.07ft 이다. 이 관의 마찰계수는?

① 0.012
② 0.013
③ 0.014
④ 0.015

251 Radiation energy에 있어서 투과율은 0이며, 흡수율은 0.7이다. 반사율은?

① 0
② 0.3
③ 0.6
④ 1

ANSWER

249 $N_{Re} = \dfrac{D \cdot u \cdot \rho}{\mu} = 2,100,\ 1.5\text{cP} = 0.015\text{g/cm} \cdot \text{s}$

$u_c = \dfrac{2,100 \cdot \mu}{D \cdot \rho} = \dfrac{2,100 \times 0.015}{10 \times 0.9} = 3.5\text{cm/s}$

250 Fanning식 $F = \dfrac{\Delta P}{\rho} = \dfrac{2f \cdot u^2 \cdot L}{g_c \cdot D}$

$f = \dfrac{F \cdot g_c \cdot D}{2u^2 \cdot L} = \dfrac{0.07 \times 32.2 \times 0.33}{2 \times (0.72)^2 \times 50} \fallingdotseq 0.0143$

251 흡수율 + 투과율 + 반사율 = 1

$0.7 + 0 + x = 1$

$\therefore x = 0.3$

답 — 249.③ 250.③ 251.②

252 두께 200mm의 로벽을 두께 80mm인 석면으로 보온한다. 로벽의 내면온도는 900℃, 외면온도는 40℃이다. 로벽 $10m^2$로부터 10시간 동안 잃은 열량은[kcal]? (단, 로벽과 석면의 열전도도는 각 3.0, 0.1kcal/m · hr · ℃)

① 99,000kcal
② 88,000kcal
③ 77,000kcal
④ 66,000kcal

253 100℃의 포화수증기로 원관 내에서 연속적으로 25℃의 물을 65℃까지 가열할 때 산술 평균온도차에 대한 대수 평균온도차의 백분율은? (단, ln2.143 = 0.76)

① 25.6%
② 50.6%
③ 75.6%
④ 95.6%

ANSWER

252 $q = \frac{\Delta T}{R} = \frac{\Delta T}{R_1 + R_2}$

$R_1 = \frac{l_1}{K_1 A_1} = \frac{0.2}{(3.0 \times 10)} = 0.007$

$R_2 = \frac{0.08}{(0.1 \times 10)} = 0.08$

$q = \frac{900 - 40}{0.007 + 0.08} = 9{,}900\text{kcal/hr}$

$Q = 9{,}900 \times 10 = 99{,}000\text{kcal}$

253 산술 평균온도차 $= \frac{\Delta T_1 + \Delta T_2}{2} = \frac{(100-25)+(100-65)}{2} = 55℃$

대수 평균온도차 $= \frac{\Delta T_1 - \Delta T_2}{\ln\frac{\Delta T_1}{\Delta T_2}} = \frac{75 - 35}{\ln\frac{75}{35}} = 52.6℃$

$\therefore \frac{52.6}{55} \times 100 = 95.6\%$

답 – 252.① 253.④

254 세 겹을 단열재로 보온한 벽이 있다. 내부로부터 두께가 100mm, 80mm, 300mm이고 열전도도는 0.1kcal/m · hr · ℃, 0.06kcal/m · hr · ℃, 100kcal/m · hr · ℃이다. 내면온도는 800℃이고, 외면온도는 40℃일 때 단위면적당 열손실은?

① $225\text{kcal/m}^2 \cdot \text{hr}$

② $325\text{kcal/m}^2 \cdot \text{hr}$

③ $425\text{kcal/m}^2 \cdot \text{hr}$

④ $525\text{kcal/m}^2 \cdot \text{hr}$

255 두 개의 무한한 평행흑판이 있다. 각 개의 표면온도가 800℉, 1,200℉일 때 복사에 의한 단위면적당 전열량[$\text{Btu/ft}^2 \cdot \text{hr}$]은?

① $8,827\text{Btu/ft}^2 \cdot \text{hr}$

② $7,827\text{Btu/ft}^2 \cdot \text{hr}$

③ $6,827\text{Btu/ft}^2 \cdot \text{hr}$

④ $5,827\text{Btu/ft}^2 \cdot \text{hr}$

ANSWER

254

$$q = \frac{\Delta T}{R} = \frac{\Delta T}{R_1 + R_2 + R_3} = \frac{\Delta T}{\frac{l_1}{k_1 R_1} + \frac{l_2}{k_2 R_2} + \frac{l_3}{k_3 R_3}} = \frac{800 - 40}{\frac{0.1}{0.1 \times 1} + \frac{0.08}{0.06 \times 1} + \frac{0.3}{100 \times 1}} \fallingdotseq 325\text{kcal/m}^2 \cdot \text{hr}$$

255 $T_1 = 460 + 1,200 = 1,660\,°\text{R}$, $T_2 = 460 + 800 = 1,260\,°\text{R}$

두 물체 사이에 복사에 의한 열전달

$$q = 0.174 \times A \times \left\{ \left(\frac{T_1}{100} \right)^4 - \left(\frac{T_2}{100} \right)^4 \right\} = 0.174 \times \left\{ \left(\frac{1,660}{100} \right)^4 - \left(\frac{1,260}{100} \right)^4 \right\} \fallingdotseq 8,827\text{Btu/ft}^2 \cdot \text{hr}$$

답 – 254.② 255.①

256 향류로 흐르는 어떤 이중관식 열교환기에서 고온유체는 80℃로 유입되어 50℃로 유출되고, 저온유체는 20℃로 유입되어 60℃로 유출된다면 평균온도차는?

① 10℃
② 15℃
③ 10/ln1.5
④ 15/ln1.5

257 안지름이 10cm인 파이프 속으로 물을 10m/sec의 유속으로 높이 100m까지 수송하려할 때 마찰손실을 무시하면 이론적으로 몇 kW의 전력이 필요한가?

① 24.7kW
② 44.7kW
③ 64.7kW
④ 80.4kW

ANSWER

256

$$평균온도차(향류) = \frac{\Delta T_1 - \Delta T_2}{\ln\frac{\Delta T_1}{\Delta T_2}}$$

$\Delta T_1 = 50 - 20 = 30℃$, $\Delta T_2 = 80 - 60 = 20℃$

$$\Delta \overline{T} = \frac{30 - 20}{\ln\frac{30}{20}} = \frac{10}{\ln 1.5}℃$$

257

$$전력 = \frac{W \cdot w}{\eta}$$

$$W = \frac{u^2}{2} + g\Delta z = \frac{10^2}{2} + 9.8 \times 100 = 1{,}030\text{m}^2/\text{s}^2$$

$$w = Q \cdot \rho = u \times \frac{\pi D^2}{4} \times \rho = (10\text{m/s}) \times \frac{\pi \times (0.1\text{m})^2}{4} \times \frac{1{,}000\text{kg}}{\text{m}^3} = 78\text{kg/s}$$

$$\therefore 전력 = \frac{(1{,}030\text{m}^2/\text{s}^2) \times (78\text{kg/s}) \times \frac{1\text{kW}}{1{,}000\text{kg} \cdot \text{m}^2/\text{s}^3}}{1} = 80.4\text{kW}$$

답 — 256.③ 257.④

258 3층의 벽돌로 쌓은 노벽이 있다. 내부에서 차례로 열저항이 $1.5\text{kcal}^{-1}/\text{hr}\cdot℃$, $1.3\text{kcal}^{-1}/\text{hr}\cdot℃$, $0.25\text{kcal}^{-1}/\text{hr}\cdot℃$이다. 내부온도가 760℃, 외부온도가 30℃일 때 둘째 벽과 셋째 벽 사이의 온도는?

① 80℃ ② 90℃
③ 100℃ ④ 110℃

259 1시간 동안 물 10ton을 높이 10m의 탱크에 같은 굵기의 관으로 수송하려 한다. 유체의 두손실 및 Pump의 효율을 고려하지 않을 때 소요 마력수는?

① 0.365HP ② 0.455HP
③ 1.032HP ④ 1.145HP

260 내부벽의 온도가 200℃, 외부벽의 온도가 20℃일 때 단위면적당 열전달손실은? (단, 두께 = 180mm, k = 1kcal/m · hr−℃)

① 1,000kcal/sec ② 1,000kcal/hr
③ 450kcal/sec ④ 450kcal/hr

ANSWER

258

$$\Delta T' = \Delta T \times \frac{R_3}{R} = (760-30)\times\frac{0.25}{1.5+1.3+0.25} \fallingdotseq 60$$

$\Delta T' = T_3 - T_1$에서 $T_3 = 60 + 30 = 90℃$

259

$$전력 = \frac{W\cdot w}{\eta}$$

$$W = g\Delta z = 9.8\times 10 = 98\text{m}^2/\text{s}^2$$

$$w = 10{,}000\text{kg/hr}\times\frac{1\text{hr}}{3600\text{s}} = 2.778\text{kg/s}$$

$$\therefore 전력 = \frac{(98\text{m}^2/\text{s}^2)\times(2.778\text{kg/s})\times\dfrac{1\text{kgf}}{9.8\text{kg}\cdot\text{m/s}^2}}{1}\times\frac{1\text{HP}}{76\text{kgf}\cdot\text{m/s}} \fallingdotseq 0.365\text{HP}$$

260

$$q = \frac{\Delta T}{\dfrac{l}{k\cdot A}} = \frac{(200-20)℃}{\dfrac{0.18\text{m}}{(1\text{kcal/m}\cdot\text{hr}-℃)\times 1\text{m}^2}} = 1{,}000\text{kcal/hr}$$

답 — 258.② 259.① 260.②

261 다음 중 두손실의 원인이 아닌 것은?

① 관로의 상당직경
② 직선관로의 마찰
③ 단면적의 확대
④ 관로의 삽입물

262 유량계에 대한 설명으로 옳지 않은 것은?

① 피토관(pitot tube)은 국부 유속을 측정할 수 있는 장치이다.
② 로터미터(rotameter)는 유체가 흐르는 유로의 면적이 유량에 따라 변하도록 되어 있다.
③ 벤추리미터(venturi meter)는 오리피스미터(orifice meter)보다 압력손실이 크다.
④ 자력식 유량계(magnetic meter)는 패러데이 전자기유도(electromagnetic induction) 법칙을 이용하는 장치이다.

ANSWER

261 두손실 … 유체가 관속에 흐를 때 유체마찰에 의한 에너지 손실이다.

$$F = \frac{\Delta P}{\rho} = 4f\left(\frac{u^2}{2}\right)\left(\frac{L}{D}\right)$$

(ρ: 유체밀도, L : 관길이, u : 유체유속, D : 관직경, ΔP : 마찰에 의한 압력손실)

262 ① **피토관** : 피토관의 국부유속은 마노미터에 나타나는 수두차에 의하여 계산한다. 왼쪽의 관은 정수압을 측정하고 오른쪽관은 유속이 0인 상태인 정체압력을 측정한다. 이를 이용하여 압력차를 구한다.

② **로터 유량계** : 면적식 유량계는 유체가 흐르는 유로의 면적변화와 유량과의 선형적인 관계를 이용한 원리이다. 면적식 유량계의 대표적인 것이 로터미터 이다.

③ **오리피스 유량계** : 오리피스의 원리는 벤튜리 유량계와 비슷하다. 오리피스의 장점은 단면이 축소되는 목 부분을 조절하므로써 유량을 조절된다는 점이며, 단점은 오리피스 단면에서 벤튜리 유량계보다 커다란 수두 손실이 일어난다는 점이다.

④ **자력식 유량계** : 전자유량계는 자계(磁界)속을 도체가 가로질러 이동할 때 이동속도에 비례하는 전압이 도체중에 발생된다는 페러데이의 전자기유도법칙을 기본원리로 하고 있다.

답 — 261.① 262.③

263 수중에 U자관 마노미터에서 수은의 읽음이 20cm일 때 압력차는? (수은의 밀도는 13.6g/cm^3이다.)

① 2.52grw/cm^2 ② 2.52kg/cm^2
③ 0.252grw/cm^2 ④ 0.252kg/cm^2

264 Methyl oleate($C_{17}H_{35}CO_2CH_3$, MW = 296.5 ; M.O)의 20℃에서 점도를 측정하는 데 Ostwald 검도계를 사용했다. 이 온도에서 증류수 통과시간이 10초이고, M.O가 2.5분이었다. 등온에서 증류수의 밀도와 M.O의 밀도가 각각 0.9982g/cm^3, 0.879g/cm^3이면 M.O의 점도는?

① 0.074poise ② 0.132poise
③ 0.253poise ④ 0.726poise

265 비중이 1인 비압축성 유체가 원관의 단면적이 20cm^2인 관 속으로 50m/sec의 유속으로 흐르고 있다. 이 유체가 원관의 단면적이 40cm^2인 관 속으로 흐를 때 유속은 몇 m/sec인가?

① 25.0m/s ② 20.5m/s
③ 15.6m/s ④ 12.5m/s

ANSWER

263 $\Delta P = \frac{g}{g_c} \cdot h \cdot (\rho' - \rho) = 1 \times 20 \times (13.6 - 1) = 252\ g/cm^2 = 0.252kg/cm^2$

264 $\mu_2 = \mu_1 \times \frac{\rho_2 \cdot t_2}{\rho_1 \cdot t_1} = 1 \times \frac{0.879 \times (2.5 \times 60)}{0.9982 \times 10} = 13.2cP = 0.132P$

265 $Q = u_1 A_1 = u_2 A_2$, $50m/s \times 0.002m^2 = u_2 \times 0.004m^2$

$\therefore u_2 = 25m/s$

답 – 263.④ 264.② 265.①

266 U자관 Manometer를 사용하여 오리피스에 걸리는 압력차를 측정하였다. Manometer 속의 유체는 비중 13.6인 수은이며, 오리피스를 통하여 흐르는 유체는 비중이 1인 물이고, 마노미터 읽음이 30cm일 때 오리피스에 걸리는 압력차는?

① 0.75kg/cm^2 ② 0.378kg/cm^2
③ 1,246kg/cm^2 ④ 1,342kg/cm^2

267 밀도가 0.5g/cm^3, 점도가 1cP인 비압축성 유체가 매초 5cm/sec의 유속으로 유관을 통할 때 마찰계수가 0.016이 되는 원관의 내경은? (단, 이 흐름은 층류이다)

① 1cm ② 2cm
③ 4cm ④ 6cm

268 다음 중 열전달법칙에 대한 설명으로 옳지 않은 것은?

① 열전달에 있어서 기력은 온도차이다.
② 열전달속도는 기력/저항으로 표시할 수 있다.
③ 열전달속도는 면적과 온도구배에 비례한다.
④ 열전달속도는 저항에 비례, 온도구배에 반비례한다.

ANSWER

266 $\Delta P = \frac{g}{g_c}(\rho' - \rho)R = 1 \times \{(13.6-1) \times 1,000\} \times 0.3$

$= 3,780\text{kg/m}^2 = 3,780\text{kg/m}^2 \times \frac{1\text{m}^2}{10,000\text{cm}^2} = 0.378\text{kg/cm}^2$

267 $Re = \frac{16}{f} = \frac{16}{0.016} = 1,000 = \frac{D \cdot u \cdot \rho}{\mu}$

$\therefore D = \frac{1,000 \cdot \mu}{u \cdot \rho} = \frac{1,000 \times 0.01}{5 \times 0.5} = 4\,\text{cm}$

268 열전달속도 $= \frac{\text{추진력}}{\text{열저항}}$

$q = \frac{\Delta T}{R} = \frac{\Delta T}{\frac{l}{k \cdot A}}$

답 — 266.② 267.③ 268.④

269 비중이 1.5인 어떤 유체가 직경이 5cm, 길이가 1m인 관을 층류로 흐를 때 압력강하가 0.75kg/cm^{2}이었다. 이 때 마찰손실 F를 구하면?

① 0.5kgf · m/kg
② 0.75kgf · m/kg
③ 2kgf · m/kg
④ 5kgf · m/kg

270 비중이 0.887인 원유가 직경 50mm인 관속을 6.65m^3/hr로 흐른다. 질량유량을 구하면?

① 5.90kg/hr
② 5,900kg/hr
③ 6.65kg/hr
④ 6,650kg/hr

271 안지름이 25cm의 관 속을 플러그 흐름으로 흐르는 유체의 관 중심에서의 속도가 20cm/sec였다면 관 벽에서 2cm 떨어진 곳의 유속은?

① 10cm/sec
② 14cm/sec
③ 18cm/sec
④ 20cm/sec

ANSWER

269

$$\text{마찰손실}(F) = \frac{\Delta P}{\rho} = \frac{0.75\text{kgf/cm}^2 \times \frac{10^4\text{cm}^2}{\text{m}^2}}{1.5\text{g/cm}^3 \times \frac{1\text{kg}}{1{,}000\text{g}} \times \frac{10^6\text{cm}^3}{\text{m}^3}} = 5\text{kgf} \cdot \text{m/kg}$$

270

$$w = \rho \cdot Q = 0.887\text{g/cm}^3 \times \frac{10^6\text{cm}^3}{\text{m}^3} \times \frac{1\text{kg}}{10^3\text{g}} \times 6.65\text{m}^3/\text{hr} \fallingdotseq 5{,}900\text{kg/hr}$$

271 플러그 흐름(Plug flow)은 관 내 어느 부분에서나 속도가 일정한 흐름이다.

답 269.④ 270.② 271.④

272 다음 그림에서 완전히 라울(Raoult)의 법칙을 따른 이상용액곡선은?

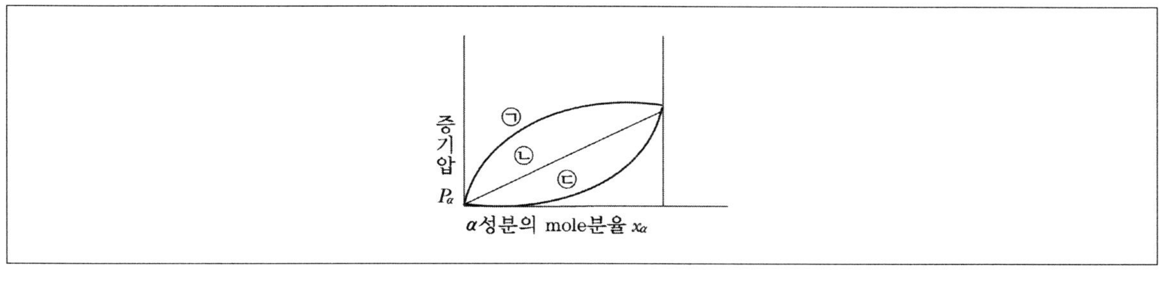

① ㉠
② ㉡
③ ㉢
④ ㉡㉢

273 복사(radiation)에 대한 설명으로 옳지 않은 것은?

① 흑체(black body)는 주어진 온도에서 최대의 방사율(emissivity)을 가진다.
② 정반사(specular reflection)가 일어나는 물체 표면에서 반사율은거의 1이며, 흡수율은 0에 가깝다.
③ 불투명 고체의 반사율과 흡수율의 합은 0.5이다.
④ 회색체(gray body)는 파장에 따라 단색광 방사율이 변하지 않는다.

ANSWER

272 라울의 법칙 … 비휘발성, 비전해질 물질인 용질이 녹아 있는 용액의 증기압내림은 용질의 몰랄농도에 비례한다.
$(P_T = P_A \cdot x_A)$

273 ① 흑체는 모든파장의 주파수를 흡수한다. 따라서 주어진 온도에서의 방사율은 최대이다.
② 정반사는 물체 표면에서 반사율이 1에 가까운 것을 의미한다.
③ 불투명 고체는 투과율이 0이다. 따라서 반사율과 흡수율의 합은 1이다.
④ 회색체는 흑체에 비하여 흡수율이 떨어지며, 파장에 따라 독립적으로 흡수한다. 따라서 파장에 따라 단색광의 방사율은 영향을 받지 않고 독립적이다.

답 — 272.② 273.③

274 안지름이 20cm인 관의 비중이 0.8이고 점도가 5cP인 기름이 흐르고 있다. 임계속도는?

① 0.03m/s
② 0.04m/s
③ 0.06m/s
④ 0.08m/s

275 두께 15cm, 단면적 10m^{2}의 로벽이 있다. 내면의 온도는 200℃, 외면의 온도는 20℃의 경우 벽을 통한 열손실량[kcal/h]은? (단, 로벽의 평균 열전도도 = 0.038)

① 5,460kcal/h
② 4,560kcal/h
③ 546kcal/h
④ 456kcal/h

276 다음 중 열전도도에 관하여 바르게 설명한 것은?

① 액체의 열전도도는 온도상승에 따라 증가한다.
② 기체의 열전도도는 온도상승에 따라 감소한다.
③ 기체의 열전도도는 온도상승에 따라 증가한다.
④ 열전도도는 온도의 영향에 무관하다.

ANSWER

274 임계속도 $u_C = \dfrac{2,100 \times \mu}{\rho \cdot D} = \dfrac{2,100 \times 0.005}{(0.8 \times 1,000) \times 0.2} = 0.06\text{m/sec}$

275 $q = \dfrac{\Delta T}{R} = \dfrac{T_2 - T_1}{\dfrac{l}{k \cdot A}} = \dfrac{200 - 20}{\dfrac{0.15}{0.038 \times 10}} = 456\text{kcal/h}$

276 기체에서의 열전도도는 온도상승에 따라 증가하고, 액체에서의 열전도도는 온도상승에 따라 감소한다.

답 — 274.③ 275.④ 276.③

277 비중이 1.0이고 점도가 400cP인 유체를 내경이 4cm인 파이프를 통해 100cm/s의 유속으로 흘릴 때 Reynolds 수(Re)는?

① 10
② 100
③ 1,000
④ 10,000

278 비중 0.5인 유체를 $15m^3$/h로 보내며 기계적인 일을 50kgf · m/kg만큼이 유체에 주어질 때 마력수는 얼마인가? (단, Pump의 효율 = 60%)

① 1.24HP
② 2.16HP
③ 2.28HP
④ 3.45HP

279 항온 탱크의 외부를 두께 30mm의 유리솜(k = 0.037kcal/m · h · ℃)으로 보온했더니 유리솜의 내면의 온도는 35℃, 외면의 온도는 18℃였다. 단위면적당 열손실은?

① 21kcal/h
② 25.7kcal/h
③ 32kcal/h
④ 34.6kcal/h

ANSWER

277 레이놀즈 수 : $\frac{\rho u D}{\mu}$ (ρ ; 밀도, u : 유속, D : 파이프직경, μ : 점도)

파라미터 값 : 점도 : 1poise = 1g/cm · s = 100cP이므로 400 cP = 4g/cm · s, 밀도 : $1.0g/cm^3$

$\therefore$ 레이놀즈수 : $\frac{\rho u D}{\mu} = \frac{1.0g/cm^3 \times 100cm/s \times 4cm}{4g/cm \cdot s} = 100$

278 전력 $= \frac{W \cdot w}{\eta}$

$W = 50kgf \cdot m/kg$

$w = 15m^3/hr \times 500kg/m^3 \times \frac{1hr}{3600s} = 2.083kg/s$

$\therefore$ 전력 $= \frac{(50kgf \cdot m/kg) \times (2.083kg/s)}{0.6} \times \frac{1HP}{76kgf \cdot m/s} = 2.28HP$

279 $q = \frac{\Delta T}{R} = \frac{T_2 - T_1}{\frac{l}{k \cdot A}} = \frac{35 - 18}{\frac{0.03}{0.037 \times 1}} = 20.97kcal/h \fallingdotseq 21kcal/h$

답 — 277.② 278.③ 279.①

280 물의 기화열은 100℃, 1기압에서 539cal/g이다. 물 1mole이 100℃, 1atm에서 증발할 때 엔트로피 변화는?

① 12cal/°K
② 26cal/°K
③ 80cal/°K
④ 120cal/°K

281 1atm, 200℃에서 ΔH를 구하면? (단, 100℃, 1atm에서 잠열＝593kcal/kg, 증기의 C＝0.46kcal/kg－℃)

① 539kcal/kg
② 639kcal/kg
③ 685kcal/kg
④ 700kcal/kg

282 공기 3kg을 일정한 압력하에서 400℃에서 1,000℃까지 가열할 때, 공기의 정압비열은 0.241kcal/kg·℃, 정용비열은 0.72kcal/kg·℃이면 엔탈피의 증가는?

① 333.8kcal
② 433.8kcal
③ 533.8kcal
④ 633.8kcal

ANSWER

280 $\Delta S = \frac{Q}{T} = \frac{539 \times 18}{273+100} = 26\text{cal}/^\circ\text{K}$

281 과열수증기의 H ＝ 포화수증기 H＋ 과열도＝$593 + 1 \times 0.46(200-100) = 639\text{kcal/kg}$

282 $\Delta H = mC_p\Delta T = 3 \times 0.241 \times (1{,}000 - 400) = 433.8\text{kcal}$

답 ― 280.② 281.② 282.②

283 10poise의 기름이 안지름 0.4m의 관 속을 2m/sec의 속도로 흐르고 있다. 이 유체의 Reynolds number는? (단, 이 유체의 비중 = 0.5)

① 300 ② 400
③ 500 ④ 600

284 두께 20cm를 가진 벽 $8m^2$가 있다. 외면온도가 600℃이고 내면온도가 250℃이다. 전열속도는? (단, 벽의 열전도도 = 2kcal/m · hr · ℃)

① 2,800kcal/hr ② 28,000kcal/hr
③ 280,000kcal/hr ④ 2,800,000kcal/hr

285 강관 속을 물이 흐를 때 내부의 어느 한 지점에서의 전단력이 만약 1kg · m/sec^2이라고 하고, 그 지점의 면적이 $200cm^2$라고 하면 이 지점의 전단응력(τ)은?

① 20kg/m · sec^2 ② 30kg/m · sec^2
③ 40kg/m · sec^2 ④ 50kg/m · sec^2

ANSWER

283 $N_{Re} = \dfrac{\rho \cdot D \cdot u}{\mu} = \dfrac{0.5 \times 40 \times 200}{10} = 400$ (l : 밀도, D : 지름, u : 관내유속, μ : 점도)

284 $q = \dfrac{T_1 - T_2}{\dfrac{l}{k \cdot A}} = \dfrac{600 - 250}{\dfrac{0.2}{2 \times 8}} = 28,000\text{kcal/hr}$

(T_1 : 외면온도, T_2 : 내면온도, l: 벽의 두께, A : 벽의 면적, k : 벽의 열전도도)

285 전단응력$(\tau) = \dfrac{F}{A} = \dfrac{1\text{kg} \cdot \text{m/sec}^2}{0.02\text{m}^2} = 50\text{kg/m} \cdot \text{sec}^2$

답 – 283.② 284.② 285.④

286 콘크리트 벽의 두께가 10cm이고 바깥 표면의 온도는 5℃일 때 안쪽 표면의 온도를 20℃로 유지하면 벽을 통한 열손실은? (단, 콘크리트 열전도도 = 0.002cal/cm · sec · ℃)

① 1.08cal/cm · sec · ℃
② 108cal/sec
③ 108kcal/m^2 · hr
④ 108kcal/hr · m^2 · ℃

287 복사에너지의 반사율, 흡수율, 투과율을 합한 값은 얼마인가?

① 1
② 0.7
③ 0.5
④ 0.2

ANSWER

286 열손실$(q) = \dfrac{\Delta T}{R} = \dfrac{T_2 - T_1}{\dfrac{l}{k \cdot A}} = \dfrac{20-5}{\dfrac{10}{0.002 \times 1}} = 0.003\text{cal/cm}^2 \cdot \text{sec}$

$0.003\text{cal/cm}^2 \cdot \text{sec} \times \dfrac{10^4\text{cm}^2}{1\text{m}^2} \times \dfrac{1\text{kcal}}{1{,}000\text{cal}} \times \dfrac{3{,}600\text{s}}{1\text{h}} = 108\text{kcal/m}^2 \cdot \text{hr}$

287 반사율 + 흡수율 + 투과율 = 1

답 286.③ 287.①

288 100g의 $CaCl_2$가 1mole당 6mole의 비율로 공기 중의 수분을 흡수한 용수의 발생열은?

> $CaCl_2(s) + 6H_2O(l) \rightarrow CaCl_2 \cdot 6H_2O(s) + 22.63\text{kcal}$
> $H_2O(g) \rightarrow H_2O(l) + 10.5\text{kcal}$

① 77.14kcal　② 102.4kcal
③ 158.57kcal　④ 212.13kcal

ANSWER

288 $22.63 + 6 \times 10.5 = 85.63$, $CaCl_2$의 분자량 = 111

$\therefore 85.63 \times \frac{100}{111} = 77.14\text{kcal}$

답 — 288.①

분리조작

01 물질이동조작

1 **증습(humidification) 조작에 대한 설명으로 옳지 않은 것은?**

① 노점(dew point)은 증기-기체 혼합물이 포화되기까지 냉각되어야 하는 온도이다.
② 습도도표(humidity chart)는 전압(total pressure)에 관계없이 어떠한 계에 대해서도 만들 수 있다.
③ Lewis 관계식이 성립한다면 습도선(psychrometric line)은 단열 포화선으로 사용 가능하다.
④ 모든 습도에서 %습도(percentage humidity)는 상대 습도(relative humidity)보다 크다.

2 **물질 A와 물질 B로 구성된 이상용액에서 B에 대한 A의 상대휘발도는? (단, 동일한 온도에서 순수한 A와 B의 증기압은 각각 125kPa과 5kPa이다)**

① 0.4　　② 2.5
③ 4　　④ 25

ANSWER

1 ④ 모든 습도에서 %습도는 상대습도보다 클 수 없다.

2 B에 대한 A의 상대 휘발도는 다음과 같은 식이 이용된다. $\alpha_{AB} = \frac{P_A}{P_B}$

(α_{AB} : B에 대한 A의 상대 휘발도, P_A : 순수한 A물질의 증기압, P_B : 순수한 B물질의 증기압)

$\therefore \alpha_{AB} = \frac{P_A}{P_B} = \frac{125\text{kPa}}{5\text{kPa}} = 25$

답 1.④ 2.④

3 고-액 추출 공정에서 추제비(solvent ratio)가 5이고, 분리된 추제의 양이 50kg/h일 때, 남은 추제 [kg/h]는?

① 5　　② 10
③ 125　　④ 250

4 이슬점에 대한 설명으로 옳지 않은 것은?

① 절대습도가 1인 상태
② 수증기 분압이 포화수증기와 같아지는 온도
③ 상대습도가 100%가 될 때의 온도
④ 공기 중의 수증기가 응축하기 시작할 때 온도

5 선택적 용해성을 이용하여 비등점 차이(휘발도 차이)가 작은 혼합물을 분리하는 방법은?

① 플래시(flash) 증류　　② 증발
③ 추출　　④ 재결정

ANSWER

3 추제비 $= \dfrac{\text{분리된 추제의 양}}{\text{남은 추제의 양}}$, 남은 추제 $= \dfrac{50\text{kg/h}}{5} = 10\text{kg/h}$

4 ① 절대습도는 물질과 온도에 따라 각각 다르다.
※ **이슬점** … 공기 중에서 물체를 서서히 냉각시키면 그 둘레의 공기의 온도도 내려가서, 어떤 온도에 달하면 공기 중의 수증기가 응결하여 물체의 표면에 이슬이 생길 때의 온도

5 **추출** … 식물이나 광물 등, 여러 성분을 이루고 있는 물질(혼합물)과 특수한 성분만을 녹여서 얻는 방법

답 – 3.② 4.① 5.③

6 등몰의 A와 B 혼합물 100몰을 플래시 증류(flash distillation)장치에서 기액으로 분리하고 있다. A와 B의 K인자(분배계수, distribution coefficient)의 값이 각각 1.5와 0.6일 때, 장치를 나가는 액체의 양[mol]과 액체에서 B의 몰분율은?

	액체의 양	B의 몰분율
①	25	$\frac{4}{9}$
②	25	$\frac{5}{9}$
③	75	$\frac{4}{9}$
④	75	$\frac{5}{9}$

7 고-액혼합물 추출에 적합한 장치는?

① 분사탑 추출장치
② 원심 추출장치
③ 조형 추출장치
④ 이동식 추출장치

ANSWER

6
㉠ $K_A = \frac{y_A}{x_A} = 1.5$ (y_A : A물질의 기상 분율, x_A : A물질의 액상 분율) ⇒ $y_A = 1.5x_A$

㉡ $K_B = \frac{y_B}{x_B} = 0.6 = \frac{1-y_A}{1-x_A}$ (y_B : B물질의 기상 분율, x_B : B물질의 액상 분율) ⇒ $0.6 = \frac{1-1.5x_A}{1-x_A}$

$\therefore x_A = \frac{4}{9}$, $x_B = 1-x_A = \frac{5}{9}$, $y_A = 1.5\times\frac{4}{9} = \frac{2}{3}$, $y_B = 1-y_A = \frac{1}{3}$

㉢ A물질에 대한 물질 수지식 : $(100-L)y_A$(기상) $+ Lx_A$(액상) $= 0.5\times100\text{mol} = 50\text{mol}$

$\therefore (100\text{mol}-\text{L})\times\frac{2}{3} + \text{L}\times\frac{4}{9} = 50\text{mol} \Rightarrow L = 75\text{mol}$

7 고-액혼합물 추출장치의 종류에는 교반식 추출장치, 이동식 추출장치, 분산식 추출장치 등이 있다.
※ 고-액혼합물 추출조작 … 물질이동이 빨리 진행되기 위해 고상과 액상접촉이 쉽고 그 접촉넓이가 넓어야 한다.

답 6.④ 7.④

8 정류(Rectification)에서 환류비(Reflux ration)를 구하는 식은? (단, V : 상승하는 증기량의 몰수, F : 원액의 몰수, D : 유출액의 몰수, L : 환류액의 몰수)

① $\frac{L}{D}$　　② $\frac{D}{L}$

③ $\frac{L}{V}$　　④ $\frac{F}{L}$

9 80wt%의 수분을 함유하고 있는 물질 100kg을 50wt%의 수분이 포함되도록 건조할 때 수분의 증발량[kg]은?

① 60　　② 70

③ 75　　④ 80

10 메탄올과 물로 이루어진 혼합물을 분리할 때 이용하는 원리는?

① 용해도차　　② 비중차

③ 휘발도차　　④ 밀도차

ANSWER

8 환류비는 유출액의 mol수당(D) 환류액의 mol수(L)로 나타낸다.

9 ㉠ 수분을 함유한 재료 100kg에서 수분이 80wt%이라면 ⇒ 건조된 재료 : 20kg, 물 : 80kg 이다.

㉡ $\frac{\text{건조후 남은 물질량}}{(\text{건조된 재료질량})+(\text{건조후 남은 물질량})} \Rightarrow \frac{x\text{kg}}{20\text{kg}+x\text{kg}}=0.5 \Rightarrow x=20\text{kg}$

∴ 최종적으로 수분의 증발량 : (초기 수분 양 - 건조 후 남은 재료의 질량) ⇒ 80kg−20kg=60kg

10 메탄올과 물은 끓는점과 휘발도에 차이가 있으므로 증류를 통해 분리가 가능하다.

답 — 8.① 9.① 10.③

11 증류(Distillation)에서 기-액 평형관계식으로 옳은 것은? (단, P_A^*, P_B^* : A, B 성분이 단독으로 존재할 때의 증기압, p_A, p_B : A, B 성분의 분압, x_A : A 성분의 몰분율, P_t : 전체 압력)

① $p_A = \frac{P_A^*}{x_A}$
② $p_A = P_B^*(1 - x_A)$
③ $p_A = P_t + P_A^*$
④ $p_A = P_A^* \cdot x_A$

12 온도 32.2℃, 전압 760mmHg인 공기 중의 수증기 분압이 15.0mmHg일 때, 같은 온도에서 물의 포화증기압이 36.0mmHg라면 상대습도는?

① 4.0%
② 15.1%
③ 35.8%
④ 41.67%

13 다음 공비혼합물(Azeotropic mixture)에 관한 설명으로 옳은 것은?

① 단순한 종류로는 분리가 불가능한 혼합물이다.
② 3가지 이상의 물질로 이루어진 혼합물이다.
③ 끓는점이 동일한 두 액의 혼합물이다.
④ 조성에 관계없이 생긴다.

ANSWER

11 라울의 법칙
㉠ 비휘발성, 비전해질인 용질이 녹아 있는 용액의 증기압 내림은 용질의 몰랄농도에 비례한다는 법칙이다.
㉡ $P_A^* = P_A \cdot x_A$, $P_B^* = P_B(1 - x_A)$, $p_A = P_A^* \cdot x_A$

12 상대습도 $H_R = \frac{P}{P_s} \times 100 = \frac{15}{36} \times 100 = 41.67\ \%$
(P : 수증기분압, P_s : 포화수증기압)

13 공비혼합물의 특징
㉠ 조성이 비슷한 혼합물을 말한다.
㉡ 끓는점이 다른 물질이며, 증류로 분리된다.
㉢ 공비점은 온도와 압력으로 조절이 가능하다.
㉣ 2가지 이상의 물질로 이루어진 혼합물을 말한다.
㉤ 단순한 종류로는 분리가 불가능하다.

답 — 11.④ 12.④ 13.①

14 고정 고체층(고정상) 침출(leaching)에 대한 설명으로 옳지 않은 것은?

① 고체는 추출이 끝날 때까지 탱크 내에 고정된다.
② 일반적으로 병류 조작을 한다.
③ 일반적으로 투과성 고체인 경우에 사용한다.
④ 휘발성 용매를 사용하는 경우, 밀폐된 공간에서 가압하에 조작한다.

15 증류탑의 총괄효율이 60%이고, 이상단의 수가 12일 때 실제단의 수는?

① 6
② 18
③ 20
④ 24

16 증류장치의 설계시 설계기술자가 환류비를 결정하여야 한다. 환류비 결정에 관한 사항 중 옳지 않은 것은?

① 최적환류비는 고정비와 운용비의 합을 최소화하는 점에서 결정된다.
② 환류비를 증가시키면 응축기에 공급되는 에너지 비용이 낮아진다.
③ 환류비를 증가시키면 증류탑에 대한 고정비는 처음에는 감소하다가 나중에는 증가한다.
④ 환류비를 증가시키면 재비기에 공급되는 에너지 비용이 높아진다.

ANSWER

14 ① 추출물을 최대한 빼내기 위해서 고체는 추출이 끝날 때까지 탱크 내에 고정된다.
② 일반적으로 향류 방향 조작을 통해서 접촉 면적 및 시간을 늘려 효율을 높인다.
③ 일반적으로 용매가 고체를 투과하여 고체내의 추료를 추출하는 경우에 주로 이용된다.
④ 휘발성 용매를 사용하는 경우, 이용되는 용매가 휘발되지 않도록 밀폐된 공간에서 가압하여 진행한다.

15 증류탑에서의 단효율은 이론단수/실제단수이다.
∴ 단효율이 60%이므로 이론단수가 12일 때 실제단수는 20이 된다.

16 ② 환류비가 증가될 때 단수가 감소할수록 응축기에 공급되는 에너지 비용은 증가한다.

답 14.② 15.③ 16.②

17 벤젠 40mol%, 톨루엔 60mol%의 혼합액 100mol/hr을 증류탑에 공급하여 벤젠이 90mol% 함유된 탑상제품(Top product)과 10mol% 함유된 탑저제품(Bottom product)으로 분리할 때 탑상제품의 유량[mol/hr]은?

① 32.5mol/hr
② 37.5mol/hr
③ 42.5mol/hr
④ 47.5mol/hr

18 1bar, 27℃의 공기가 등온압축되어 10bar, 27℃의 상태가 된다. 이 공정에서 단위몰당의 일의 양은? (단, 공기는 열용량(C_V)이 $\frac{5}{2}R$인 이상기체로 가정하고, R은 기체상수이다)

① $27R$
② $300R$
③ $100(\ln 10)R$
④ $300(\ln 10)R$

ANSWER

17

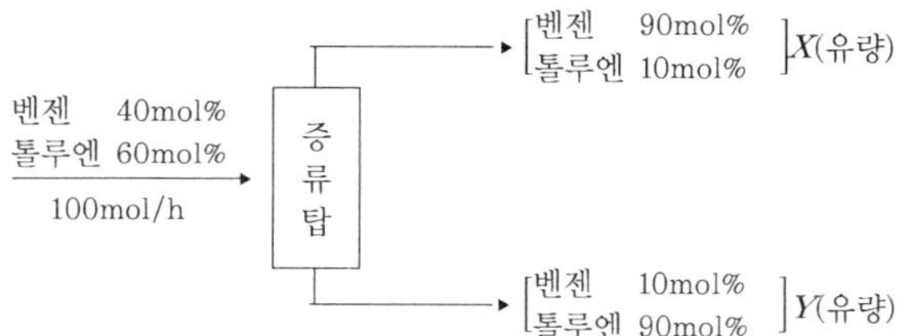

물질수지 $40 = 0.9X + 0.1Y$, $60 = 0.1X + 0.9Y$를 연립하여 풀면

$\therefore X = 37.5\text{mol/hr}$

18 P_1 = 1 bar $\xrightarrow{\text{등온압축}}$ P_2 = 10 bar

T_1 = 27℃ T_2 = 27℃

일$(W) = -PdV \xrightarrow{PV=nRT} W = \frac{-RT}{V}dV = -RT\ln\frac{V_2}{V_1}$

등온일 때 $P_1V_1 = P_2V_2$이므로

$W = -RT\ln\frac{P_1}{P_2}$

$W = -R \times 300 \times \ln\frac{1}{10} = 300(\ln 10)R$

답 17.② 18.④

19 벤젠 몰분율이 0.3인 벤젠과 톨루엔의 혼합용액이 상압 증류되면서 나오는 제품의 벤젠 몰분율이 0.9이다. 환류비(R_D)가 2일 때 상부 조작선의 절편은?

① 0.1 ② 0.3
③ 0.4 ④ 0.5

20 기체흡수탑에서 흡수속도를 크게 하기 위한 방법으로 옳지 않은 것은?

① 물질전달계수를 크게 한다.
② 액체를 가능한 한 작은 방울로 만든다.
③ 흡수되는 물질의 액상농도와 기상분압의 차이를 작게 한다.
④ 기체와 액체 간의 접촉면적을 넓힌다.

21 벤젠 80wt%, 톨루엔 20wt%의 혼합액이 1000kg/h의 질량유속으로 증류탑에 공급된다. 탑상제품에서 톨루엔의 질량유속은 100kg/h고 벤젠의 조성은 80wt%일 때, 탑저제품에서 벤젠의 질량유속[kg/h]은?

① 100 ② 200
③ 300 ④ 400

ANSWER

19 $y = \frac{R_D}{R_D+1}x + \frac{1}{R_D+1}x_D$($R_D$: 환류비)에서 상부조작선의 절편은

$$\left|\frac{x_D}{R_D+1}\right| = \left|\frac{0.9}{2+1}\right| = 0.3$$

20 ③ 흡수되는 물질의 액상농도와 기상분압의 차이를 크게 하여야 흡수속도가 증가한다.

※ 물질전달속도 … $f(t) = -D_L\left(\frac{\partial C}{\partial x}\right)_{x=0}$ (D_L : 분자확산계수)

21 질량보존의 법칙을 활용한다. 입량 = 출량

㉠ 입량 : 1,000kg/h ⇒ 벤젠 : 800kg/h, 톨루엔 : 200kg/h

㉡ 출량 : 탑상에서의 벤젠의 질량유속 = $\frac{x\text{kg/h}}{100\text{kg/h} + x\text{kg/h}} = 0.8 \Rightarrow x = 400\text{kg/h}$

∴ 탑저에서의 벤젠의 질량유속 : 벤젠의 입량 − 탑상에서의 벤젠의 출량 ⇒ 800kg/h − 400kg/h = 400kg/h

답 19.② 20.③ 21.④

22 **액－액 추출에서 용매가 가져야 할 성질로 옳지 않은 것은?**

① 용질에 대한 용해도가 커야 한다.
② 잔류상과의 밀도 차이는 작아야 한다.
③ 용질과는 휘발도의 차이가 커야 한다.
④ 잔류상에 대한 용해도는 매우 낮아야 한다.

23 **다음 설명 중 옳지 않은 것은?**

① 혼합물의 상대휘발도 α_{AB}는 온도의 함수이다.
② 증류탑 하부에서의 기체(Vapor)의 유량은 증류탑 상부보다 크다.
③ 열교환기를 흐르는 유체의 오염계수(Fouling factor)가 클수록 총괄열전달계수 값도 작아진다.
④ 혼합물의 기－액 평형도표에서 액체의 끓는점과 기체의 이슬점은 서로 다르다.

ANSWER

22 추제의 조건
㉠ 가격이 저렴해야 한다.
㉡ 화학적으로 안정적이어야 한다.
㉢ 회수가 용이해야 한다.
㉣ 선택도가 커야한다.
㉤ 용해도가 높아야 한다.
㉥ 비점 · 응고점이 낮아야 한다.
㉦ 부식성, 유독성이 적어야 한다.
㉧ 추질과의 비중차가 클수록 좋다.

23 ③ 오염계수가 클수록 총괄열전달계수는 커진다.
※ **오염계수** … 열전달장치 사용시 그 열전달면에 박막상의 고체가 부착되는 것을 관석이라 한다. 관석은 열전달속도에 나쁜 영향을 주는데 관석의 영향을 양적으로 사용하는 것이 오염계수이다.

답 — 22.② 23.③

24 이중관 열교환기에서 안쪽 관으로는 A물질(열용량 0.5Btu/lb℉)이 2,000lb/hr의 유량으로 흐르고 있고 90℉에서 200℉로 가열된다. 바깥쪽으로는 B물질(열용량 1.0Btu/1b℉)이 450℉에서 230℉로 냉각될 수 있는 열교환기를 설계하려고 한다. 이때 필요한 B물질의 유량은?

① 500lb/hr ② 600lb/hr
③ 700lb/hr ④ 800lb/hr

25 공기 1L의 중량은 표준상태에서 1.293g이다. 압력 720mmHg에서 공기 1L의 중량이 1g이었다면 이때의 온도는? (단, 기체상수 R = 62.4mmHg · L/g-mole · K, 공기는 이상기체로 가정한다)

① 약 52℃ ② 약 62℃
③ 약 72℃ ④ 약 82℃

ANSWER

24 얻은 열 = 손실열

$C_A \cdot m_A \cdot \Delta t_A = C_B \cdot m_B \cdot \Delta t_B$

(C_A, C_B : 열용량, m_A, m_B : 질량유속, Δt_A, Δt_B : 온도차)

$0.5 \times 2{,}000 \times (200 - 90) = 1.0 \times m_B \times (450 - 230)$

$\therefore m_B = 500\text{lb/hr}$

25

$PV = nRT = \frac{m}{M}RT$

$\therefore T = \frac{PVM}{mR} = \frac{PM}{\rho R} \left(\rho = \frac{m}{V} = 1\text{g/L}\right)$

$\therefore T = \frac{720\text{mmHg}}{1\text{g/L}} \frac{29\text{g/g-mole}}{62.4\text{mmHg} \cdot \text{L/g-mole} \cdot \text{K}} = 334.62\text{K}$

$\therefore 334.62 - 273 = 61.62℃ \fallingdotseq 62℃$

답 – 24.① 25.②

26 다음 중 건조시 수축현상을 방지하는 방법으로 옳은 것은?

① 건조속도를 높인다.
② 온도차를 크게 한다.
③ 습윤공기를 사용하여 건조한다.
④ 항률 건조로에서 건조한다.

27 액-액 추출에서 추제가 가져야 할 성질로 옳은 것은?

① 추질과 점도 차이가 작아야 한다.
② 추질과 휘발도의 차이가 커야 한다.
③ 추질에 대한 선택도가 추잔상에 대한 선택도보다 커야 한다.
④ 추제는 추질에 대한 용해도가 작아야 한다.

28 건조기준으로 40wt%의 수분을 포함한 목재를 건조하여 수분을 20wt%로 하였다. 원목재 100kg당 수분 증발량은 약 얼마인가?

① 14kg　② 15kg
③ 18kg　④ 20kg

ANSWER

26 수축현상방지법
㉠ 습윤공기를 사용하여 건조한다.
㉡ 건조속도를 낮춘다.
㉢ 공기와 고체표면 사이에 습도차를 감소시킨다.

27 추질은 녹이고자 하는 목표 물질이며, 추제는 추질을 녹이기 위해 가해주는 용매이다. 또한 추출상은 추제가 풍부한 상이며, 추잔상은 원용매가 풍부한 상이다. 따라서 추제가 가져야할 성질은 추질을 잘 녹여야 하는 것이므로 추질에 대한 선택도가 추잔상에 대한 선택도보다 커야 한다.

28 $\frac{x}{x+100} \times 100 = 20\%$, $x = 25\text{kg}$(건조된 목재의 수분량)
∴ 증발량 $= 40 - 25 = 15\text{kg}$

답 - 26.③ 27.③ 28.②

29 에틸에테르의 증발열은 비점 34.5℃에서 88.39cal/g이다. 비점 근처에 있어서 온도에 의한 증기압의 변화율($\frac{dP}{dt}$)은? (단, 34.5℃에서 에테르의 증기압은 760mmHg이며, 이상기체의 법칙이 적용되고 에틸에테르의 분자량은 74이다)

① 약 13.5mmHg/K
② 약 26.4mmHg/K
③ 약 264mmHg/K
④ 약 135mmHg/K

30 85℉, 750mmHg에 있는 공기의 상대습도가 75%이고, 85℉에서 H_2O의 증기압은 30.7mmHg이다. 건조공기 1kg에 대한 수분의 함량을 나타내는 식은? (단, 공기의 평균분자량＝29kg/kgmole)

① $\left(\frac{23.0}{750-23.0}\right)\left(\frac{18}{29}\right)$kg
② $\left(\frac{750-23.0}{23.0}\right)\left(\frac{29}{18}\right)$kg
③ $\left(\frac{30.7}{750-30.7}\right)\left(\frac{18}{29}\right)$kg
④ $\left(\frac{30.7}{750-30.7}\right)\left(\frac{29}{18}\right)$kg

31 40℃에서 어떤 질산나트륨수용액은 50%의 $NaNO_3$를 함유하고 있다. 온도를 10℃로 내릴 경우에 1,000kg으로부터 결정으로 석출되는 $NaNO_3$의 무게는? (단, $NaNO_3$의 용해도는 40℃＝51.4%, 10℃＝44.5%이다)

① 50kg
② 88kg
③ 99kg
④ 115kg

ANSWER

29 $\frac{dP}{dt}=\frac{\Delta H\cdot P}{R\cdot T^2}=\frac{88.39\times 74\times 760}{1.987\times 307.5^2}\fallingdotseq 26.4\text{mmHg/K}$

30 $P_a=\frac{H_R}{100}\times P^*=0.75\times 30.7=23\text{mmHg}$

절대습도$(H)=\frac{18}{29}\times\frac{P_a}{P_t-P_a}=\frac{18}{29}\times\left(\frac{23}{750-23}\right)$

31 $NaNO_3$ 석출량을 x라 하면

물질수지 $1{,}000\times 0.5=(1{,}000-x)(0.445)+x$

$\therefore x=99.1\text{kg}$

답 29.② 30.① 31.③

32 40mole%의 이염화에틸렌의 톨루엔 용액이 100mole/hr로 증류탑 중간으로 공급된다. 이염화에틸렌은 90mole%이고, 잔유물의 이염화에틸렌은 10mole%이다. 각 흐름의 속도는?

① D : 40.5, W : 50.5
② D : 37.5, W : 62.5
③ D : 30.5, W : 70.5
④ D : 20.5, W : 80.5

33 30℃, 1atm의 공기 중의 수증기 분압이 21.9mmHg일 때 비교습도는? (단, 30℃, 1atm에서 물의 증기압 = 31.8mmHg)

① 0.0184
② 0.0272
③ 62.6
④ 67.95

34 다음 중 환류와 단수의 관계에 대한 설명으로 옳지 않은 것은?

① 환류비가 클수록 경제적이다.
② 환류비가 커지면 이론단수는 감소한다.
③ 최소이론단수는 환류비가 무한대로 커질 때이다.
④ 최적환류비는 시설비와 운전비를 이용해 구한다.

ANSWER

32 물질수지 원액(F) = 유출액(D) + 관출액(W)

$$D = F \times \frac{x_F - x_W}{x_D - x_W} = 100 \times \frac{0.4 - 0.1}{0.9 - 0.1} = 37.5$$

$W = 62.5$

33

$$H_P = H_R \times \frac{P - P_s}{P - P_a}$$

(H_P : 비교습도, H_R : 상대습도, P_a : 수증기분압, P_s : 포화수증기압, P : 대기압)

$$H_R = \frac{P_a}{P_s} \times 100 = \frac{21.9}{31.8} \times 100 = 68.87$$

$$H_P = 68.87 \times \frac{(760 - 31.8)}{(760 - 21.9)} = 67.95$$

34 환류비는 환류액에서 유출액량을 나눈값으로 환류비가 커지면 순도가 높아지지만 유출량이 적어 생산량이 적어진다. 환류비가 무한대로 커지면 단수가 가장 작은 최소이론단수가 된다.

답 – 32.② 33.④ 34.①

35 다음 중 추출에 의해서만 분리가 가능한 액상혼합물은?

① 모든 액상혼합물
② 휘발성의 차가 큰 액상혼합물
③ 용해도가 비슷한 액상혼합물
④ 공비점을 형성하는 액상혼합물

36 건조조작에서 한계함수율의 의미로 옳은 것은?

① 감률건조기간이 끝날 때의 함수율
② 건조속도가 0일 때의 함수율
③ 건조조작이 끝날 때의 함수율
④ 항률건조기간에서 감률건조기간으로 넘어갈 때의 함수율

37 NH_3 75V%와 CO_2 25V%의 혼합기체에서 NH_3를 일정량 흡수시켰더니 NH_3가 50V%가 되었다. 제거된 NH_3의 양은? (유입량 = $100m^3$)

① $10m^3$ ② $20m^3$
③ $40m^3$ ④ $50m^3$

ANSWER

35 비점이 유사한 공비혼합물은 증류로서 분리가 어려우므로 액-액 추출을 이용하여 분리하여야 한다. 액-액 추출시 비점의 차가 큰 용제를 이용한다.

36 한계함수율 … 항률건조기간으로부터 감률건조기간으로 이행하는 점을 말하며 이 값은 재료의 특유의 값이다.

37 유입량 $100m^3$를 기준으로 하면
물질수지 $0.25 \times 100 = x \times 0.5$
NH_3 제거량 $x = 50m^3$

답 — 35.④ 36.④ 37.④

38 다음 중 수증기증류를 이용하기 적당하지 않은 물질은?

① 아닐린
② 니트로벤젠
③ 에탄올
④ 고급 지방산

39 다음 중 정류에 대한 설명으로 옳지 않은 것은?

① 석유공업, 알코올공업에 많이 사용된다.
② 증기의 흐름이 올라감에 따라 끓는점이 낮은 성분이 많아진다.
③ 액의 흐름이 아래로 내려감에 따라 물질전달과 열전달이 동시에 일어난다.
④ 정류조작은 끓는점이 다른 혼합물의 분리에 적당하다.

40 다음 중 결정화의 방법이 아닌 것은?

① 용매를 증발시킨다.
② 염을 첨가한다.
③ 용액을 냉각시킨다.
④ 압력을 크게 한다.

ANSWER

38 수증기증류
㉠ 끓는점이 높고, 물에 거의 녹지 않는 유기화합물에 수증기를 불어넣어 상압하에서 증류가 곤란하고 증기압이 낮은 비휘발성 불순물의 증류에 이용한다.
㉡ 아닐린, 니트로벤젠, 윤활유, 고급 지방산, 글리세린 등의 물질을 수증기증류시킨다.

39 ④ 정류조작은 끓는점이 비슷한 혼합물의 분리에 효과적인 방법이다.
※ 정류 … 단증류와 달리 응축액의 일부를 증류탑으로 돌아가게 하여 응축기로 가는 증기와 향류 접촉하는 조작이다.

40 결정화는 불순한 용액으로부터 순수한 고체를 얻어내기 위한 방법으로 압력의 영향을 적게 받는다.

답 — 38.③ 39.④ 40.④

41 벤젠 첨가에 의한 알코올의 탈수증류는 무슨 증류에 해당하는가?

① 추출증류　② 평형증류
③ 공비증류　④ 수증기증류

42 30℃의 공기의 절대습도가 0.003kgH_2O/kg건조공기이다. 전압은 100mmHg이며, 30℃에서 물의 증기압은 32mmHg이다. 상대습도를 구하면? (단, 공기의 평균분자량 = 29kg/k-mole)

① 1.5%　② 11.3%
③ 15.6%　④ 22.4%

43 질소와 아세톤의 혼합물이 745mmHg, 20℃에서 아세톤이 15vol%일 때 비교포화도는? (단, 20℃에서의 아세톤의 증기압 = 185mmHg)

① 63.4%　② 53.4%
③ 43.4%　④ 33.4%

ANSWER

41 공비증류 … 공비혼합물을 만드는 성분의 혼합물은 보통 증류법으로는 순수한 성분으로 분리시킬 수 없다. 그러므로 공비체를 첨가하여 원용액보다 끓는점이 낮은 새로운 공비혼합물을 만들어 증류한다.

42 절대습도 $H = \frac{18}{29} \times \frac{P}{100-P} = 0.003$, $\frac{P}{100-P} = 0.00483$, $\therefore P = 0.48\text{mmHg}$

상대습도 $H_R = \frac{P}{P_S} \times 100 = \frac{0.48}{32} \times 100 = 1.5\ \%$

43 비교포화도 $H_P = \frac{H}{H_S} = \frac{\frac{P_a}{P-P_a}}{\frac{P_s}{P-P_s}} = \frac{\frac{745 \times 0.15}{745 - 745 \times 0.15}}{\frac{185}{745-185}} ≒ 0.534$

답 41.③ 42.① 43.②

44 전압 750mmHg, 30℃에 있는 공기의 비교습도가 30%이다. 상대습도는? (단, 30℃에서 수증기압 = 31.8mmHg)

① 18.7%　　② 28.7%

③ 38.7%　　④ 48.7%

45 이상용액에 대한 설명으로 옳은 것만을 모두 고르면?

> ㉠ 라울(Raoult)의 법칙이 적용된다.
> ㉡ 용질 간의 인력이 없다고 가정한다.
> ㉢ 활동도계수(activity coefficient)가 0이다.
> ㉣ 물과 헥세인(hexane) 혼합물은 이상용액으로 보기 어렵다.

① ㉠, ㉢　　② ㉠, ㉣

③ ㉡, ㉢　　④ ㉡, ㉣

ANSWER

44 상대습도 $H_R = \frac{P_a}{P_s} \times 100$ (P_a : 수증기분압, P_s : 포화수증기압, P : 전압)

비교습도 $H_P = H_R \times \frac{P - P_s}{P - P_a}$ 이므로

$0.30 = \frac{31.8}{P_s}\left(\frac{750 - P_s}{750 - 31.8}\right)$, $P_s = 110.7$

$H_R = \frac{31.8}{110.7} \times 100 ≒ 28.7$

45 ㉠ 라울의 법칙과 헨리의 법칙이 모두 적용된다.
㉡ 용매와 용매, 용질과 용질, 용매와 용질의 인력이 모두 비슷한 경우에 해당된다.
㉢ 이상용액은 활동도 계수를 1을 기준으로 하고 이에 벗어나는 정도에 따라 실제용액으로 반영한다.
㉣ 이상용액은 비슷한 분자량의 직쇄탄화수소들과 같이 유사 물질의 혼합물의 경우 이용된다.

답 44.② 45.②

46 다음 중 충진물로 가장 효과가 좋은 물질은?

① 활성탄 ② 라시히링
③ 버얼새들 ④ 규석

47 다음 중 확산계수의 단위는?

① m^3/sec ② cm^2/sec
③ kg · mol/hr ④ kg/hrim^2 · atm

48 고액추출시 추제비가 5이고 남은 추제의 양이 10kg이라면 분리된 추제의 양은?

① 50kg ② 40kg
③ 30kg ④ 20kg

49 건조수축으로 인해 일어나는 경우가 아닌 것은?

① 건조속도가 빨라진다.
② 휘거나 금이 간다.
③ 심한 경우 표면층이 경화되어 수분의 흐름이 어렵다.
④ 물질의 단위중량당 표면적이 달라진다.

ANSWER

46 ① 활성탄은 공극률이 적다.
② 라시히링은 가격이 싸지만 비표면적이 적다.
④ 규석은 무게가 무겁고 비표면적이 적다.

47 기체확산계수 $D_G = \dfrac{0.0043\,T^{1.5}}{P(V_A^{\frac{1}{3}} + V_B^{\frac{1}{3}})^2}\sqrt{\dfrac{1}{M_A} + \dfrac{1}{M}} = \dfrac{CT^{1.5}}{P}$ [cm^2/sec] (C : 정수)

48 추제비 $= \dfrac{\text{분리된 추제의 양}}{\text{남은 추제의 양}}$ 이므로 $5 = \dfrac{x}{10}$
∴ 분리된 추체의 양 x = 50kg

49 건조수축이 일어나면 표면층이 경화하고 수분의 흐름이 어렵게 되어 건조속도가 매우 낮아진다.

답 — 46.③ 47.② 48.① 49.①

50 다음 중 공비제의 조건으로 옳지 않은 것은?

① 휘발성이 작은 물질
② 증발잠열이 작은 물질
③ 화학적으로 안정적인 물질
④ 낮은 비점의 성분과 친화력이 큰 물질

51 메탄올과 에탄올의 혼합물이 기-액평형 상태에 있다. 특정온도에서 메탄올의 증기압은 720mmHg이고, 에탄올의 증기압은 380mmHg이다. 같은 온도에서 혼합물의 전압이 550mmHg일 때, 액상에 존재하는 에탄올의 몰분율은? (단, 기상은 이상기체이고 액상은 이상용액이다)

① 0.4
② 0.5
③ 0.6
④ 0.7

52 다음 중 증발관의 열원으로 사용하기에 가장 좋은 물질은?

① CO_2
② CH_4
③ H_2
④ 수증기

ANSWER

50 공비제의 조건 … 회수가 용이하고, 증발잠열이 작고, 화학적으로 안정적이고, 부식성 독성이 없으며 가격이 저렴해야 한다.

51 라울의 법칙을 이용한다. $\therefore P = x_A P_A^* + (1 - x_A) P_B^*$

(P : 전압, P_A^* : 순수한 에탄올을 증기압, P_B^* : 순수한 메탄올의 증기압 x_A : 에탄올의 액상 몰분율)

$\therefore P = x_A P_A^* + (1 - x_A) P_B^* \Rightarrow 550\text{mmHg} = x_A 380\text{mmHg} + (1 - x_A) 720\text{mmHg} \Rightarrow x_A = 0.5$

52 수증기를 열원으로 사용시의 이점

㉠ 가열이 고르게 되고 국부나 과열 염려가 없다.
㉡ 압력 조절밸브의 조절로 온도를 쉽게 조작할 수 있다.
㉢ 다른 유체보다 열전도도가 크다.
㉣ 비교적 저렴하며 쉽게 얻을 수 있다.
㉤ 증기기관의 폐증기를 얻을 수 있다.

답 – 50.④ 51.② 52.④

53 2성분계 혼합물을 상압에서 정류하고자 한다. 비점에서 정류탑에 공급되는 혼합 용액 중 휘발성 성분의 조성이 50mol%이고, 최소환류비가 0.7로 주어질 때 탑상 제품 중 휘발성 성분의 조성(X_D)은? (단, 휘발성 성분의 상대 휘발도는 1.5로 일정하다.)

① x_D=0.67　　② x_D=0.76

③ x_D=0.87　　④ x_D=0.91

54 90℃에서 70mol% 벤젠과 30mol% 톨루엔이 혼합된 이상 용액이 기-액 평형에 있다고 할 때, 기상에서 톨루엔의 몰분율은? (단, 90℃에서 벤젠과 톨루엔의 증기압은 각각 $P^*_{벤젠}$ = 900mmHg, $P^*_{톨루엔}$ = 400mmHg이다.)

① 0.16　　② 0.35

③ 0.68　　④ 0.84

ANSWER

53

기상에 대한 공급액과 환류비에 관한 식을 이용하여 해결한다. $y_f = \frac{\alpha x_f}{(\alpha-1)x_f+1}$, $R_m = \frac{x_D - y_f}{y_f - x_f}$

㉠ $y_f = \frac{\alpha x_f}{(\alpha-1)x_f+1} = \frac{1.5\times0.5}{(1.5-1)\times0.5+1} = \frac{3}{5} = 0.6$ (α : 휘발도)

㉡ $R_m = \frac{x_D - y_f}{y_f - x_f} = \frac{x_D - 0.6}{0.6-0.5} = 0.7,\quad \therefore x_D = 0.67$

54

이성분계 이상용액에서 기액평형일 때, 다음과 같은 식이 이용된다. $y_1 = \frac{x_1 P_1^*}{P_2^* + (P_1^* - P_2^*)x_1}$

(y_1 : 성분1의 기상몰분율, x_1 : 성분1의 액상 몰분율, P_1^* : 순수한 성분1의 증기압, P_2^* : 순수한 성분2의 증기압)

$$\therefore y_1 = \frac{x_1 P_1^*}{P_2^* + (P_1^* - P_2^*)x_1} = \frac{400\text{mmHg}\times0.3}{900\text{mmHg} + (400\text{mmHg} - 900\text{mmHg})\times0.3} = 0.16$$

답 — 53.① 54.①

55 McCabe–Thiele 법으로 증류탑을 설계할 때, 이 탑의 어떤 단(n)에서 조작선의 식을 작도하였더니 〈보기〉와 같이 y 절편이 $\frac{x_D}{R_D+1}$이었다. 이 조작선의 기울기(slope)는? (단, R_D는 환류비이다.)

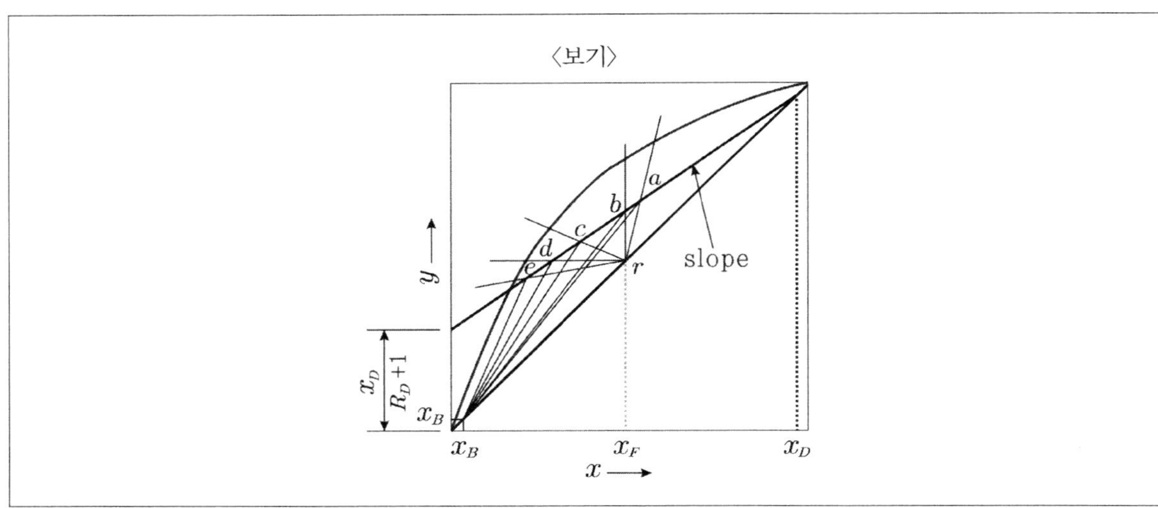

① $\frac{R_D}{R_D+1}$

② $\frac{1}{R_D+1}$

③ $\frac{1}{R_D}$

④ 1

ANSWER

55 정류부 조작선 방정식 $y_{n+1} = \frac{R}{R+1}x_n + \frac{1}{R+1}x_D$ ($\frac{R}{R+1}$: 기울기, $\frac{1}{R+1}x_D$: y절편, R : 환류비)

∴ 조작선의 기울기는 $\frac{R}{R+1}$이 된다.

답 – 55.①

56 1atm에서 몰분율 0.5인 메탄올을 증류하였을 때 몰분율이 0.70이 된다면 메탄올의 비휘발도는 얼마인가?

① 4.91　　② 3.91

③ 2.33　　④ 1.91

57 어느 한 온도에서 기체분자가 고체표면에 흡착될 때, 압력에 따른 흡착분율(fractional coverage)의 변화를 흡착 등온식(adsorption isotherm)이라 한다. 다음 가정에 의해 얻어진 흡착 등온식은?

- 표면이 단분자층으로 덮이면 더 이상 흡착되지 않는다.
- 모든 흡착 자리는 동등하고 표면은 균일하다.
- 흡착된 분자들 사이에는 어떠한 상호작용도 없으므로 분자의 어떠한 자리에 흡착되는 능력은 이웃 자리들의 점유와 무관하다.

① Langmuir 등온식

② BET 등온식

③ Temkin 등온식

④ Freundlich 등온식

ANSWER

56 $y = \frac{\alpha x}{1+(\alpha-1)x}$ (y : 증기조성, x : 액체조성, α : 비휘발도)

$0.7 = \frac{0.5\alpha}{1+(\alpha-1)0.5}$　　$\therefore \alpha = 2.33$

57 Langmuir 등온흡착식의 가정

㉠ 표면이 단분자층으로 덮이면 더 이상 흡착되지 않는다.

㉡ 모든 흡착 자리는 동등하고 표면은 균일하다.

㉢ 흡착된 분자들 사이에는 어떠한 상호작용도 없으므로 분자의 어떠한 자리에 흡착되는 능력은 이웃 자리들의 점유와 무관하다.

답 — 56.③　57.①

58 **다음 중 충전물의 조건에 해당하지 않는 것은?**

① 기계적 강도가 커야 한다.
② 화학적으로 안정적이어야 한다.
③ 공극률이 작아야 한다.
④ 비표면적이 커야 한다.

59 **다음 설명 중 옳은 것만을 모두 고르면?**

㉠ 증발(evaporation)은 용액을 기체로 변화시켜 특정 용액의 성분을 고체로 분리하는 조작이다.
㉡ 증류(distillation)는 혼합용액을 구성하는 성분들의 수증기압 차이를 이용하여 분리하는 조작이다.
㉢ 액체－액체 추출(liquid－liquid extraction)은 액체 혼합물에 용매를 가하여 원하는 성분을 선택적으로 분리하는 조작이다.
㉣ 흡착(adsorption)은 다공질 막을 이용하여 용액으로부터 저분자량의 용질이 농도가 낮은 영역으로 확산되도록 하여 선택적으로 분리하는 조작이다.

① ㉠, ㉡
② ㉠, ㉢
③ ㉡, ㉢
④ ㉡, ㉣

ANSWER

58 ③ 공극률이 커야 한다.
※ **충전물의 조건** … 비표면적, 공극률이 크고 가벼워야 하며, 기계적 강도가 크고 화학적으로 안정되어 있으며, 싸고 구하기 쉬운 물질이어야 한다.

59 ㉠ **증발** : 액체 표면에 있는 분자들이 분자 사이의 인력을 극복하고 떨어져 나와 기체로 되는 현상으로 액체를 기체로 변화시켜 특정 용액의 성분을 고체로 분리하는 조작이다.
㉡ **증류** : 혼합용액을 구성하는 성분들의 끓는점 차이를 이용하여 분리하는 조작
㉢ **액-액 추출** : 액체 혼합물에 용매를 가하여 원하는 성분을 선택적으로 분리하는 조작
㉣ **흡착** : 유체와 고체 또는 같은 유체끼리의 경계면에서 유체중의 특정 성분의 농도가 유체 내부의 농도와 다른 현상으로 반데르발스 힘이나 공유결합 등의 힘을 통해 특정성분의 물질을 분리하는 조작이다.

답 — 58.③ 59.②

60 어떤 기체가 1atm, 20℃에서 1L의 물에 용해되었다. 이때 압력을 2atm으로 바꿔준다면 몇 L의 물에 용해되는가?

① 1L
② 2L
③ 3L
④ 0.5L

61 순수한 A물질과 B물질로 구성된 혼합 용액이 기액평형을 이루고 있다. 80℃에서 순수한 A물질과 B물질의 증기압은 각각 600mmHg와 150mmHg이다. 80℃에서 A물질의 액상 몰 분율이 0.4일 때 혼합 용액의 증기압[mmHg]은? (단, 용액은 라울의 법칙(Raoult's law)을 따른다)

① 260
② 330
③ 450
④ 580

62 다음 중 혼합기체를 용해도의 차이에 의해 용매에 녹여 분리하는 조작은?

① 흡수
② 흡착
③ 추출
④ 증류

ANSWER

60 압력이 증가되었으므로 기체용해도는 증가했지만 기체의 부피는 동일하다.

61 라울의 법칙 : $y_1 = x_1 P_1^*$ (y_1 : 기상의 몰분율, x_1 : 액상의 몰분율, P_1^* : 순수한 액체의 증기압)
∴ 혼합용액의 증기압 : $x_1 P_1^* + x_2 P_2^* = 0.4 \times 600\text{mmHg} + 0.6 \times 150\text{mmHg} = 330\text{mmHg}$

62 흡수 … 기체혼합물과 액체를 직접 접촉시켜 그 중에서 가용성분을 액체 중에 용해시켜서 분리하는 조작을 말한다.

답 — 60.① 61.② 62.①

63 헥세인(hexane)과 헵테인(heptane)의 2성분 혼합물이 기액 평형을 이루고 있다. 기상에서 헥세인과 헵테인의 몰분율이 각각 0.8, 0.2일 때, 액상에서 헥세인의 몰분율은? (단, 혼합물은 라울(Raoult)의 법칙을 따르며, 기액 평형상태 온도에서 헥세인과 헵테인의 증기압은 각각 2bar, 1bar이다)

① $\frac{1}{4}$ ② $\frac{1}{3}$

③ $\frac{1}{2}$ ④ $\frac{2}{3}$

64 혼합액체 분류법 중 특정 용질을 선택적으로 용해하는 용매를 사용하여 분리하는 조작은?

① 침출 ② 추출

③ 증류 ④ 흡수

65 이론단수가 10개이고 단의 효율은 0.5일 때 실제단수는?

① 5단 ② 10단

③ 15단 ④ 20단

ANSWER

63 이성분계 이상용액에서 기액평형일 때, 다음과 같은 식이 이용된다. $y_1 = \frac{x_1 P_1^*}{P_2^* + (P_1^* - P_2^*)x_1}$

(y_1 : 성분1의 기상몰분율, x_1 : 성분1의 액상 몰분율, P_1^* : 순수한 성분1의 증기압, P_2^* : 순수한 성분2의 증기압)

$\therefore\ y_1 = \frac{x_1 P_1^*}{P_2^* + (P_1^* - P_2^*)x_1} = \frac{2x_1}{1+(2-1)x_1} = 0.8 \Rightarrow \frac{2x_1}{1+x_1} = 0.8 \Rightarrow 1.2x_1 = 0.8 \Rightarrow x_1 = \frac{2}{3}$

64 추출 … 액체원료에 함유되어 있는 가용성 성분을 액체 용매를 사용하여 분리하는 조작으로 용매추출, 액-액 추출이라고도 한다.

65 실제단수 $\eta_a = \frac{\eta_t}{\eta} = \frac{10}{0.5} = 20$단

답 — 63.④ 64.② 65.④

66 기체 흡수탑에서 A가 기상으로부터 액상으로 흡수된다. A의 액상몰분율(x)이 0.2이고 기상 몰분율(y)이 0.4일 때, 기액 계면에서의 A의 조성(xi, yi)은? (단, 기체흡수는 이중 경막론을 따르고, 액상개별 물질전달 계수(k_xa)는 기상 개별 물질전달 계수(k_ya)의 두 배이다. 기액계면에서 액상 몰분율(xi)과 기상 몰분율(yi)의 평형관계는 yi=0.5xi이다.)

① (0.12, 0.06)
② (0.16, 0.08)
③ (0.28, 0.14)
④ (0.32, 0.16)

67 탑 안에 증기가 100만큼 상승되었고 30만큼은 유출되었으며 나머지는 환류되었다면 환류비는?

① 1.33
② 2.33
③ 3.33
④ 4.33

68 어떤 증류탑에 이론단수가 10이고 실제단수는 40일 때 이 증류탑의 효율은?

① 15%
② 25%
③ 3.5%
④ 4.5%

ANSWER

66 $k_xa(x_A - x_{Ai}) = k_ya(y_{Ai} - y_A) \Rightarrow \frac{k_xa}{k_ya} = \frac{y_{Ai} - y_A}{x_A - x_{Ai}} \Rightarrow 2 = \frac{y_{Ai} - 0.4}{0.2 - x_{Ai}} = \frac{0.5x_{Ai} - 0.4}{0.2 - x_{Ai}} \Rightarrow 0.8 = 2.5x_{Ai} \Rightarrow x_{Ai} = 0.32$

계면에서의 A의 조성은 $(x_{Ai}\ \ y_{Ai}) \Rightarrow (x_{Ai}\ \ 0.5x_{Ai}) \Rightarrow (0.32\ \ 0.16)$

67 $\text{환류비}(R) = \frac{\text{환류액량}}{\text{유출액량}} = \frac{100-30}{30} = 2.33$

68 $\eta_a = \frac{\eta_t}{\eta}$ 에서 $\eta = \frac{\eta_t}{\eta_a} = \frac{10}{40} = 0.25$

$\therefore 0.25 \times 100 = 25\%$

답 66.④ 67.② 68.②

69 환류비를 크게 할 때의 영향이 아닌 것은?

① 경제적이다.
② 환류액이 커진다.
③ 유출액량이 적어진다.
④ 제품의 순도가 좋아진다.

70 설치비가 저렴하며 압력손실이 적지만 증기유량이 적을 때 원액이 누출되는 특징이 있는 정류탑은?

① 포종탑 ② 흡수탑
③ 다공판탑 ④ 충전탑

71 다음 중 수증기증류가 가능하지 않은 물질은?

① 니트로벤젠 ② 윤활유
③ 암모니아 ④ 글리세린

ANSWER

69 환류비 = $\frac{\text{환류액}}{\text{유출액}}$ 으로 환류비가 커질수록 유출액이 적어져서 제품생산량 또한 적어지므로 경제적이진 않다.

70 다공판탑 … 설치비가 저렴하고 구조가 간단하며 대형화로 경제적 처리가 가능하나 압력손실이 크고 흡수액의 Hold up이 크다.

71 ③ 암모니아는 물과 섞이므로 수증기증류를 사용하지 못한다.
※ 수증기증류가 가능한 물질 … 니트로벤젠, 윤활유, 고급 지방산, 글리세린, 아닐린 등(비휘발성 불순물 분리가능)

답 — 69.① 70.③ 71.③

72 A성분/B성분의 2성분계는 근사적으로 라울의 법칙을 따른다. 각 순수성분의 증기압은 75℃에서 P_A^{sat} = 80kPa이고 P_B^{sat} = 60kPa이다. 75℃에서 A성분 20mol%와 B성분 80mol%로 구성된 액체혼합물과 평형을 이루는 증기의 A성분 몰분율 조성은?

① 0.25
② 0.50
③ 0.75
④ 0.80

73 메탄올 60mol%인 메탄올/물 혼합 용액을 연속증류하여 메탄올 95mol% 유출액과 물 90mol% 관출액으로 분리하고자 한다. 유출액 100mol/hr을 생산하기 위해 필요한 공급액의 양은?

① 150mol/hr
② 170mol/hr
③ 210mol/hr
④ 250mol/hr

74 종이나 직물의 연속시트를 건조할 때 일반적으로 쓰이는 건조기는?

① 터널건조기
② 원통건조기
③ 상자형 건조기
④ 고주파 가열건조기

ANSWER

72 이성분계 이상용액에서 기액평형일 때, 다음과 같은 식이 이용된다. $y_1 = \dfrac{x_1 P_1^*}{P_2^* + (P_1^* - P_2^*)x_1}$

(y_1 : 성분1의 기상몰분율, x_1 : 성분1의 액상 몰분율, P_1^* : 순수한 성분1의 증기압, P_2^* : 순수한 성분2의 증기압)

$\therefore\ y_1 = \dfrac{x_1 P_1^*}{P_2^* + (P_1^* - P_2^*)x_1} = \dfrac{80 \times 0.2}{60 + (80-60)0.2} = 0.25$

73 질량보존의 법칙을 적용하여 문제를 해결한다. 따라서 메탄올 기준으로 식을 세우면 다음과 같다.
∴ 메탄올의 입량=메탄올의 출량, $F \times 0.60 = 100\text{mol/h} \times 0.95 + (F-100)\text{mol/h} \times 0.1$($F$는 공급량)
$\Rightarrow 0.5F = 85\text{mol/h} \quad \therefore\ F = 170\text{mol/h}$

74 연속시트(Sheet)를 건조할 때는 일반적으로 원통건조기와 조하식 건조기를 사용한다.

답 — 72.① 73.② 74.②

75 다음 중 평행상태에 있는 증기의 조성과 액의 조성이 동일한 점을 가지는 혼합물은?

① 공비혼합물
② 최저 비점 혼합물
③ 혼화성 혼합물
④ 최고 비점 혼합물

76 상온에서 어떤 물질 x의 증기압이 1,500mmHg이고 y의 증기압은 500mmHg라고 한다. x의 y에 대한 비휘발도는?

① 1
② 2
③ 3
④ 5

77 윤활유나 아닐린을 비휘발성 혼합물에서 분리할 때 사용가능한 증류는?

① 추출증류
② 평형증류
③ 정류
④ 수증기증류

ANSWER

75 공비혼합물 … 두 성분 이상의 혼합액과 평형상태에 있는 증기의 성분비가 혼합액의 성분비와 같을 때의 혼합액을 말한다.

76 비휘발도$(\alpha) = \dfrac{P_x}{P_y} = \dfrac{1,500}{500} = 3$

77 수증기증류 … 증기압이 낮은 고비점물질을 비휘발성 물질로부터 분리하는 증류법으로 아닐린, 니트로벤젠, 글리세린, 고급 지방산 등의 분리에 사용된다.

답 — 75.① 76.③ 77.④

78 **기체 흡수탑에서 발생할 수 있는 현상 중 편류(Channeling)에 대한 설명은?**

① 흡수탑에서 기체의 상승 속도가 낮아서, 액체가 고이는 현상

② 흡수탑 내에서 기상의 상승속도가 증가함에 따라, 각 단의 액상체량(Hold up)이 증가해 압력손실이 급격히 감소하는 현상

③ 흡수탑 내에서 액체가 어느 한 곳으로 모여 흐르는 현상

④ 액체의 용질 흡수량 증가에 따라 증류탑 내부 각 단에서 증기의 용해열에 의해 온도가 상승하는 현상

79 **내경 140mm의 내관 중에 외경 20mm, 두께 2mm의 강관 18중을 넣은 다관형 열교환기에서 온수의 열회수를 한다. 온수는 3,000kg/hr의 속도로 관 내를 흐르며 55℃에서 40℃까지 냉각한다. 한편 외관에서도 25℃의 냉각수가 9,000kg/hr로 흐른다. 온도 보정치가 0.96이라면 입·출구의 평균온도차는?**

① 8.74　　② 16.42

③ 24.56　　④ 31.75

ANSWER

78 편류란 큰 충전탑에서 성능을 나쁘게 하는 요인중에 하나로서, 충전물 꼭대기에서 한번 분배된 액체가 모든 충전물 표면 위에 얇은 경막을 이루며 계속해서 탑 아래로 흘러 내려가야 하지만, 실제로는 경막이 어떤 곳에서 두꺼워지며, 어떤 곳에서는 얇아져서 액체가 작은 물줄기로 모여 어느 한쪽의 경로를 따라 충전물을 통해 흘러 접촉불량을 야기하는 현상을 의미한다.

79 $q = c \cdot m \cdot t$, $m_1 \Delta t_1 = m_2 \Delta t_2$

$q = 3{,}000 \times (55 - 40) = 9{,}000(t - 25)$

$\therefore t = 30℃$

평균온도차 $\Delta t = \dfrac{\Delta t_1 - \Delta t_2}{\ln \dfrac{\Delta t_1}{\Delta t_2}} = \dfrac{15 - 5}{\ln\left(\dfrac{15}{5}\right)} \fallingdotseq 9.1$

$\therefore 9.1 \times 0.96 = 8.74$

답 - 78.③ 79.①

80 추제비가 4일 경우 용제 Vml로 1회 추출할 경우와 이것을 4등분하여 4회 추출할 경우 추잔율의 비는?

① 1.2 : 1
② 1.8 : 1
③ 2 : 1
④ 3.2 : 1

81 젖은 벽탑에서 물질전달인자(J_M)의 값은? (단, $R_e=100$)

① 0.0023
② 0.004
③ 0.06
④ 0.08

82 추출상의 조성이 $y_A=0.11$, $y_S=0.881$ 및 $y_B=0.009$이고 추잔상의 조성이 $x_A=0.05$, $x_S=0.01$ 및 $x_B=0.94$일 때 용매의 선택도는? (단, A : 추질, B : 원용매, S : 추제)

① 30
② 130
③ 230
④ 330

ANSWER

80

$$\text{추잔율}=\left(\frac{1}{1+\frac{\alpha}{n}}\right)^n \quad (\alpha : \text{추제비},\ n : \text{단수})$$

$$\frac{1}{1+4} : \left(\frac{1}{1+\frac{4}{4}}\right)^4 = 0.2 : 0.0625 = 3.2 : 1$$

81

$$f=\frac{16}{Re},\ J_M=\frac{f}{2} \quad (f : \text{마찰계수},\ Re : \text{레이놀즈수},\ J_M : \text{전달인자})$$

$$f=\frac{16}{100}=0.16,\ J_M=\frac{0.16}{2}=0.08$$

82

$$\text{선택도}=\frac{\frac{y_A}{y_B}}{\frac{x_A}{x_B}}=\frac{\frac{0.11}{0.009}}{\frac{0.05}{0.94}}=\frac{12.222}{0.0532}\fallingdotseq 230$$

답 — 80.④ 81.④ 82.③

83 온도 40℃, 압력 1atm의 습한 공기 205kg이 5kg의 수증기를 함유할 때 건조공기 단위 mole당 포함된 수증기의 mole수는?

① 0.040
② 0.035
③ 0.030
④ 0.025

84 10분마다 실내의 공기가 환기되는 방이 있다. 방의 부피는 $300m^3$이며 실온은 22℃, 포화는 60%, 실외의 공기는 15℃로 열교환기에 의해서 예열된다면 매시 얼마의 열량(kcal)이 필요한가? (단, 22℃, 60%에서 습비열은 0.245kcal/kg건조공기℃, 습비용은 $0.85m^3$/kg건조공기이다)

① 6,632
② 5,632
③ 4,632
④ 3,632

85 휘발성의 차이를 이용하여 액체 혼합물의 각 성분을 분리하는 조작은?

① 추출
② 분쇄
③ 응고
④ 증류

ANSWER

83 $H_m = \frac{29}{18}H = \frac{29}{18} \times \frac{5}{205-5} = 0.040$

84 공기처리량/1hr $= \frac{300}{10} \times 60 = 1,800m^3$

건조공기무게 $= \frac{1,800}{0.85} = 2,118kg$

$Q = c \cdot m \cdot \Delta T = 0.245 \times 2,118 \times (22-15) \fallingdotseq 3,632$

85 증류는 혼합용액을 그 성분의 비점 또는 휘발도 차이를 이용하여 증발과 응축으로 분리하는 조작이다.

답 83.① 84.④ 85.④

86 건조기준으로 함수율 0.36kgH_2O/kg인 건조고체를 한계함수율까지 건조하는 데 몇 시간이 걸리는가? (단, 한계함수율 = 0.16, 항률건조속도 = 0.05kgH_2O/kg건조고체hr)

① 2hr ② 3hr
③ 4hr ④ 5hr

87 안지름 10cm의 강관에 1atm, 15℃의 공기가 25m/sec의 속도로 들어가 40℃로 나간다. 관 외벽온도를 150℃로 일정하게 하면 관의 소요길이는 약 얼마인가? (단, 공기의 평균밀도 = 1.23kg/m^3, 비열 = 0.24kcal/kg · ℃, 총괄전열계수 = 60kcal/kg · hr · ℃)

① 1.3m ② 2.3m
③ 3.3m ④ 4.3m

88 수분 50%를 함유한 고체 50kg의 표면적이 6m^2인 나무의 항률건조속도가 2.5kgH_2O/m^2 · hr일 때 무게 기준 항률건조속도[kgH_2O/kg건조고체 · hr]는?

① 0.3 ② 0.6
③ 1.2 ④ 2.5

ANSWER

86 $\text{건조시간} = \dfrac{\text{건조량}}{\text{건조속도}} = \dfrac{0.36-0.16}{0.05} = 4\text{hr}$

87
$$Q = c \cdot m \cdot \triangle T = c \times \left(\frac{\pi}{4}D^2 \times u \times \rho\right) \times \triangle T$$
$$= \frac{0.24kcal}{\text{kg} \cdot ℃}\left(\frac{\pi}{4}(0.1m)^2 \times (25m/\text{sec}) \times (1.23\text{kg/m}^3)\right) \times (40-15)℃ \times \frac{3600\text{sec}}{1\text{hr}}$$
$$= 5,213.97\text{kcal/hr}$$
$$Q = U \cdot A \cdot \triangle T_{av} = U \times (\pi DL) \times \triangle T_{av}$$
$$\therefore L = \frac{Q}{U \cdot \pi \cdot D \cdot \triangle T_{av}} = \frac{5213.97}{60 \times \pi \times 0.1 \times \left(\dfrac{(150-15)-(150-40)}{\ln\left(\dfrac{150-15}{150-40}\right)}\right)} \fallingdotseq 2.3\text{m}$$

88 $R_C = \dfrac{A}{w}R'[\text{kgH}_2\text{O/m}^2 \cdot \text{hr}] = \dfrac{6\text{m}^2}{50\text{kg} \times 0.5} \times 2.5\ \text{kg/m}^2 \cdot \text{hr} = 0.6\text{kgH}_2\text{O/kg}\text{건조고체} \cdot \text{hr}$

답 86.③ 87.② 88.②

89 향류다단추출에서 추제비 2, 단수 5로 조작시 추잔율은?

① 0.05
② 0.032
③ 0.0159
④ 0.95

90 2중관 향류열교환기의 저온 유체의 입구온도 20℃, 출구온도 30℃, 비열 1kcal/g℃, 질량유량 5,000kg/hr이며 고온 유체의 입구온도 90℃, 출구온도 50℃이고 내면적과 외면적 기준 총괄전열계수가 각각 1,000 kcal/m^2 · hr · ℃, 700kcal/m^2 · hr · ℃일 때 내면의 열면적은? (단, ln2 = 0.69)

① 1.15m^2
② 1.84m^2
③ 2.12m^2
④ 2.36m^2

91 습한 원료 10kg이 있다. 완전건조 후 고체의 무게를 측정하니 8kg이었다. 처음 재료의 수분함수율은?

① 0.30kgH_2O/kg · 건조고체
② 0.25kgH_2O/kg · 건조고체
③ 0.20kgH_2O/kg · 건조고체
④ 0.15kgH_2O/kg · 건조고체

ANSWER

89 추잔율 $= \dfrac{\alpha - 1}{\alpha^{n+1} - 1} = \dfrac{2-1}{2^{5+1} - 1} \fallingdotseq 0.0159$
(α : 추제비, n : 단수)

90 $Q = c \cdot m \cdot \triangle T = U \cdot A \cdot \triangle T_{av} = 1 \times 5{,}000 \times (30-20) = 1{,}000 \times A \times \left(\dfrac{60-30}{\ln \dfrac{60}{30}} \right)$

$\therefore A = \dfrac{1 \times 5{,}000 \times 10}{1{,}000 \times \dfrac{30}{\ln 2}} = \dfrac{1 \times 5{,}000 \times 10}{1{,}000 \times 0.69} = 1.15\text{m}^2$

91 수분함수율 $= \dfrac{\text{수분의 무게}}{\text{건조고체의 무게}} = \dfrac{2}{8} = 0.25\text{kgH}_2\text{O/kg} \cdot$ 건조고체

답 89.③ 90.① 91.②

92 벤젠과 톨루엔의 혼합물이 있다. 벤젠의 증기압은 2atm, 몰분율은 0.4이며 톨루엔의 증기압과 몰분율은 1atm, 0.6이다. 이 혼합물의 전압은?

① 1.0atm　　② 1.2atm
③ 1.4atm　　④ 1.6atm

93 1atm, 40℃ 공기의 수증기 분압이 25.2mmHg일 때 공기의 습윤비용은?

① $0.657m^2$/kg · dry air
② $0.724m^2$/kg · dry air
③ $0.813m^2$/kg · dry air
④ $0.914m^2$/kg · dry air

94 초산 20kg과 물 40kg으로 혼합된 혼합액이 있다. 이 혼합액 50kg에 순수한 이소프로필에틸을 가하여 초산을 추출한다. 물과 에틸은 서로 완전불용성이며 추출의 평형관계는 분배계수가 0.2이다. 추출률은 얼마인가?

① 20%　　② 40%
③ 60%　　④ 80%

ANSWER

92 $P = P_A \cdot x_A + P_B \cdot x_B = 2 \times 0.4 + 1 \times 0.6 = 1.4$

93 공기습윤비용 $U_H = (0.082T + 22.4)\left(\frac{1}{29} + \frac{H}{18}\right)$

$H = \frac{18}{29}\left(\frac{25.2}{760 - 25.2}\right) = 0.02$

$U_H = \{(0.082 \times 40) + 22.4\}\left(\frac{1}{29} + \frac{0.02}{18}\right) = 0.914m^2/kg \cdot dry\ air$

94 $Y = 0.2X,\ 40X + 50Y = 20,\ \therefore Y = 0.08$

추출된 초산량 $= 0.08 \times 50 = 4kg$

추출률 $= \frac{4}{20} \times 100 = 20\%$

답 – 92.③ 93.④ 94.①

95 휘발성분의 조성이 40mol%인 어떤 두 성분의 이상용액을 정류하여 전축기에서 휘발성분이 90mol%인 유출액을 얻었다. 또한 이 용액의 상대휘발도는 1.5이고 비점에서 정류탑에 공급된다. 최소환류비는?

① 3.0　　② 3.5

③ 4.0　　④ 4.5

96 1atm에서 0℃의 실내공기는 0.012kg · H_2O/kg건조공기의 습도를 가지며, 또 물의 포화증기압이 36.1 mmHg일 때 상대습도는?

① 10%　　② 20%

③ 40%　　④ 60%

ANSWER

95

최소환류비 $(R_m) = \dfrac{x_D - y_F}{y_F - x_F}$

$$y_F = \frac{\alpha \cdot x_F}{1+(\alpha-1)x_F} = \frac{1.5\times 0.4}{1+(1.5-1)(0.4)} = 0.5$$

$$R_m = \frac{0.9-0.5}{0.5-0.4} = \frac{0.4}{0.1} = 4$$

96

상대습도 $H_R = \dfrac{P}{P_S} \times 100$

절대습도 $H = \dfrac{18}{29} \times \dfrac{P}{P_T - P}$ (P: 수증기분압, P_T : 대기압)

$$0.012 = \frac{18}{29} \times \frac{P}{760-P}$$

$\therefore P = 14.4\text{mmHg}$

$$H_R = \frac{14.4}{36.1} \times 100 ≒ 40\%$$

답 — 95.③ 96.③

97 **정류탑(rectification tower)이나 충전탑(packed column)에 대한 설명으로 옳지 않은 것은?**

① 정류탑을 실제 운전할 때 공장은 조업 유연성을 확보하기 위하여 최적 환류비보다 더 적은 환류비로 조업하기도 한다.

② 정류탑에서 원료가 공급되는 단을 원료 공급단이라 하며, 저비점 성분은 윗단으로 올라갈수록 많아지고 아랫단으로 내려갈수록 적어진다.

③ 충전탑에서 액체가 한쪽으로만 흐르는 현상을 편류(channeling)라고 하며, 충전탑의 기능을 저하시키는 요인이 된다.

④ 충전탑은 라시히 링(Raschig ring)과 같은 충전물을 채운 것으로서 이 충전물의 표면에서 기체와 액체의 접촉이 연속적으로 일어나도록 되어 있다.

98 **흡수탑에서 CO_2 25%(용적)와 NH_3 75%(용적)로 된 기체혼합물 중 NH_3의 일부가 흡수 제거된다. 이때 흡수탑을 떠나는 기체가 37.5%(용적)의 NH_3를 포함할 때 처음의 NH_3의 몇 %가 제거되었는가? (단, CO_2의 양은 변하지 않는다고 가정한다)**

① 60% ② 62.5%

③ 80% ④ 82.5%

ANSWER

97 ① 정류탑을 실제 운전할 때 공장은 이론에 대한 오차, 사고 등을 감안하여 최적 환류비보다 더 큰 환류비로 조업한다.

② 정류탑에서 원료가 공급되는 단을 원료 공급단이라 하며, 저비점 성분은 윗단으로 올라갈수록 많아지고 아랫단으로 내려갈수록 적어진다.

③ 충전탑에서 액체의 격막이 일정하지 않고 울퉁불퉁하여 한쪽으로만 흐르는 현상을 편류라고 하며 이는 충전탑을 기능을 저하시키는 요인이 된다.

④ 충전탑에는 충전물을 채운 것으로서 이 충전물의 표면에서 기체와 액체의 접촉이 연속적으로 일어나도록 설계되어 있다.

98 제거된 NH_3를 x라 하면

CO_2 수지를 $100 \times 0.25 = (100 - x)(0.625)$

$$x = \frac{37.5}{0.625} = 60\text{L}$$

$$\text{제거율} = \frac{60}{75} \times 100 = 80\%$$

답 — 97.① 98.③

99 1atm, 45℃, 절대습도 0.03의 공기의 습윤비열은? (단, 공기건조비열 = 0.24kcal/kg · ℃, 수증기비열 = 0.45kcal/kg · ℃)

① 0.1535kcal/kg · ℃

② 0.2000kcal/kg · ℃

③ 0.2535kcal/kg · ℃

④ 0.3000kcal/kg · ℃

100 그림과 같이 벤젠과 톨루엔의 혼합액을 증류하였다고 하면, 증류액 D를 나타내는 식은?

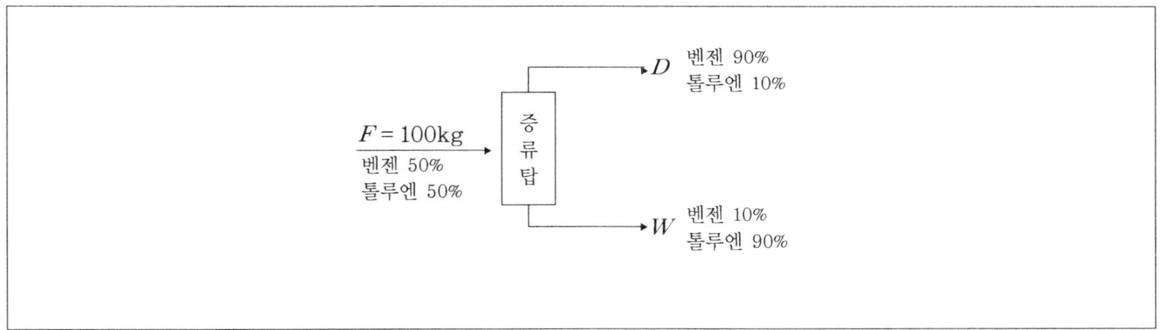

① $D = \dfrac{(0.1-0.5)}{(0.9-0.1)} \times 100$

② $D = \dfrac{(0.5-0.1)}{(0.9-0.1)} \times 100$

③ $D = \dfrac{(0.9-0.5)}{(0.5-0.1)} \times 100$

④ $D = \dfrac{(0.6-0.5)}{(0.9-0.1)} \times 100$

ANSWER

99 습윤비열 $C_H = 0.24 + 0.45H = 0.24 + (0.45 \times 0.03) = 0.2535$ kcal/kg · ℃ (H : 절대습도)

100 총괄물질수지 $F = D + W$

저비점 성분수지 $F \cdot x_F = D \cdot x_D + W \cdot x_W$ 이므로 $D = \dfrac{x_F - x_W}{x_D - x_W} \times F$

답 99.③ 100.②

101 다음 중 비말분리법이 아닌 것은?

① 침강법에 의한 분리
② 탈기구에 의한 분리
③ 원심력을 이용한 분리
④ 방해관에 의한 분리

102 25℃, 1atm 공기의 수증기압이 250mmHg이고, 이 온도에서 포화수증기압은 $0.0433kg/cm^2$이다. 이 때 상대습도는?

① 25.5%
② 52.4%
③ 76.1%
④ 96.4%

103 벤젠-톨루엔은 이상용액에 가까운 용액을 만든다. 80℃에서 벤젠과 톨루엔의 증기압은 각각 753mmHg, 290mmHg이다. 벤젠분율이 0.2인 용액의 증기압(전압)은?

① 232.6mmHg
② 352.3mmHg
③ 382.6mmHg
④ 410.3mmHg

ANSWER

101 비말분리법의 종류
㉠ 비말을 침강하게 하는 침강법
㉡ 증기에 회전운동을 주어 원심력을 이용하는 법
㉢ 증기의 유로에 방해판을 두어 급격한 방향변환으로 분리하는 법

102 상대습도 $(H_R) = \frac{P_a}{P_s} \times 100 = \frac{250\text{mmHg}}{0.0433\text{kg/cm}^2 \times \frac{760\text{mmHg}}{0.0336\text{kg/cm}^2}} \times 100 = 25.5\%$

103 $P = P_A \cdot x + P_B(1-x) = 753 \times 0.2 + 290(1-0.2) = 382.6\text{mmHg}$

답 101.② 102.① 103.③

104 용액에서 용질을 결정으로 석출시켜 분리하고, 높은 순도의 제품을 싼값으로 얻을 수 있는 조작은?

① 추출　　② 증발
③ 침출　　④ 결정화

105 산 수용액을 Ether로서 추출한다. 원액은 산 25.6kg, 물 80kg으로 되어 있다. 100kg의 Ether를 원액에 가할 경우 몇 kg의 초산이 추출되는가? (단, 분배계수 = 0.5)

① 3.45kg　　② 5.45kg
③ 6.45kg　　④ 8.45kg

106 760mmHg에서 32.2℃의 실내의 공기는 0.021kg · H_2O/kg건조공기의 습도를 갖는다. 물의 포화증기압이 36.1mmHg일 때 퍼센트습도는?

① 58%　　② 68%
③ 78%　　④ 88%

ANSWER

104 결정화 … 불순한 용액에서 순수한 고체를 얻기 위한 단위조작이다.

105

$$\text{추출률}(\eta) = 1 - \frac{1}{(a+1)^n} = 1 - \frac{1}{\left(\frac{100}{80}+1\right)^{0.5}} = 0.33 \ (a : \text{추제비})$$

$\therefore 0.33 \times 25.6 ≒ 8.45$ kg

106

$$\text{퍼센트습도} = \frac{\text{절대습도}}{\text{포화습도}} \times 100$$

$$\text{포화습도} = \frac{18 \times 36.1}{29 \times (760 - 36.1)} = 0.03095\text{kg} \cdot H_2O/\text{kg} \cdot \text{dry air}$$

$$\therefore \ \text{퍼센트습도} = \frac{0.021}{0.03095} \times 100 = 68\%$$

답 — 104.④　105.④　106.②

107 55℃에서 상대습도가 50%인 공기의 백분율 습도를 구하면? (단, 55℃의 포화습도＝0.1143kg · H_2O/kg · 건조공기)

① 45.7%　　② 46.6%
③ 55.7%　　④ 56.6%

108 정류탑을 구성하는 요소장치가 아닌 것은?

① 재비기(reboiler)
② 펌프(pump)
③ 임펠러(impelle)
④ 열교환기(heat exchanger)

109 포종(Bubble-cap)의 주된 목적은 무엇인가?

① 기－액의 접촉
② 기－액의 분리
③ 기체의 상승압력 감소
④ 하강액의 속도 증가

ANSWER

107 55℃ 포화습도(H_S) $= \frac{18}{29} \times \frac{P_S}{760 - P_S} = 0.1143$

$\therefore P_S = 118\text{mmHg}$

증기분압 $= 118 \times 0.5 = 59\text{mmHg}$

$H = \frac{18}{29} \times \frac{59}{760 - 59} = 0.0522\text{kg} \cdot H_2O/\text{kg}$ · 건조공기

공기습도(%) $= \frac{H}{H_S} \times 100 = \frac{0.0522}{0.1143} \times 100 = 45.7\%$

108 정류탑을 구성하는 요소장치는 재비기, 응축기, 단, 펌프, 열교환기 등이 있다. 임펠러는 회전펌프에 구성하는 요소장치이다.

109 포종 … 종을 엎어놓은 모양의 구조물로(∩) 기체와 액체의 접촉을 더 잘 되게 하기 위하여 사용한다.

답 107.① 108.③ 109.①

110 정류탑에서 공급원료의 상태는 공급원료 1몰 중 탈거부(stripping section)로 내려가는 액체의 몰수로 정의되는 q 인자를 사용해서 표시할 수 있다. 이 때 q 인자가 0인 경우는?

① 차가운 액체를 공급할 경우
② 포화증기를 공급할 경우
③ 과열증기를 공급할 경우
④ 포화액체를 공급할 경우

111 단일 증류탑을 이용하여 폐 처리된 에탄올 40mol%와 물 60mol%의 혼합액 50kg-mol/hr를 증류하여, 80mol%의 에탄올을 회수하여 공정에 재사용하고, 나머지잔액은 에탄올이 4mol%가 함유된 상태로 폐수 처리한다고 할 때, 초기 혼합액의 에탄올에 대해 몇 %에 해당하는 양이 증류 공정을 통해 회수되겠는가? (단, 계산은 소수점아래 두 번째 자리까지만 한다.)

① 87.54% ② 94.75%
③ 96.47% ④ 98.42%

ANSWER

110 ㉠ 공급물이 비점인 포화액체일 경우 q=1이며, 원료선의 기울기는 무한대가 된다.
㉡ 공급물이 포화증기일 경우 q=0이며, 원료선의 기울기 0(zero)이 된다.
㉢ 공급물이 증기와 액체의 1:1 혼합물일 경우 q는 0<q<1이며, 원료선의 기울기는 음(negative)의 부호를 가지면서 0(zero)과 무한대 (∞)사이에 존재한다.
㉣ 공급물이 과열 증기일 경우 q는 음의 값을 가지며, 원료선의 기울기는 0과 1사이에 존재한다.
㉤ 공급물이 비점이하의 차가운 액체인 경우 q는 1보다 큰 값을 보이며 원료선의 기울기도 1보다 큰 양의 부호를 갖는다.

111 입류 A, 증류 B, 잔액 C라 가정하면 A = B + C의 관계가 성립한다.
각 흐름 중 에탄올의 양만 고려한다면 0.4A = 0.8B + 0.04C의 식을 도출 할 수 있다.
그러나 관심 대상이 증류이기 때문에 잔액을 제거하고자 A − B = C의 식을 이용하게 되면 0.4A = 0.8B + 0.04(A − B) ⇒ 0.36A = 0.76B ∴B=(0.36/0.76)×50kg-mol/hr=23.68kg-mol/hr 이 중 에탄올이 80%함유 되어 있으므로 B에서의 에탄올 함량은 23.68×0.8 = 18.95kg − mol/hr
따라서 초기 입류 A의 에탄올의 양이 20kg-mol/hr 이므로 회수되는 양은 18.95/20×100 = 94.75%

답 110.② 111.②

112 액-액 추출에 사용되는 장치가 아닌 것은?

① 혼합침강기
② 이동상 추출기
③ 원심 추출기
④ 맥동탑

113 흡착에 대한 설명으로 옳은 것만을 모두 고른 것은?

> ㉠ 흡착을 이용한 분리는 주로 분자량, 분자모양, 분자극성 등의 차이 또는 기공과 분자간의 크기차를 이용한다.
> ㉡ 화학흡착은 흡착제와 흡착분자간 공유결합 힘 등의 상당히 큰 인력을 비가역적인 현상이다.
> ㉢ 흡착제의 요건으로 높은 선택성, 낮은 표면적, 내구성 및 내마모성 등이 요구된다.
> ㉣ 랭뮈어(Langmuir) 흡착등온선(adsorption isotherm)은 비가역적 흡착을 설명하는 식이다.

① ㉠, ㉡　　② ㉠, ㉢
③ ㉡, ㉣　　④ ㉢, ㉣

ANSWER

112 액-액 추출에 사용되는 장치는 크게 회분식 추출 장비와 연속식 추출 장비로 구분되어 진다.
회분식 추출은 추질과 추제가 단 한번의 접촉을 갖는다. 1회 이상의 접촉이 요구되는 경우 회분식을 반복할 수도 있으나 추료의 량이 많거나 요구되는 접촉횟수가 많을 때에는 연속식을 사용하는 것이 더 경제적이다. 연속식 추출장치는 대개 연속단 접촉이나 미분접촉을 이용한다. 연속식 추출장치의 대표적인 예로는 혼합침강기, 맥동탑, 충전탑, 교반조식탑 추출기, 원심추출기, 수직탑 등이 있다.

113 ㉠ 흡착을 이용한 분리는 분자량, 분자모양, 분자극성 및 기공과 분자간의 크기차를 이용한다.
㉡ 화학흡착은 흡착제와 흡착분자간 공유결합 등의 큰 세기의 인력을 가진 비가역적인 현상이다.
㉢ 흡착제는 물질이 잘 떨어지지 않고, 특정물질만 흡착해야하는 특성을 지녀야 하므로 높은 선택성, 큰 표면적, 내구성 및 내마모성 등이 요구된다.
㉣ 랭뮈어 흡착등온선은 가역적인 흡착을 설명하는 식이다.

답— 112.② 113.①

114 대기압에서 에탄올과 물의 혼합물이 그 증기와 기-액평형을 이루고 있을 때 기상의 조성은 에탄올 3.3몰, 수증기 1.7몰이었다. 이때 액상의 조성은 에탄올의 몰분율이 0.52이었다. 에탄올의 물에 대한 상대휘발도는?

① 1.08　　② 1.79
③ 1.86　　④ 1.94

115 어떤 증류탑의 단효율이 60%이고 멕케이브-티일레법으로 구한 이론단수가 15일 때 설계해야 할 단수는?

① 15단　　② 20단
③ 25단　　④ 30단

ANSWER

114

$$\text{상대휘발도(비휘발도)}\ \alpha = \frac{\frac{y_A}{x_A}}{\frac{y_B}{x_B}}$$

$y_A = \frac{3.3}{3.3+1.7} = 0.66,$

$y_B = (1-0.66) = 0.34$

$x_A = 0.52,\ x_B = (1-0.52) = 0.48$

$$\alpha = \frac{\frac{0.66}{0.52}}{\frac{0.34}{0.48}} = 1.79$$

115 $\text{실제단수} = \frac{\text{이론단수}}{\text{단효율}} = \frac{15}{0.6} = 25\text{단}$

답 114.② 115.③

116 어떤 혼합액을 100kg · mole/hr의 속도로 연속 정류한다. 환류비는 4이고 유출량은 60kg · mole/hr이며 관출량은 40kg · mole/hr이다. 원액이 비점에서 정류탑에 들어갈 때 탑의 급액단을 통과하는 증기의 양은 몇 kg · mole/hr인가?

① 200kg · mole/hr
② 250kg · mole/hr
③ 300kg · mole/hr
④ 350kg · mole/hr

117 다음 중 정벽의 변화에 가장 크게 영향을 미치는 요소는?

① 과포화도
② 결정화속도
③ 불순물
④ 용액의 pH

118 다음 결정형 중 등축정계는?

① 세 개의 서로 다른 축이 직각을 이룬다.
② 세 축의 길이가 모두 다른 장방형이다.
③ 세 축은 경사를 이루며 길이와 각이 같지 않은 결정이다.
④ 세 축의 길이가 다 다르고, 두 축은 서로 경사를 이루고, 다른 한 축은 직각이다.

ANSWER

116 $V = D \times (R+1) = 60 \times (4+1) = 300$kg · mol/hr

117 정벽은 결정의 겉보기 모양을 뜻하며, 정벽에 가장 큰 영향을 주는 것은 불순물이다.

118 ② 사방정계 ③ 삼사정계 ④ 단사정계

답 — 116.③ 117.③ 118.①

119 다음 중 매정제에 대한 설명으로 옳지 않은 것은?

① 매정제는 결정면에 흡착화되어 특정면의 성장을 느리게 한다.

② 매정제는 결정의 석출을 빠르게 한다.

③ 정벽 변화제이다.

④ 과포화용액의 안정성을 증가시키다.

120 연속 분별증류탑(continuous fractionating column)에서 메탄올수용액을 원료로 하여 메탄올 몰분율이 0.5인 탑상제품을 얻었다. 환류비(reflux ratio)가 4일 때 정류부(rectifying section)의 조작선을 나타내는 식은?

① $y_{n+1} = 0.8x_n + 0.1$

② $y_{n+1} = 0.8x_n - 0.1$

③ $y_{n+1} = -0.8x_n + 0.4$

④ $y_{n+1} = 0.8x_n + 0.4$

121 다음 중 정벽에 영향을 주는 인자가 아닌 것은?

① 교반속도

② 용매의 종류

③ 압력

④ 과포화도

ANSWER

119 매정제의 작용

㉠ 매정제의 분자 또는 이온이 결정면에 흡착되어 어느 특정한 면의 성장을 느리게 한다.

㉡ 매정제로 사용할 수 없는 물질은 과포화용액의 안정성을 증가시켜주고 결정핵의 석출을 느리게 하는 물질이다.

120 정류부 조작선 방정식 $y_{n+1} = \frac{R}{R+1}x_n + \frac{1}{R+1}x_D$ ($\frac{R}{R+1}$: 기울기, $\frac{1}{R+1}x_D$: y절편, R : 환류비)

$\therefore$ $x_D = 0.5$, $R = 4$이므로 $y_{n+1} = \frac{4}{4+1}x_n + \frac{1}{4+1} \times 0.5 \Rightarrow y_{n+1} = 0.8x_n + 0.1$

121 정벽에 영향을 주는 인자 … 용액의 pH, 불순물, 과포화도, 용매의 종류, 결정시의 온도, 교반속도 등이 있다.

답 119.② 120.① 121.③

122 A와 B의 2성분계 혼합물(binary mixture)에서 성분 A의 확산 이성분 B의 몰유량(molar flow)과 양이 같으면서 반대방향이 되어 알짜 몰유량(net molar flow)이 없는 경우로 해석될 수 있는 단위조작 공정은?

① 흡착(adsorption)

② 흡수(absorption)

③ 정류(rectification)

④ 추출(extraction)

123 슬러리(Slarry)의 건조장치로 적당한 것은?

① 원통형건조기 ② 분무건조기

③ 동결건조기 ④ 고주파건조기

124 다음 공업 중 결정화 조작이 필요하지 않은 것은?

① 제당공업 ② 황산제조공업

③ 염화칼슘제조공업 ④ 비료공업

ANSWER

122 A와 B의 2성분계 혼합물에서 성분 A의 확산이 성분 B의 몰유량과 양이 같으면서 반대 방향이 되어 알짜 몰유량이 없는 경우로 해석된다는 것은 각 성분의 동일한 교환이 일어난다는 의미이다. 흡착, 흡수, 추출의 경우는 특정 성분을 선택적으로 가져오기 때문에 알짜 몰유량이 동등하지 않다.

123 ① 연속시트상 재료건조기 ③④ 특수건조기

124 ② 황산제조공업은 점성이 있는 액체로 결정화 조작이 필요하지 않다.

※ 결정화

㉠ 불순한 용액으로부터 순수한 고체를 얻기 위해 냉각, 전공, 증발, 염색 등을 사용하는 단위조작이다.

㉡ 액체를 구성하는 많은 종류의 원소가 선택적으로 몇 종류가 집합하여 결정상태를 형성하는 일도 결정화라고 한다.

답— 122.③ 123.② 124.②

125 다단 증류를 통해 벤젠과 톨루엔 혼합물로부터 벤젠과 톨루엔을 분리하고자 한다. 공급단 상부에서의 조작선에 대한 y절편이 0.1이고 환류비가 4일 때, 탑위 제품 내 벤젠의 몰분율은?

① 0.8　　② 0.7
③ 0.6　　④ 0.5

126 흡수조작에서 편류(channeling) 현상을 방지하기 위한 수단에 해당하지 않는 것은?

① 충전재의 높이를 불규칙하게 만든 후 탑의 수평을 정확하게 잡는다.
② 탑 지름과 충전물 지름의 비를 최소 8 : 1로 한다.
③ 충전부의 적당한 위치에 액체용 재분배장치를 설치한다.
④ 구조적으로 균일하고 동일한 충전재를 사용한다.

127 열에 민감한 재료를 건조하기에 적당하지 않은 건조기는?

① 동결건조기　　② 진공드럼건조기
③ 터널건조기　　④ 분무건조기

ANSWER

125 상부조작선 방정식 $y_{n+1} = \frac{R}{R+1}x_n + \frac{1}{R+1}x_D$ ($\frac{R}{R+1}$: 기울기, $\frac{1}{R+1}x_D$: y절편, R : 환류비)

$\therefore$ $\frac{1}{R+1}x_D$=0.1, R=4이므로 $x_D = 0.1(4+1) = 0.5$

126 ① 충전재의 높이를 균일하게 하며, 탑의 수평을 정확하게 잡는다.
② 충전재의 크기를 탑 직경의 1/8 이하로 하고, 충전밀도를 균일하게 한다.
③ 정류판을 설치하거나 탑의 높이 3~5m 간격으로 재분배기를 설치한다.
④ 구조적으로 균일하고 동일한 충전재를 사용한다.

127 터널건조기는 열에 민감하지 않은 내화재료, 벽돌 등의 건조에 사용된다.
①②④ 열과의 접촉시간이 짧아 열에 민감한 재료건조에 사용된다.

답 — 125.④ 126.① 127.③

128 건조재료의 표면온도가 변하지 않는 단계는?

① 예열단계 ② 항률건조단계
③ 감률건조 제1단 ④ 감률건조 제2단

129 같은 조건에서 더 이상의 건조가 불가능한 함수율은?

① 결합수분 ② 자유함수율
③ 평형함수율 ④ 한계함수율

130 건조에서 전체함수율과 평형함수율의 차이를 무엇이라 하는가?

① 자유함수율 ② 결합수분율
③ 평형함수율 ④ 비결합수분율

131 수분을 포함한 재료의 무게가 30kg이다. 이 재료를 건조 후 무게를 측정하니 22kg이었다. 이 재료의 함수율[kgH_2O/kg건조고체]은?

① 0.36 ② 0.43
③ 0.56 ④ 0.63

ANSWER

128 항률건조단계 … 고체 표면의 수분이 증발되는 건조단계로 건조온도는 일정하게 유지된다.

129 평형함수율(W_e) … 재료를 일정온도, 습도의 공기에 장시간 방치했을 때, 일정한 함수율을 가져 평형에 도달하는 함수율로 더 이상의 건조가 불가능하다.

130 자유함수율(W_f)
㉠ 개념 : 건조에 의해 제거가능한 재료의 함수율을 말한다.
㉡ 공식 : $W_f = W - W_e$ (W : 전체함수율, W_e : 평형함수율)

131 $$함수율 = \frac{수분량}{건조고체의 무게} = \frac{30-22}{22} = \frac{8}{22} \fallingdotseq 0.36 kgH_2O/kg건조고체$$

답 — 128.② 129.③ 130.① 131.①

132 물에 젖어 있는 물체를 건조시켰더니 처음 무게의 50%가 되었다. 이 물체의 건량기준함수율[kgH_2O/kg 건조고체]은?

① 0.5
② 1
③ 2
④ 3

133 1atm, 20℃에서 절대습도가 0.02인 공기가 0℃에서 증발숨은열이 300일 때 습윤기체 엔탈피(kcal/kg 건조공기)는?

① 6.32
② 10.98
③ 18.95
④ 25.24

134 1atm에서 절대습도가 0.02일 때 건구온도는? (단, 습비용 = 0.915m^3/kg건조)

① 10℃
② 20℃
③ 30℃
④ 40℃

ANSWER

132 건량기준함수율$(W_d) = \frac{W}{1-W} = \frac{0.5}{1-0.5} = 1$ kgH_2O/kg건조고체

133 습윤엔탈피 $E = 300H + (0.24 + 0.45H)T$

$= (300 \times 0.02) + (0.24 + 0.45 \times 0.02) \times 20$

$= 10.98$kcal/kg건조공기

134 습비용 $V_H = (0.772 + 1.24H)\left(\frac{273 + T}{273}\right)$

$0.915 = \{0.772 + (1.24 \times 0.02)\} \times \left(\frac{273 + T}{273}\right)$

$\therefore T = 40$℃

답 132.② 133.② 134.④

135 1atm, 25℃에서 절대습도 0.04인 공기의 습윤공기의 습비열은?

① 0.142kcal/kg건조공기
② 0.258kcal/kg건조공기
③ 0.324kcal/kg건조공기
④ 0.512kcal/kg건조공기

136 다음 중 상대습도를 나타내는 식은? (단, P_S : 포화수증기압, P : 수증기분압)

① $\frac{P}{P_S} \times 100$
② $\frac{P_S}{P} \times 100$
③ $\frac{P_S}{P_S - P} \times 100$
④ $\frac{P_S}{P - P_S} \times 100$

137 22.2℃에서 수증기분압이 15mmHg이고 포화수증기압이 20mmHg일 때 상대습도는?

① 15%
② 25%
③ 50%
④ 75%

ANSWER

135 습비열 $C_H = 0.24 + 0.45H = 0.24 + (0.45 \times 0.04) = 0.258$kcal/kg건조공기

136 상대습도
㉠ 개념 : 같은 온도에서 습윤기체의 수증기분압과 포화증기압의 비로 나타낸 습도로 기상학에서 상용습도로 사용한다.
㉡ 공식 : $H_R = \frac{P}{P_S} \times 100(\%)$

137 상대습도 $H_R = \frac{P}{P_S} \times 100 = \frac{15}{20} \times 100 = 75\%$

답 – 135.② 136.① 137.④

138 760mmHg에서 32.2℃인 공기가 0.021[kg · H_2O/kg건조공기]의 습도를 갖고 0.031[kg · H_2O/kg건조공기]의 포화습도를 가질 때 퍼센트습도는?

① 38% ② 48%
③ 58% ④ 68%

139 다음 중 추출제가 아닌 것은?

① 물 ② 아세톤
② 페놀 ④ 에탄올

140 추출제의 조건이 아닌 것은?

① 용해도가 큰 물질 ② 회수가 용이한 물질
③ 선택도가 낮은 물질 ④ 가격이 저렴한 물질

141 물과 아세트산을 공비증류로 분류시 공비제로 적당한 것은?

① 벤젠 ② 암모니아
③ 에틸알코올 ④ 아세트산부틸

ANSWER

138 퍼센트습도 $= \frac{\text{절대습도}}{\text{포화습도}} \times 100 = \frac{0.021}{0.031} \times 100 \fallingdotseq 68\%$

139 추출제의 종류 … 페놀, 아닐린, 진한 황산, 아세톤, 푸르푸랄, 아세트니트릴, 디메틸포름아미드, 물 등

140 ③ 추출제는 분리할 성분의 비휘발도를 잘 상승시키는 선택도가 높은 물질이어야 한다.

141 물과 아세트산의 혼합물에 아세트산부틸을 사용하면 원액의 기-액 평형을 바꾸어 분리된다.

답 — 138.④ 139.④ 140.③ 141.④

142 다음 중 환류조작을 하는 증류법은?

① 공비증류 ② 추출증류
③ 정류 ④ 수증기증류

143 정류탑 중 단탑에 포함되지 않는 것은?

① 다공판탑 ② 밸브탑
③ 충전탑 ④ 포종탑

144 다음 중 고-액 추출이 아닌 것은?

① 대두, 면실 등의 종자로부터 기름 추출
② 황산에 의한 보크사이트 중 알루미나 추출
③ 우라늄, 구리의 산수용액으로부터 유기용매를 이용한 정제공정
④ 우라늄, 토륨의 삼플루오르화염소에 의한 추출

145 충전탑에서 액체와 기체의 흐름이 한쪽으로 치우치는 현상은?

① 일류현상 ② 편류현상
③ 왕일현상 ④ 수격현상

ANSWER

142 정류 … 응축액의 일부를 증류탑에 되돌아가게 하여(환류) 응축기로 가는 증기와 향류를 접촉하도록 하는 조작이다.

143 충전탑 … 인공충전물을 넣어 충전물 표면에 액과 증기의 접촉이 연속적으로 일어난다.

144 ③ 액-액 추출이다.
※ 고-액 추출은 원료가 고체인 경우이다.

145 편류현상 … 충전탑의 탑 상부에 분배된 액체는 충전탑 표면에 얇은 막을 형성하면서 탑 하부로 흐르는데, 이 경막의 위치에 따라 두께가 변하여 조그만 개울같이 모여 충전물의 어느 특정 통로를 따라 흐르는 현상이다.

답 - 142.③ 143.③ 144.③ 145.②

146 초임계용매의 선정조건이 아닌 것은?

① 임계압력이 높은 것　② 용해도가 큰 것
③ 선택성이 높은 것　④ 용매회수가 용이한 것

147 고체상에서 액체상으로 물질전달이 이루어지는 단위 공정은?

① 증류　② 흡착
③ 흡수　④ 침출

148 합성수지, 비누건조에 널리 사용되는 건조기는?

① 분무건조기　② 교반건조기
③ 드럼건조기　④ 원통건조기

ANSWER

146 초임계유체의 선정조건
㉠ 화학적으로 안정적이어야 한다.
㉡ 장치에 부식 없는 것이어야 한다.
㉢ 임계압력이 낮은 것이어야 한다.
㉣ 임계온도가 추출온도에 가까운 것이어야 한다.
㉤ 선택성이 높은 것이어야 한다.
㉥ 용해도가 큰 것이어야 한다.
㉦ 용매회수가 용이한 것이어야 한다.
㉧ 인체에 독성이 없고 가격이 저렴한 것이어야 한다.

147 ① 증류는 상대휘발도의 차이를 이용하여 액체 상태의 혼합물을 분리하는 방법
② 흡착은 물체의 계면에서 농도가 주위보다 증가하는 현상이다
③ 흡수는 용매 등을 이용하여, 혼합물의 특정 성분을 분리해 내는 것 이다.
④ 침출은 고체가 액체 속에서 그 성분을 용출(溶出)하는 것

148 드럼건조기 … 액체나 묽은 반죽상태의 건조료를 뜨거운 드럼표면에 발라서 건조하는 장치로 합성수지, 약품, 식료품, 아교, 비누의 건조 등에 널리 사용되고 소규모 처리에 적합하다.

답 — 146.① 147.④ 148.③

02 기계적 조작, 혼합, 운반

1 **침강 분리에서 사용되는 원심침강 장치가 아닌 것은?**

① 사이클론(cyclone)
② 공기분리기(air-separator)
③ 에지러너(edge-runner)
④ 원심분리기(centrifuge)

2 **다음 중 50mesh의 체 $1in^2$ 안에 존재하는 체눈의 수는?**

① 50개/in^2 ② 250개/in^2
③ 500개/in^2 ④ 2,500개/in^2

3 **분쇄는 필요한 크기로 고체 덩어리를 잘게 부수는 조작을 의미하는데 분쇄의 원리로 옳지 않은 것은?**

① 마찰작용 ② 충격작용
③ 완충작용 ④ 절단작용

ANSWER

1 에지러너 … 고정 또는 회전하는 수평 원판 위에서 무거운 롤러를 회전시켜 원판 중앙부에 공급된 재료를 롤러 밑에 물어 들여서 압축 분쇄하는 중간 분산기

2 50mesh = $(50)^2$개/in^2 = 2,500개/in^2

3 분쇄의 원리 … 압축, 충격, 마모(마찰), 절단작용

답 — 1.③ 2.④ 3.③

4 다음 중 분진가스를 방해판에 충돌시켜 급격한 방향전환을 시켜 분리하는 집진장치는?

① 관성력 집진장치
② 원심력 집진장치
③ 전기력 집진장치
④ 음파 집진장치

5 물질의 직경을 구하는 데 사용하는 타일러(Tyler) 보조체의 20mesh체 $1in^2$에는 몇 개의 체눈이 존재하는가?

① 40개/in^2
② 200개/in^2
③ 400개/in^2
④ 2,000개/in^2

6 입도측정법 중에서 직접측정법에 속하는 것은?

① 현미경측정법
② 기체투과법
③ 광산란법
④ 흡착법

7 혼합처리시 교반의 목적이 아닌 것은?

① 성분의 균일화
② 물질전달속도의 증대
③ 화학적 변화의 촉진
④ 열전달속도의 최소화

ANSWER

4 관성력 집진장치 … 혼합기체를 방해판에 충돌시켜 기류의 방향을 전환시켜 입자의 관성력에 의해 분리 포집하는 장치이다.

5 20mesh = 20^2개/in^2 = 400개/in^2

6 입도측정법
㉠ 직접측정법 : 현미경측정법, 표준체사용법
㉡ 간접측정법 : 침강원리이용법, 전기저항법, 광산란법, 기체투과법, 흡착법

7 교반의 목적 … 성분균일화, 열전달 · 물질전달속도의 증대, 물리적 · 화학적 변화의 촉진, 분산액제조

답 4.① 5.③ 6.① 7.④

8 **시멘트, 석탄, 곡물같은 물질을 운반하는 데 적당한 운반장치는?**

① 버킷컨베이어 ② 스크류컨베이어
③ 벨트컨베이어 ④ 플레이트컨베이어

9 **다음 중 수직운반에 사용되는 수송장치는?**

① 스크루컨베이어 ② 버킷컨베이어
③ 에어컨베이어 ④ 벨트컨베이어

10 **다음 중 중간분쇄기에 해당하지 않는 것은?**

① 롤크러셔 ② 임팩트크러셔
③ 볼밀 ④ 해머밀

11 **여과기 중 여과, 세척, 건조를 연속적으로 할 수 있는 것은?**

① 엽상여과기 ② 기체여과기
③ 올리버여과기 ④ 모래여과기

ANSWER

8 스크류컨베이어는 부서지기 쉬운 덩어리인 시멘트, 석탄가루, 곡물, 설탕, 소금, 밀가루를 운반하는 데 사용된다.

9 버킷컨베이어 … 수직으로 이동하는 벨트에 버킷을 고정시킨 형태이며 물질을 높은 위치로 옮기는 데 사용된다.

10 중간분쇄기의 종류 … 콘크러셔, 더블롤크러셔, 도지크러셔, 에지러너, 해머밀, 디스크크러셔, 임팩트크러셔 등

11 회전여과기
㉠ 기능 : 슬러리 공급, 여과액 제거, 세척, 탈수, 찌꺼기를 모으는 조작을 연속적으로 할 수 있다.
㉡ 종류 : 올리버여과기, 스트링여과기, 아메리칸여과기 등이 있다.

답 8.② 9.② 10.③ 11.③

12 **기체 중에 부유하고 있는 고체나 액체 미립자를 포집하는 집진장치에 대한 설명으로 옳지 않은 것은?**

① 스크러버(scrubber)는 세정식 집진장치다.
② 사이클론(cyclone)은 원심력을 이용한 집진장치다.
③ 코트렐(Cottrell) 집진기는 자기력을 이용한 집진장치다.
④ 백필터(bag filter)는 여과포를 이용한 집진장치다.

13 **다음 중 고체와 고체를 분리하는 조작은?**

① 여과　② 원심
③ 침강분리　④ 분급

14 **다음 중 고체－액체를 분리하는 조작이 아닌 것은?**

① 침강분리　② 여과
③ 침전농축　④ 체분리

ANSWER

12 ① 스크러버는 세정식 집진장치로써 액체를 이용해 분진이나 가스 등의 물질을 집진하는 장비이다.
② 사이클론은 회전식 펌프를 이용하여 집진하는 장치로써 원심력을 원리로 두고 있다.
③ 코트렐 집진기는 공기중의 먼지를 정전기를 이용하여 제거하는 장비이다.
④ 백필터 집진기는 백필터를 이용한 여과방식으로 입자상의 물질을 제거하는 장비이다.

13 ①②③ 고－액 기계적 분리　④ 고－고 기계적 분리
※ 분급 … 고체크기, 밀도 등의 기하학적 또는 물리적 성질을 이용한 분리조작이다.

14 ①②③ 고－액 기계적분리　④ 고－고 기계적 분리

답－ 12.③　13.④　14.④

15 대기오염 방지시설 중 입자상 물질을 제거하는 조작이 아닌 것은?

① 전기집진
② 원심력 집진
③ 세정집진
④ 촉매산화법

16 입경분포가 작은 제품을 만들 수 있는 것은 분쇄의 어떤 힘에 의한 것인가?

① 충격력
② 압축력
③ 전단력
④ 흡수력

17 다음 중 집진의 원리가 아닌 것은?

① 차단
② 브라운확산
③ 정전기력
④ 확산

18 다음 중 고점도 액체를 혼합하는 데 적당한 교반기는?

① 리본형 교반기
② 공기교반기
③ 날개형 교반기
④ 프로펠러교반기

ANSWER

15 ④ N_2, SO_2와 같은 가스상 물질제거에 사용되는 방법이다.

16 전단력은 분쇄의 힘 중 가장 미세한 힘이다.

17 집진의 원리 … 브라운확산, 차단, 관성충돌, 중력침강, 정전기력

18 리본형 교반기, 나선형 교반기는 점도가 큰 액체교반에 적당하다.

답 15.④ 16.③ 17.④ 18.①

19 다음 중 연속여과기에 속하지 않는 것은?

① 올리버여과기
② 회전드럼여과기
③ 엽상여과기
④ 아메리칸여과기

20 입자에 침강이 있어서 레이놀즈수가 1보다 작을 때 적용되는 법칙은?

① 스토크법칙 ② 뉴턴법칙
③ 레이놀즈법칙 ④ 발렌의 법칙

21 액체혼합물 중 목적성분을 선택적인 막에 통과시켜 확산시킨 후 투과압력이 낮은 곳에서 증발해 분리시키는 막분리법은?

① 투과증발 ② 투석
③ 한외여과법 ④ 역삼투법

ANSWER

19 연속식 여과기 … 올리버, 아메리칸, 도르코(Dorrco), 회전드럼, Feinc여과기 등이 있다.

20 레이놀즈수(N_{Re})에 따른 침강법칙
㉠ $N_{Re} < 1$(스토크의 법칙적용)
㉡ $1 < N_{Re} < 1,000$(알렌의 법칙적용)
㉢ $1,000 < N_{Re} < 150,000$(뉴턴의 법칙적용)

21 투과증발 … 투과와 증발을 혼합한 공정으로 액상의 막을 통해 기상으로 변하는 공정이다.

답 19.③ 20.① 21.①

22 입도 측정법에 대한 설명으로 옳지 않은 것은?

① 체질법은 mesh크기가 같은 동일한 체를 여러 번 사용하여 질량 분포 및 입도를 측정한다.
② 현미경 측정법은 광학현미경과 전자현미경을 주로 사용한다.
③ 침강법은 입자의 침강 속도를 토대로 현탁액의 밀도를 측정하여 입도를 계산하는 분석법이다.
④ 레이저 회절법은 현탁액을 통과하는 빛의 산란되는 광의 각도변화를 이용한 분석법이다.

23 다음 중 기계적 분리조작이 아닌 것은?

① 여과
② 분쇄
③ 침강
④ 증발

24 기체 중에 존재하는 고체 알갱이를 무엇이라 하는가?

① Mist
② Smoke
③ Dust
④ Fog

ANSWER

22 ① **체질법**: mesh크기가 다른 여러 종류의 체를 사용하여 질량 분포 및 입도를 측정한다.
② **현미경 측정법**: 빛을 이용하여 측정하는 광학현미경, 혹은 입자 표면의 전자에너지를 이용한 전자현미경을 주로 사용한다.
③ **침강법**: 외력하에서 점성을 지니는 액체를 통과하여 침강하는 입자의 속도를 측정한 후 Stokes 방정식을 이용하여 입자를 분석하는 것으로써, 입자의 침강 속도를 토대로 현탁액의 밀도를 측정하여 입도를 계산하는 분석법과 동일한 의미이다.
④ **레이저 회절법**: 레이저 빔이 분산된 미립자 시료를 관통하면서 산란되는 광의 각도 변화를 측정함으로써 입도분포를 측정하는 방식이다. 큰 입자는 작은 각으로 산란되고, 작은 입자는 큰 각으로 산란된다.

23 기계적 분리조작은 상변화를 일으키지 않는다.

24 ① 응축이나 분무에 의해 생성된 액체입자
② 불완전연소에 의해 생성된 가시적인 고체 · 액체입자
④ 액체입자가 분산되어 있는 상태

답 — 22.① 23.④ 24.③

25 점토의 진밀도가 1.6g/cm^{3}이고 겉보기밀도가 1.2g/cm^{3}일 때에 공극률은?

① 0.15
② 0.25
③ 0.35
④ 0.45

26 여과에 대한 설명으로 옳지 않은 것은?

① 여과란 고체입자를 포함하는 유체가 여과매체(filtering medium)를 통과하게 하여 고체를 퇴적시킴으로써 유체로부터 고체입자를 분리하는 조작이다.
② 여과기는 여과매체 하류측의 압력을 대기압보다 높게 하여 조작하거나 상류측을 가압하여 조작한다.
③ 셀룰로스, 규조토와 같은 여과조제(filter aid)를 첨가하는 방식으로 급송물을 처리하여 여과속도를 개선한다.
④ 여과 중에 여과매체가 막히거나 케이크가 형성됨에 따라 시간이 지날수록 흐름에 대한 저항이 증가하게 된다.

ANSWER

25 $공극률 = 1 - \frac{겉보기밀도}{진밀도} = 1 - \frac{1.2}{1.6} = 0.25$

26 ① 여과란 고체입자를 포함하는 유체가 여과매체를 통과하게 하여 고체를 퇴적 시킴으로써 유체로부터 고체입자를 분리하는 조작이다.
② 여과기는 여과매체 하류측의 압력을 대기압보다 낮게 하여 조작하거나 상류측을 가압하여 조작한다.
③ 셀룰로스, 규조토와 같은 여과조제를 첨가하여 케이크가 형성되는 것을 지연시키거나 방해하여 여과속도를 개선한다.
④ 여과 중에 여과매체가 막히거나 케이크가 형성될시 시간이 지날수록 케이크의 두께가 커지고 이는 유체의 흐름에 저항을 하는 역할로 작용한다.

답 — 25.② 26.②

27 필터로 덮인 판 사이의 공간에 슬러리를 가압 주입하여 고체 케이크와 액체로 분리하는 비연속 가압 여과기는?

① 수평 벨트 여과기(horizontal belt filter)
② 저면 여과기(undergravel filter)
③ 회전 드럼 여과기(rotary drum filter)
④ 여과 프레스(filter press)

28 어떤 고체 입자의 표면적이 $10mm^2$, 부피가 $1.5mm^3$, 상당지름이 1.2mm일 때 구형도(sphericity)는? (단, 상당지름은 고체 입자와 같은 부피의 구 지름이며, 소수점 둘째자리에서 반올림한다.)

① 0.3　　② 0.6
③ 0.7　　④ 0.9

ANSWER

27 ① **수평 벨트 여과기** : 이동하는 배수 벨트에 의해 지지되는 여과포에 슬러리가 공급되는 수평면에서 연속 진공을 가하여 여과하는 기계
② **원심여과기** : 에어호스가 연결되어, 공기가 올라가는 힘을 이용해 저면으로 찌꺼기를 당기는 원리
③ **회전 드럼 여과기** : 연속적인 케이크 박리 및 추출이 가능한 여과기 이며, 탈수(여과)를 확실하게 하며, 폐기물의 슬러리 제거및 액을 연속적으로 여과하기 위한 최적의 여과장치
④ **여과프레스** : 밀폐된 여과실내로 슬러리를 펌프로 압입하여, 여과판에 장착되어진 여과포를 통해 고체와 액체를(Cake, Filtrate) 분리시키는 여과장치

28
구형도는 다음과 같은 식을 통해 얻어진다. $\Psi = \dfrac{\pi^{\frac{1}{3}}(6V_p)^{\frac{2}{3}}}{A_p}$ (V_p : 입자의 부피, A_p : 입자의 표면적)

$$\therefore \ \Psi = \frac{\pi^{\frac{1}{3}}(6V_p)^{\frac{2}{3}}}{A_p} = \frac{\pi^{\frac{1}{3}}(6\times 1.5\text{mm}^3)^{\frac{2}{3}}}{10\text{mm}^2} = 0.63 \fallingdotseq 0.6$$

답 27.④ 28.②

29 여과기 선택시 고려사항이 아닌 것은?

① 슬러리 속의 고체성질
② 슬러리 속의 고체속도
③ 슬러리 속의 액체비열
④ 슬러리 속의 액체점도

30 다음 중 미세한 물질을 분리할 수 있는 막을 순서대로 나열한 것은?

① 역삼투, 미세여과, 한외여과
② 한외여과, 미세여과, 역삼투
③ 역삼투, 한외여과, 미세여과
④ 미세여과, 한외여과, 역삼투

31 다음 중 운반장치 선택시 중요 고려사항이 아닌 것은?

① 물질의 크기　② 물질수송법
③ 물질의 형태　④ 운반의 경제성

ANSWER

29 여과기 선택시 고려사항
㉠ 슬러리 속 고체 : 농도, 성질, 알갱이 크기, 분포상태, 압축성, 속도, 점도
㉡ 슬러리 속 액체 : 특성, 밀도, 부식성, 온도, 휘발성

30 막분리가 가능한 입자크기
㉠ 역삼투 : 10Å 이내의 물질로 배양액으로부터 염 · 산 · 염기를 제거한다.
㉡ 한외여과 : 1nm ~ 0.1 μm 크기의 물질로 단백질 효소, 다당류 등의 고분자 물질을 분리한다.
㉢ 미세여과 : 0.1 ~ 10 μm 크기의 물질로 균을 제거하거나 세포를 분리한다.

31 운반시 장치의 선택은 필요로하는 용량, 물질의 크기와 형태, 물질수송방법(수평, 수식, 경사식) 등을 고려하여 선택한다.

답 29.③ 30.③ 31.④

32 다음 중 여과조작의 원리가 아닌 것은?

① 가압　　② 진공
③ 침강　　④ 원심

33 분쇄에 작용하는 힘이 아닌 것은?

① 마찰력　　② 충격력
③ 전단력　　④ 관성력

34 다음 중 막분리의 장점이 아닌 것은?

① 장치확대가 가능하다.
② 고효율이다.
③ 에너지소모가 적다.
④ 가격이 저렴하다.

35 다음 중 고체-기체의 기계적 분리법이 아닌 것은?

① 흡수법　　② 집진법
③ 응축법　　④ 침강법

ANSWER

32 여과조작원리에는 중력, 가압, 원심, 진공, 압착이다.

33 분쇄에 작용하는 힘 … 전단력, 압축력, 충격력, 마찰력

34 막분리는 가격이 비싸고, 초기 장치비도 고가이다.

35 ④ 고-액 기계적 분리법이다.
※ 고-기 기계적 분리법 … 흡수법, 응축법, 집진법, 흡착법 등이 있다.

답 — 32.③ 33.④ 34.④ 35.④

36 **분체의 체 분리(screening)에 대한 설명으로 옳지 않은 것은?**

① 입자 크기와 입자 밀도를 이용하여 입자를 분리하는 방법이다.

② Tyler 표준체의 어느 한 체의 개방공(screen opening) 면적은 그 다음 작은 체의 개방공 면적의 2배이다.

③ 메쉬(mesh) 숫자가 클수록 작은 입자를 분리할 수 있다.

④ 공업적으로 사용되는 체는 상황에 맞게 다양한 메쉬를 이용한다.

37 **정지유체(still fluid) 중에서 낙하하는 입자의 운동에 대한 설명으로 옳은 것은?**

① 정지유체 중에서 낙하하는 입자에는 중력, 부력 두 가지 힘이 작용한다.

② 입자가 용기의 경계 및 다른 입자로부터 충분히 떨어져 있어서 그 낙하가 영향을 받지 않을 때 자유침강이라 한다.

③ 입자가 서로 충돌하지는 않아도 한 입자의 운동이 다른 입자들에 의해 영향을 받을 경우 자유침강에 해당된다.

④ 간섭침강에서의 항력계수는 자유침강에서의 항력계수보다 작다.

ANSWER

36 ① 체 분리는 입자 밀도를 이용하지 않고 입자 크기별로 구별한다.

② Tyler의 표준체는 200mesh를 기준으로 한 $\sqrt{2}$ 계열체를 말하고, $\sqrt{2}$ 계열체는 연속체 구멍의 면적 비가 2배, 체의 눈금 비가 $\sqrt{2}$ 이다.

③ 체에 사용되는 철사 사이의 공간을 체 구멍이라고 하며, 메쉬를 통해 나타내는데 1mesh는 $1in^2$당 1^2개의 구멍을 뜻한다. 즉, 100mesh는 $1in^2$당 100^2개의 구멍이 존재한다. 즉 메쉬는 숫자가 클수록 작은 입자를 분리한다.

④ 공업적으로 사용되는 메쉬는 제품에 따라 적절한 메쉬로 이용된다.

37 ① 정지유체 중에서 낙하하는 입자에는 외력인 중력, 저항력인 부력과, 항력이 있다.

② 입자의 용기의 경계 및 다른 입자로부터 충분히 떨어져 있어 그 낙하가 영향을 받지 않을 때를 자유침강이라고 한다.

③ 입자가 서로 충돌하지는 않아도 한 입자의 운동이 다른 입자들에 의해 영향을 받을 때 간섭침강이라 한다.

④ 간섭침강에서의 항력계수는 자유침강에서의 항력계수보다 더 크다.

답 — 36.① 37.②

38 미세여과막의 용도가 아닌 것은?

① 혈액의 분리
② 반도체 초순수공정
③ 미생물 분리공정
④ 해수의 담수화

39 다음 중 미스트(Mist)에 대한 설명으로 옳은 것은?

① 배기가스 중 고체 또는 액체상태로 존재하는 수분을 포함한 물질
② 응축이나 분무에 의해 생성된 액체입자
③ 액체입자가 분산된 상태
④ 연소과정에서 발생한 유리탄소가 응집된 것

ANSWER

38 ①②③외 미세여과막 용도로 유산균 분리, 잔류물질 제거, 박테리아 분리, 폐수처리, 물의 정수 등이 있다.
④ 역삼투의 용도이다.

39 ① 분진 ③ 안개 ④ 검댕

답 38.④ 39.②

40 다음 중 투석의 용도가 아닌 것은?

① 신장의 혈액의 노폐물 제거
② 맥주생산 공장의 무알콜 맥주 생산
③ 에탄올 수용액 중의 에탄올 분리
④ 헤미셀룰로오스에서의 NaOH의 회수

41 체를 이용한 입도분포 분석에 대한 설명이다. 옳은 것은?

① 적산 통과율분포는 0.5에서 적산 잔류율분포를 뺀 값이다.
② 적산 잔류율분포는 입자경이 dp 이하의 입자 개수에 대한 분포이다.
③ 빈도분포란 입자경이 dp와 dp + dp 사이의 입자 개수를 전체입자 개수로 나눈 개수비율의 분포함수이다.
④ 측정한 입자경(dp)의 분포는 개수 또는 부피를 기준으로 해서 나타낸다.

ANSWER

40 ③ 투과증발의 용도이다.
※ **투석** … 용질의 다공질막에 통과시켜 저분자량을 가진 물질을 저농도영역으로 확산시켜 선택적으로 분리하는 공정이다.

41 ① 적산 통과율분포란 어느 입자경 d_p보다도 작은 입자군의 전체 입자에 대한 질량백분율로 나타낸 것이다. 따라서 1-적산 잔유율분포를 통해 구할 수 있다.
② 적산 잔류율분포란 어느 입자경 d_p보다도 큰 입자군의 전체 입자에 대한 질량백분율로 나타낸 것이다.
③ 빈도분포란 입자경이 d_p 및 $d_p+\triangle d_p$의 총 개수에서 전체 입자개수로 나누었을 때 해당되는 값을 그래프로 나타낸 분포함수이다.
④ 측정한 입자경(d_p)의 분포는 체에 남아있는 개수 혹은 질량을 통해서 나타낸다.

답 — 40.③ 41.③

반응과 제어

01 반응공학

02 공정제어와 공업경제

반응공학

1 $2A + 2B \rightarrow 3D$ 반응시 A와 B의 농도를 각각 2배로 증가시키면 반응속도는 처음의 몇 배로 증가하는가?

① 32
② 16
③ 8
④ 4

2 부피유량 U가 일정한 플로그흐름반응기에서 다음의 비가역 1차반응이 일어난다. 부피유량이 10L/min이고, 반응속도상수 k가 0.23min^{-1}일 때 유출농도를 유입농도의 10%로 줄이는 데 필요한 반응기 부피는? (단, $\ln 10 = 2.3$)

$A \rightarrow B$

① 0.01m^3
② 0.1m^3
③ 1m^3
④ 100m^3

ANSWER

1
$-r_A = -\dfrac{dC_A}{dt} = kC_A{}^2 \cdot C_B{}^2$에서
$C_A{}' = 2C_A$, $C_B{}' = 2C_B$를 대입하면
$-r_A = k(2C_A)^2 \cdot (2C_B)^2 = 16kC_A{}^2 \cdot C_B{}^2 = 16(-r_A)$

2
$\tau = \dfrac{1}{k}\ln\dfrac{1}{1-x_B}$, $\tau = \dfrac{V}{v_0}$
$\dfrac{V}{v_0} = \dfrac{1}{k}\ln\dfrac{1}{0.1}$, $\dfrac{V}{10} = \dfrac{1}{0.23}\ln 10$ $\therefore V = 100\text{m}^3$

답 — 1.② 2.④

3 **다음 중 연속식 조작반응기의 장점이 아닌 것은?**

① 자동제어가 용이하다.

② 소량, 다품종 생산에 유리하다.

③ 노무비가 절감된다.

④ 제품의 품질 변동이 적다.

4 **다음과 같은 반응에서 원하는 반응생성물 D와 W를 최대로 얻기 위해 반응물의 농도를 어떻게 조절해야 하는가?**

- 원하는 액상반응 $A + B \xrightarrow{k_1} D + W,\ \frac{dC_D}{dt} = \frac{dC_w}{dt} = k_1 C_A C_B{}^{0.5}$
- 원하지 않는 부반응 $A + B \xrightarrow{k_1} X + Y,\ \frac{dC_X}{dt} = \frac{dC_Y}{dt} = k_2 C_A{}^{0.5} C_B{}^{1.5}$

① C_A는 낮게, C_B는 높게

② C_A는 높게, C_B는 낮게

③ C_A와 C_B를 모두 높게

④ C_A와 C_B를 모두 낮게

ANSWER

3 ② 회분식 반응기에 대한 설명이다.

4 $A+B \begin{cases} \xrightarrow{k_1} D + W(\text{대}) \\ \xrightarrow{k_1} X + Y(\text{최소}) \end{cases}$ 에서 $\frac{k_1 C_A C_B{}^{0.5}}{k_2 C_A{}^{0.5} C_B{}^{1.5}} > 1$이 되게 하려면

C_A를 높이고 C_B를 낮추어야 한다.

답 — 3.② 4.②

5 **반응이 진행될 동안에 원료의 유입, 생성물의 유출은 없고, 반응기 내의 조성이 시간에 따라 변화되고 일반적으로 소량다품종의 생산품을 제조하는 데 알맞은 반응기는?**

① 정상상태의 혼합흐름반응기
② 정상상태의 관형반응기
③ 회분식 반응기
④ 반회분식 반응기

6 **A + 3B ⇄ 2C + D인 가역액상반응의 속도식은? (단, 이 반응은 기초반응이고, k는 정반응 속도상수, K_C는 평형상수이다)**

① $-r_A = k\left(C_A C_B{}^3 - \dfrac{C_C C_D}{K_C}\right)$

② $-r_A = k\,C_A{}^3 C_B$

③ $-r_A = k(C_A{}^3 C_B - K_C C_C{}^2 C_D)$

④ $-r_A = k\left(C_A C_B{}^3 - \dfrac{C_C{}^2 C_D}{K_C}\right)$

ANSWER

5 회분식 반응기
㉠ 반응이 진행되는 동안 반응물과 생성물에 입출입이 없어 간단하고 보조장치가 필요없다.
㉡ 시간에 따른 조성이 변화되는 비정상상태 조작이다.
㉢ 반응기 내의 모든 곳은 조성이 일정하다.

6 반응속도식 = 생성물 − 반응물
$-r_A = k_1 A^a B^b - k_2 C^c D^d$ (aA + bB → cC + dD)
(가역) (비가역)

$-r_A = K_1 C_A C_B{}^3 - K_2 C_C{}^2 C_D = k_1\left(C_A C_B{}^3 - \dfrac{C_C{}^2 C_D}{\dfrac{K_1}{K_2}}\right)$, $\dfrac{K_1}{K_2} = K_C$ 이므로

$-r_A = k\left(C_A C_B{}^3 - \dfrac{C_C{}^2 C_D}{K_C}\right)$

답 — 5.③ 6.④

7 액체 A가 다음 1차 반응에 의해 분해되고 있다. 회분반응기에서 A의 50%가 전환될 때 5분 걸렸다면, 75%가 전환되기 위해서는 총 얼마의 시간이 걸리는가? (단, $\ln\frac{1}{2} = -0.69$, $\ln\frac{1}{4} = -1.38$)

A → 생성물

① 7.5분 ② 10분
③ 12.5분 ④ 15분

8 A에 대한 2차 반응에서 반응물 A의 농도가 1mol/L일 때 그 속도가 $-r_A = \frac{-dC_A}{dt} = 0.02$mol/L · sec 이다. 반응물 A의 농도가 10mol/L일 때의 반응속도[mol/L · sec]는?

① 2 ② 4
③ 6 ④ 8

ANSWER

7 1차 반응(액체일 때) $-\ln(1-x_A)=kt$

50% 전환시 $-\ln(1-0.5)=k\times 5(\text{min})$ $\therefore k=0.138$

75% 전환시 $-\ln(1-0.75)=0.138\times t$ $\therefore t=10\text{min}$

8 $-r_A = kC_{A0}{}^2(1-x_A)^2$

$0.02 = k\cdot 1^2\cdot(1-x_A)^2,\ (1-x_A)^2 = \frac{0.02}{k}$

$-r_A = k\cdot 10^2\cdot\frac{0.02}{k} = 2\text{mol/L}\cdot\text{sec}$

답 7.② 8.①

9 반응식 A + B → C + D로 주어지는 2차 반응에서 반응속도상수 k의 값은 2.22L/sec · mol이다. 유입 농도 $C_{A0} = C_{B0}$ = 0.1mol/L일 경우, 4초 동안 플러그흐름반응기(Plug Flow Reactor ; PFR)에서 반응시켰을 때, 출구로 나가는 A의 전환율은?

① 36%　　② 40%
③ 45%　　④ 47%

10 부피 변화가 없는 2차 반응 2A → B + C가 회분식반응기에서 일어나고 있다. 초기에 반응물 A만 있고, A의 초기 농도는 0.2mol · L^{-1}이라면 7초 동안 반응하였을 때 A의 전환율은? (단, 반응속도상수 k = 5.0L · mol^{-1} · s^{-1}이다)

① 0.125　　② 0.375
③ 0.525　　④ 0.875

ANSWER

9

$\frac{1}{C_{A0}} \cdot \frac{x_A}{1-x_A} = kt$ 에서 $\frac{1}{0.1} \cdot \frac{x_A}{1-x_A} = 2.22 \times 4$

$\frac{x_A}{1-x_A} = 0.888$

$\therefore x_A = 0.47$

10

회분식 반응기 설계 식을 통해 문제를 해결한다. $\frac{dC_A}{dt} = r_A$

㉠ 반응속도 식 $r_A = -kC_A^2$

㉡ 설계식과 결합 후 양변 적분 $\frac{dC_A}{dt} = -kC_A^2 \Rightarrow -\frac{1}{k}\int_{C_{A0}}^{C_A}\frac{dC_A}{C_A^2} = \int_0^t dt \Rightarrow \frac{1}{k}(\frac{1}{C_A} - \frac{1}{C_{A0}}) = t$

㉢ 파라미터 대입 $\frac{1}{k}(\frac{1}{C_A} - \frac{1}{C_{A0}}) = t \Rightarrow \frac{1}{5.0\text{L/mol·s}}(\frac{1}{C_A} - \frac{1}{0.2\text{mol/L}}) = 7\text{s} \Rightarrow C_A = 0.025\text{mol/L}$

$\therefore$ 전화율 $= \frac{\text{반응한 } A\text{의 몰수}}{\text{공급된 } A\text{의 몰수}} = \frac{0.2\text{mol/L} - 0.025\text{mol/L}}{0.2\text{mol/L}} = 0.875$

답 9.④ 10.④

11 다음 반응식에 의해 100kg의 크실렌을 반응시켜 120kg의 무수프탈산을 얻었다면, 이 반응의 수율은? (단, $C_6H_4(CH_3)_2$의 분자량 = 100, $C_6H_4(CO)_2O$의 분자량 = 150)

$C_6H_4(CH_3)_2 + 3O_2 \rightarrow C_6H_4(CO)_2O + 3H_2O$

① 63% ② 78%
③ 80% ④ 83%

12 액체 A가 2A → R의 2차 비가역반응에 따라 분해될 때, 회분식 반응기에서 A의 50%가 전환되기 위하여 5분이 걸렸다면 75%의 전환이 되기 위해서는 얼마의 시간이 걸리는가?

① 3분 ② 5분
③ 7분 ④ 15분

ANSWER

11 $C_6H_4(CH_3)_2 + 3O_2 \rightarrow C_6H_4(CO)_2O + 3H_2O$

100kg : 120kg

100kg/mol : 150kg/mol

$$\therefore \text{수율} = \frac{\text{최종생성물량}}{\text{최초반응물 공급량}} \times 100 = \frac{\frac{120}{150}}{\frac{100}{100}} \times 100 = 80\%$$

12 $C_{A0} \times \frac{x_A}{1-x_A} = kt$

50% 전환시 $C_{A0} \times \frac{0.5}{1-0.5} = k \times 5$

$\therefore \frac{C_{A0}}{k} = 5$

75% 전환시 $C_{A0} \times \frac{0.75}{0.25} = kt$, $5 \times \frac{0.75}{0.25} = t$

$\therefore t = 15\text{min}$

답 11.③ 12.④

13 SO_2의 산화반응 $2SO_2 + O_2 = 2SO_3$의 속도가 어떤 반응조건하에서 $r = 6.36\text{kg-mol/m}^3 \cdot \text{hr}$로 주어졌을 때, 각 성분 SO_2, O_2, SO_3가 평행에 도달했을 때의 반응속도 r_{SO_2}는?

① $-12.72\text{kg-mol/m}^3 \cdot \text{hr}$

② $-12.75\text{kg-mol/m}^3 \cdot \text{hr}$

③ $-12.80\text{kg-mol/m}^3 \cdot \text{hr}$

④ $-12.85\text{kg-mol/m}^3 \cdot \text{hr}$

14 반응 A + 3B → C가 기초반응(elementary reaction)이라고 할 때, A의 반응속도는 다음과 같이 표시된다. 농도의 단위가 mol · L^{-1}일 때, 반응속도상수 k의 단위는? (단, $f(C_{A,} C_B)$ 은 A와 B의 농도의 함수이다)

$$-r_A = k \cdot f(C_A,\ C_B)$$

① $\dfrac{\text{mol}}{\text{L} \cdot \text{s}}$

② $\dfrac{\text{L}^2}{\text{mol}^2 \cdot \text{s}}$

③ $\dfrac{\text{mol}^3}{\text{L}^3 \cdot \text{s}}$

④ $\dfrac{\text{L}^3}{\text{mol}^3 \cdot \text{s}}$

ANSWER

13 $\dfrac{r_{SO_2}}{-2} = \dfrac{r_{O_2}}{-1} = \dfrac{r_{SO_3}}{2} = r$

$\therefore r_{SO_2} = -2r = -2 \times 6.36\,\text{kg-mol/m}^3 \cdot \text{hr} = -12.72\text{kg-mol/m}^3 \cdot \text{hr}$

14 반응속도의 단위는 mol/L · s이다. 그리고 반응속도식 $-r_A = k[A][B]^3$에서 각 $[A]$, $[B]$는 농도이므로 단위는 mol/L이다.

∴ 반응속도 상수의 단위는 다음과 같다. k의 단위 $= \dfrac{\text{mol/L} \cdot \text{s}}{(\text{mol/L})^4} = \dfrac{\text{L}^3}{\text{mol}^3\text{L} \cdot \text{s}}$

답 – 13.① 14.④

15 기초반응(elementary reaction)인 A → B 반응을 연속 교반탱크반응기(CSTR)에서 진행하여 얻은 반응물 A의 전화율은 50%이다. 동일한 조건에서 같은 크기의 플러그흐름반응기(PFR)에서 진행할 경우, 반응물 A의 전화율은? (단, $e^{-1.0} = 0.368$으로 계산한다.)

① 36.8%
② 37.3%
③ 63.2%
④ 73.7%

16 C_A가 1mol/L일 때 $-r_A = \frac{-dC_A}{dt} = 0.02$mol/L · sec라고 하면 C_A가 10mol/L일때 반응속도는? (단, 2차 반응이라 가정한다)

① 2mol/L · sec
② 3mol/L · sec
③ 4mol/L · sec
④ 5mol/L · sec

ANSWER

15

i) CSTR의 반응기 부피 : $V = \frac{F_{A0}X}{-r_A} = \frac{F_{A0}X}{kC_A} = \frac{F_{A0}X}{kC_{A0}(1-X)} = \frac{F_{A0}0.5}{kC_{A0}(1-0.5)} = 1.0 \times \frac{F_{A0}}{kC_{A0}}$

ii) PFR 반응기 부피 : $V = F_{A0}\int_0^X \frac{dX}{-r_A} = F_{A0}\int_0^X \frac{dX}{kC_{A0}(1-X)} = \frac{F_{A0}}{kC_{A0}}\int_0^X \frac{dX}{(1-X)} = -\frac{F_{A0}}{kC_{A0}}\ln(1-\mathrm{X})$

∴ 두 반응기 부피가 동일하므로 $V = 1.0\frac{F_{A0}}{kC_{A0}} = -\frac{F_{A0}}{kC_{A0}}\ln(1-\mathrm{X}) \Rightarrow -1.0 = \ln(1-X)$

최종적으로 PFR의 전화율은 $X = 1 - e^{-1.0} = 1 - 0.368 = 0.632 \Rightarrow 63.2\%$

16 $-r_A = kC_A{}^2 = 0.02 \times 10^2 = 2\,\mathrm{mol/L \cdot sec}$

답 – 15.③ 16.①

17 $2NO + 2H_2 \rightarrow N_2 + 2H_2O$의 반응에서 초기압력과 반감기가 다음과 같을 때 차수는? (단, $\log 2 = 0.3$, $\log\frac{3}{2} = 0.18$)

초기압력(mmHg)	t1/2(sec)
300	100
200	200

① 1.67
② 2.72
③ 2.67
④ 3.72

18 어떤 반응의 속도상수가 25℃일 때 3.46×10^{-5}sec이고, 65℃일 때 4.87×10^{-3}sec이다. 이 반응의 활성화에너지는? (단, $\ln(3.46 \times 10^{-5}) = -10.3$, $\ln(4.87 \times 10^{-3}) = -5.3$)

① 23.017kcal
② 24.017kcal
③ 25.017kcal
④ 26.017kcal

ANSWER

17 $-r_A = kC_A^n = -\frac{dC_A}{dt}$ $\quad \therefore t = \frac{n-1}{k} C_A^{-n+1}$ $\quad \therefore t_{\frac{1}{2}} = \frac{n-1}{k}\left(\frac{C_{A0}}{2}\right)^{-n+1}$

$$\frac{t_{\frac{1}{2},2}}{t_{\frac{1}{2},1}} = \left(\frac{C_{A0,2}}{C_{A0,1}}\right)^{-n+1} = \left(\frac{P_{A0,2}}{P_{A0,1}}\right)^{-n+1}$$

$$n = 1 - \frac{\log\frac{t_{\frac{1}{2},2}}{t_{\frac{1}{2},1}}}{\log\frac{C_{A0,2}}{C_{A0,1}}} = 1 - \frac{\log\frac{200}{100}}{\log\frac{200}{300}} = 1 + \frac{\log 2}{\log\frac{3}{2}} = 1 + \frac{0.3}{0.18} = 2.67\text{차}$$

18 $$E = \frac{R(\ln k_2 - \ln k_1)}{\frac{1}{T_1} - \frac{1}{T_2}} = \frac{1.987 \times (\ln(4.87 \times 10^{-3}) - \ln(3.46 \times 10^{-5}))}{\frac{1}{298} - \frac{1}{338}} = 25.017\text{kcal}$$

답 17.③ 18.③

19 1차 반응인 N_2O의 분해 반응속도상수는 627℃에서 0.15L/mol · sec, 727℃에서 0.3L/mol · sec이다. 활성화에너지는? (단, log2 = 0.3)

① 10.3kcal
② 12.3kcal
③ 15.3kcal
④ 17.3kcal

20 log$K$의 $\frac{1}{T}$에 대한 기울기가 −5,000°K일 때 활성화에너지는?

① 24.85kcal
② 23.85kcal
③ 22.85kcal
④ 21.85kcal

21 온도가 27℃에서 37℃로 되었을 때 반응속도가 2배로 빨라졌다면 활성화에너지는? (단, ln2 = 0.69)

① 12,751cal
② 13,751cal
③ 14,751cal
④ 15,751cal

ANSWER

19
$$\ln\frac{k_1}{k_2}=\frac{E}{R}\left(\frac{1}{T_1}-\frac{1}{T_2}\right)$$
$$\therefore E=\frac{RT_1T_2\left(\ln\frac{k_1}{k_2}\right)}{T_2-T_1}=\frac{RT_1T_2\left(2.3\times\log\frac{k_2}{k_1}\right)}{T_2-T_1}=\frac{1.987\times900\times1,000\times\left(2.3\times\log\frac{0.3}{0.15}\right)}{1,000-900}\fallingdotseq 12,340\text{cal}\fallingdotseq 12.3\text{kcal}$$

20
기울기 $=\frac{-E}{2.3R}=-5,000$에서 $E=2.3R\cdot 5,000$
$E=2.3\times1.987\times5,000=22,850.5\text{ cal}\fallingdotseq 22.85\text{kcal}$

21
$$\frac{k_{37℃}}{k_{27℃}}=2,\ \ln2=\frac{E\times(310-300)}{1.987\times300\times310}\quad\therefore E\fallingdotseq 12,751\text{cal}$$

답 — 19.② 20.③ 21.①

22 어느 물질의 분해가 1차 반응으로 표시될 때 99% 분해하는 데 6,646초를 요구했다. 50% 분해하는 데는 얼마의 시간이 걸리겠는가? (단, ln0.01= −4.6, ln0.5= −0.69)

① 100초　　② 200초
③ 1,000초　　④ 2,000초

23 체적이 일정한 회분식 반응기 내에서 1차 가역반응 $A \underset{k_2}{\overset{k_1}{\rightleftarrows}} R$이 순수 A로부터 출발하여 진행된다. 평형에 도달했을 때 A의 분해율이 85%라고 하면, 반응의 평형상수 K_C는?

① 5.60　　② 5.64
③ 5.67　　④ 5.70

24 2차 반응에 반응속도상수가 5×10^{-7}L/mol · sec이고, 초기 농도가 0.2mol/L일 때 초기 속도는?

① 2×10^{-7}mol/L · sec
② 2×10^{-8}mol/L · sec
③ 2×10^{-9}mol/L · sec
④ 2×10^{-10}mol/L · sec

ANSWER

22 99% 분해시 $-\ln(1-0.99) = k \times 6,646,\ k = 6.9 \times 10^{-4}$

50% 분해시 $-\ln(1-0.5) = 6.9 \times 10^{-4} \times t$

$\therefore t = \dfrac{-\ln 0.5}{6.9 \times 10^{-4}} = 1,000$초

23 $-r_A = k_1 C_A - k_2 C_R = 0$ (∵평형)

$$K_C = \frac{k_1}{k_2} = \frac{C_R}{C_A} = \frac{C_{R0} + C_{A0}X_A}{C_{A0}(1-X_A)} = \frac{0 + C_{A0}X_A}{C_{A0}(1-X_A)} = \frac{X_A}{(1-X_A)} = \frac{0.85}{1-0.85} \fallingdotseq 5.67$$

24 $\dfrac{dC_A}{d_t} = kC_A{}^2 = 5 \times 10^{-7}\text{L/mol} \cdot \text{sec} \times (0.2\text{mol/L})^2 = 2 \times 10^{-8}\text{mol/L} \cdot \text{sec}$

답 – 22.③ 23.③ 24.②

25 A → Product인 0차 반응의 속도식이 $-r_A$ = 10mol/L · h이다. 순환식 반응기에서 순환비를 3으로 반응시키니 출구농도 C_{Af} = 5mol/L로 되었다. 순환류를 차단시킬 때의 반응기의 부피는? (단, C_{A0} = 10mol/L, F_{A0} = 1,000mol/h)

① 30L ② 40L
③ 50L ④ 60L

26 관형반응기로 1차 비가역반응을 시킬 때 공간속도가 3,000h^{-1}였고, 그때의 반응률이 40%이었다. 반응률이 90%일 때 공간속도는? (단, ln0.6 = −0.51, ln0.1 = −2.3)

① 665.22h^{-1} ② 665.55h^{-1}
③ 665.77h^{-1} ④ 665.88h^{-1}

27 80%의 전환율을 얻는 데 필요한 공간시간이 4h일 때 3ft^3/min를 처리하는 데 필요한 반응기 부피는?

① 700ft^3 ② 710ft^3
③ 720ft^3 ④ 730ft^3

ANSWER

25 $k\tau = -\int_{C_{A0}}^{C_A} dC_A \quad \left(\tau = \frac{V}{v_0} = \frac{V \cdot C_{A0}}{F_{A0}}\right)$

$\therefore V = -\frac{F_{A0}}{kC_{A0}}\int_{C_{A0}}^{C_A} dC_A = -\frac{F_{A0}}{kC_{A0}}(C_A - C_{A0}) = -\frac{1000}{10\times 10}(5-10) = 50\text{L}$

26 $k = \frac{1}{\tau}\ln\left(\frac{1}{1-x}\right) = -\frac{1}{\tau}\ln(1-x)$, 공간속도는 $\frac{F}{V} = \frac{1}{\tau}$

$k = -\frac{F}{V}\times\ln(1-x) = -3{,}000\times\ln 0.6 = 1{,}530/\text{h}$

반응률이 90%일 때 $\frac{F}{V} = \frac{1}{\tau} = \frac{k}{-\ln(1-x)} = \frac{1{,}530}{-\ln(1-0.9)} = \frac{1{,}530}{-\ln(0.1)} = 665.22/\text{h}$

27 반응기의 부피

$= \frac{3\text{ft}^3}{\text{min}} \Big| \frac{60\text{min}}{1\text{h}} \Big| \frac{4\text{h}}{} = 720\text{ft}^3$

답 − 25.③ 26.① 27.③

28 $2N_2O_5 \rightarrow 2N_2O_4 + O_2$ 반응의 속도상수와 온도와의 관계는 다음과 같다. 0℃에서의 활성화 Free energy ΔG의 값은? (단, $\log 8.56 \times 10^{-7} = -6.1$, $\log 1.35 \times 10^{-4} = -3.9$, $\log 1.50 \times 10^{-3} = -2.8$)

t(℃)	0	35	55
$k(\sec^{-1})$	8.56×10^{-7}	1.35×10^{-4}	1.50×10^{-3}

① 5.36kcal/mol
② 10.36kcal/mol
③ 15.36kcal/mol
④ 20.36kcal/mol

29 다음 중 단일이상반응기가 아닌 것은?

① 회분식 반응기
② 연속교반탱크반응기
③ 플러그흐름반응기
④ 다중효용반응기

30 연속교반탱크반응기의 부피가 $V_1 = 200$, $V_2 = 100$, $V_3 = 300$일 때 전환율을 가장 크게 하기 위한 배열순서는? (단, 1차 반응)

① $V_3 \rightarrow V_1 \rightarrow V_2$
② $V_2 \rightarrow V_1 \rightarrow V_3$
③ $V_2 \rightarrow V_3 \rightarrow V_1$
④ 배열순서에 관계없다.

ANSWER

28 $\frac{-\Delta G}{RT} = \log k - 13$

$\Delta G = \{13 - \log(8.56 \times 10^{-7})\} \times 1.987 \times 273 = 10.36\text{kcal/mol}$

29 단일이상반응기로는 회분식, 반회분식, 연속교반탱크, 플러그흐름반응기가 있다.

30 1차 반응때 연속교반탱크의 전환율은 탱크순서에 관계없이 일정하다.

답 – 28.② 29.④ 30.④

31 정상상태의 플러그 흐름 반응기(plug flow reactor)에서 반응기 내로 유입되는 시간당 반응물 A의 몰수를 F_{A_0}라 하고, 반응기 부피를 V로 할 때, $\frac{V}{F_{A_0}}$의 값을 반응물 A의 반응속도($-r_A$)와 전화율(X_A) 그래프에서 면적으로 구할 수 있다. $\frac{V}{F_{A_0}}$을 나타낸 면적으로 옳은 것은?

①
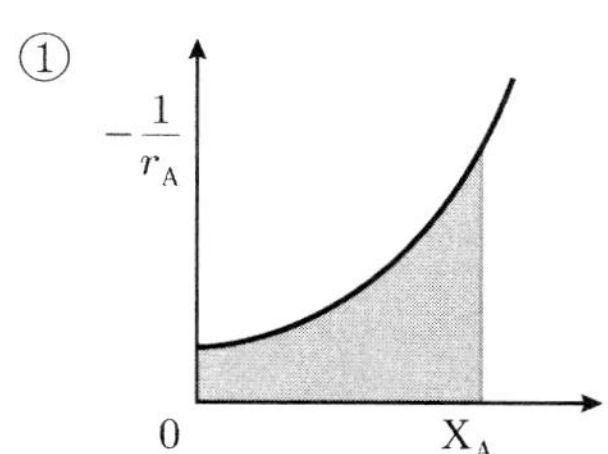

②
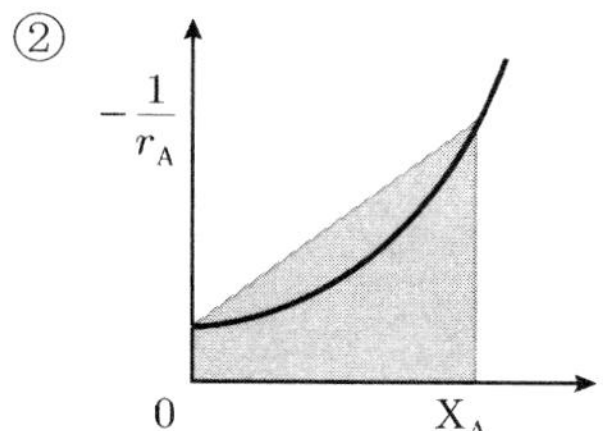

③
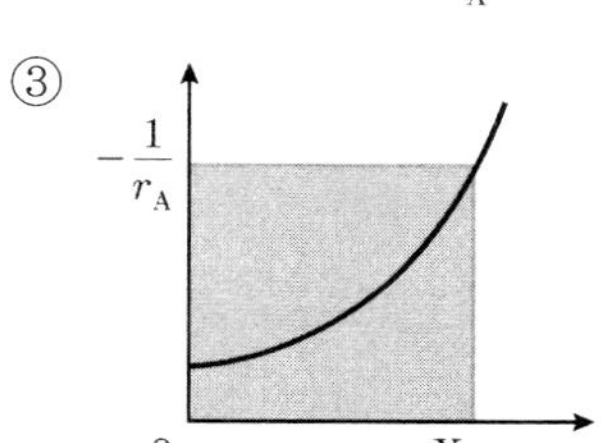

④
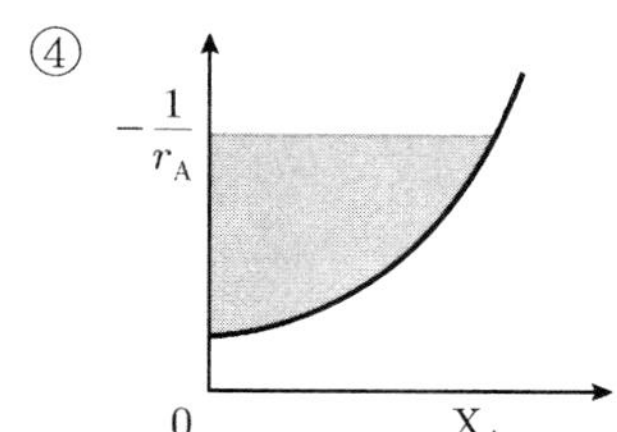

ANSWER

31 PFR 반응기 설계식은 다음과 같다. $V = F_{A0}\int_0^X \frac{dX}{-r_A}$ $\therefore \frac{V}{F_{A0}} = \int_0^X \frac{dX}{-r_A}$

답 – 31.①

32 효소촉매를 이용한 A→R 반응의 반응속도식은 $-r_A = \frac{kC_A C_{E_0}}{M+C_A}$로 표현된다. A의 농도($C_A$)와 반응속도와의 관계에 대한 설명으로 옳은 것은? (단, 효소의 초기농도(C_{E_0}), k와 M은 상수로 가정한다)

① $C_A \ll M$이면, $-r_A \propto \frac{1}{C_A}$이다.

② $C_A \ll M$이면, $-r_A \propto$상수이다.

③ $C_A \gg M$이면, $-r_A \propto \frac{1}{C_A}$이다.

④ $C_A \gg M$이면, $-r_A \propto$상수이다.

33 다음 중 1차 반응의 반감기를 나타낸 것은?

① $\frac{\ln 2}{k}$

② $\frac{1}{k}$

③ $\frac{1}{C_o \cdot k}$

④ $\frac{1}{\ln 2 \cdot k}$

ANSWER

32 반응속도식 $-r_A = \frac{kC_A C_{E_0}}{M+C_A}$에서 A의 농도와 M과의 관계는 다음과 같이 두 가지 경우가 있다.

㉠ $C_A \ll M$인 경우 : 분모의 C_A는 무시되어 $-r_A = \frac{kC_A C_{E_0}}{M}$의 관계가 되며 상수를 정리하면 $-r_A \propto C_A$

㉡ $C_A \gg M$인 경우 : 분모의 M은 무시되어 $-r_A = \frac{kC_A C_{E_0}}{C_A} = kC_{E_0}$관계가 되며 $-r_A \propto$상수 관계가 된다.

33 반감기

㉠ 0차 반응 : $t_{\frac{1}{2}} = \frac{C_{A0}}{2k}$

㉡ 1차 반응 : $t_{\frac{1}{2}} = \frac{\ln 2}{k}$

㉢ 2차 반응 : $t_{\frac{1}{2}} = \frac{1}{kC_{A0}}$

㉣ 3차 반응 : $t_{\frac{1}{2}} = \frac{3}{2kC_{A0}^2}$

답 32.④ 33.①

34 다음 중 반감기에 영향을 주지 않는 요인은?

① 압력 ② 초기 농도
③ 속도상수 ④ 반응차수

35 정상상태의 일정한 압력에서 운전되는 등온의 단일상 흐름반응기에서 A + B → R + S 반응이 진행된다. C_{A0}=100, C_{B0}=200인 기체 공급물에 대하여 전화율 X_A는 0.80일 때 X_B, C_A 및 C_B는?

① 0.2, 10, 120 ② 0.2, 20, 80
③ 0.4, 20, 120 ④ 0.4, 30, 80

36 다음 반응을 비가역 기초반응이라 가정할 때 총반응차수는?

2A + B → C

① 0차 ② 1차
③ 2차 ④ 3차

ANSWER

34 반감기 … 어떤 반응의 반응물이 초기 농도의 $\frac{1}{2}$로 줄어들 때까지의 시간을 말한다.

$t_{\frac{1}{2}} = \frac{2^{n-1}-1}{k(n-1)}\left(\frac{1}{C_{A0}{}^{n-1}}\right)$ (n : 반응차수, k : 속도상수, C_{A0} : 초기 농도)

35 전화율은 다음과 같은 의미를 갖는다. $X_A = \frac{\text{반응한 } A\text{의 몰수}}{\text{공급된 } A\text{의 몰수}}$

㉠ $C_A : X_A = \frac{C_{A1}}{100} = 0.8 \Rightarrow C_{A1} = 80,\ \therefore C_A = C_{A0} - C_{A1} = 100 - 80 = 20$

㉡ C_B : 반응계수의 비가 1:1이며, A가 80 소모되었기 때문에 200−80=120

㉢ $X_B = \frac{80}{200} = 0.4$

36 aA + bB → C

$-r_A = kC_A{}^a \cdot C_B{}^b$

총반응차수 $= a + b = 2 + 1 = 3$차

답 – 34.① 35.③ 36.④

37 반응식이 A + B → R인 회분반응기에 A를 50kg 유입하였을 때 전환율은? (단, 남아있는 A의 양 = 10kg)

① 20%
② 40%
③ 60%
④ 80%

38 반응속도가 느린 반응물 사용에 적당한 반응기는?

① 탑형반응기
② 촉매반응기
③ 관현반응기
④ 이동층반응기

39 다음 반응의 속도상수는 300℃에서 $2.41 \times 10^{-10} sec^{-1}$이다. 만일 400℃에서 속도상수가 $1.16 \times 10^{-6} sec^{-1}$이라면, 이 반응의 활성화에너지($E_A$)값은? (단, $\ln 2.41 \times 10^{-10} = -22.15$, $\ln 1.16 \times 10^{-6} = -13.67$)

$A \xrightarrow{k} B$

① 37.523kcal/mol
② 64.978kcal/mol
③ 98.545kcal/mol
④ 102.421kcal/mol

ANSWER

37 전환율 $x_A = \frac{50-10}{50} \times 100 = 80\%$

38 탑형반응기는 기상, 액상반응시 반응속도가 늦어 체류시간이 긴 물질의 반응에 사용된다.

39 $k = k_A \exp\left(-\frac{E_A}{RT}\right)$(Arrhenius equ.)

$\therefore E_A = \frac{RT_1T_2}{T_2 - T_1} \cdot \ln\left(\frac{k_2}{k_1}\right)$

$= \frac{(1.987\text{cal/mol} \cdot \text{K})(573°\text{K} \times 673°\text{K})}{(673-573)°\text{K}} \times \ln\left(\frac{1.16 \times 10^{-6}}{2.41 \times 10^{-10}}\right) \fallingdotseq 64{,}978\text{cal/mol}$

$\therefore E_A = 64.978\text{kcal/mol}$

답 37.④ 38.① 39.②

40 〈보기〉와 같이 비가역 연속 1차반응이 회분식 반응기에서 일어날 때 R의 최대농도($C_{R,\max}$)와 최대농도가 되는 반응시간($t_{\max}$)은? (단, $k_1 = 2\text{min}^{-1}$, $k_2 = 3\text{min}^{-1}$, $C_{A0} = 4\text{mol/l}$, $C_{R0} = C_{S0} = 0\text{mol/l}$이며, 소수 둘째자리에서 반올림 한다.)

〈보기〉

$$A \xrightarrow{k_1} R \xrightarrow{k_2} S$$

① 1.2mol/l, ln1.5min

② 1.2mol/l, ln0.5min

③ 0.75mol/l, ln1.5min

④ 0.75mol/l, ln0.5min

ANSWER

40

회분식 반응기 설계식을 통해 문제를 해결한다. $\frac{dC_A}{dt} = r_A$

㉠ A→R로 진행되는 반응

반응속도 식 $r_A = -k_1 C_A$

결합 후 양변 적분 $\frac{dC_A}{dt} = -k_1 C_A \Rightarrow \int_{C_{A0}}^{C_A} \frac{dC_A}{C_A} = -k_1 \int_0^t dt \Rightarrow \ln(\frac{C_A}{C_{A0}}) = -k_1 t \Rightarrow C_A = C_{A0} e^{-k_1 t}$

㉡ R→S로 진행되는 반응

반응속도 식 $r_R = k_1 C_A - k_2 C_R$

결합 후 양변 적분 $\frac{dC_R}{dt} = k_1 C_A - k_2 C_R \Rightarrow \frac{d(C_R e^{k_2 t})}{dt} = k_1 C_{A0} e^{(k_2 - k_1)t} \Rightarrow C_R = k_1 C_{A0} (\frac{e^{-k_1 t} - e^{-k_2 t}}{k_2 - k_1})$

∴ 최대농도의 시간($\frac{dC_R}{dt} = 0$일 때) : $t_{\max} = \frac{1}{k_1 - k_2} \ln \frac{k_1}{k_2} = \frac{1}{2-3} \ln \frac{2}{3} = \ln 1.5\,\text{min}$

∴ 최대농도 : $C_R = k_1 C_{A0} (\frac{e^{-k_1 t} - e^{-k_2 t}}{k_2 - k_1}) = 2 \times 4 \times (\frac{e^{-2\ln 1.5} - e^{-3\ln 1.5}}{3-2}) = 1.2\,\text{mol/l}$

답 40.①

41 혼합 흐름 반응기에 반응물 A가 원료로 공급되고, 〈보기〉와 같은 연속반응이 진행된다. 이때 B의 농도가 최대가 되는 반응기 공간시간은? (단, k_1 = 2min^{-1}, k_2 = 4min^{-1}이고, 원료반응물의 농도는 C_{A0}= 2mol/l이다.)

〈보기〉

$$A \xrightarrow{k_1} B \xrightarrow{k_2} C$$

① 4min
② $\frac{1}{4}$min
③ $2\sqrt{2}$ min
④ $\frac{1}{2\sqrt{2}}$min

42 기체반응에 대한 속도식이 400°K에서 다음과 같이 표현된다. 이 조건에서 속도상수의 단위는?

$$\frac{dP_A}{dt} = 3.66 {P_A}^2 [\text{atm/hr}]$$

① atm^{-1}
② atm^{-1} · hr
③ atm^{-1} · hr^{-1}
④ atm^{-2} · hr^{-1}

ANSWER

41 혼합 흐름 반응기에 직렬반응이며, 중간생성물의 농도가 최대가 되는 반응기 공간시간을 구하는 식은 다음과 같다.
$1/\sqrt{k_1 \times k_2}$ $\quad \therefore\ 1/\sqrt{k_1 \times k_2} = 1/\sqrt{2\text{min}^{-1} \times 4\text{min}^{-1}} = 1/2\sqrt{2}\,\text{min}$

42 $\text{atm/hr} = k_1(\text{atm}^2)$

$\therefore k_1$ (속도상수) $= \dfrac{\text{atm}}{\text{atm}^2 \times \text{hr}} = \text{atm}^{-1} \cdot \text{hr}^{-1}$

답 41.④ 42.③

43 400°K에서 $-\frac{dC_A}{dt} = 120{C_A}^2$[mol/hr · L]일 때, 속도식을 $-r_A = K_P P_A^2$ [atm/hr]로 나타낸다면 이 반응의 속도상수의 값은?

① 1.82
② 3.66
③ 5.41
④ 8.24

44 회분식 반응기에 대한 설명이 아닌 것은?

① 반응기 속 모든 조성이 일정하다.
② 높은 전환율을 얻을 수 있다.
③ 소량다품종 생산에 적합하다.
④ 전열면적이 커서 온도조절이 용이하다.

ANSWER

43 농도로 나타낸 속도 $-r_{AC} = -\frac{dC_A}{dt} = K_C C_A^2 = 120 C_A^2$ [mol/hr · L]

$\therefore K_C = 120\text{L/mol} \cdot \text{hr}$

압력으로 나타낸 속도 $-r_A = K_P P_A^2 = -r_{AC} \times RT$ [atm/hr]

그런데 $PV = nRT$에서 $P_A = \frac{n_A}{V}RT = C_A RT$

$\therefore K_P (C_A RT)^2 = K_C C_A^2 \times RT$

$\therefore K_P = \frac{K_C}{RT} = \frac{120\text{L/mol} \cdot \text{hr}}{(0.082\text{atm} \cdot \text{L/mol} \cdot \text{K})(400\text{K})} = 3.66\text{atm}^{-1} \cdot \text{hr}^{-1}$

44 ④ 관현반응기 대한 설명이다.

※ 회분식 반응기 … 반응에 필요한 원료를 모두 반응기에 넣고 교반을 하면서 일정시간 동안 반응을 진행시킨 후 반응물 · 생성물을 동시에 빼내는 반응기다.

답 — 43.② 44.④

45 기상 3차 반응이 $2NO + O_2 \rightleftarrows 2NO_2$이고, 30℃, 1atm에서 속도상수가 다음과 같을 때 입력에 대한 반응속도상수(K_P)는? (단, 이상기체로 가정하고 K_P의 단위는 [mol/atm^3 · L · sec]이다)

$K_C = 2.65 \times 10^{-4} L^2/mol^2 \cdot sec$

① 1.24×10^{-8}　② 1.56×10^{-8}
③ 1.73×10^{-8}　④ 1.98×10^{-8}

46 어떤 반응에서 반응속도상수 k와 $\frac{1}{T}$은 반대수좌표에서 직선관계를 가졌고, 기울기가 −3,000이라 하면 활성화에너지는 몇 cal/mol인가?

① 5,961cal/mol　② 6,821cal/mol
③ 7,241cal/mol　④ 8,452cal/mol

ANSWER

45 n차 반응에 대해서 $-r_A = K_C C_A^n = K_P P_A^n$

여기서 $P_A = C_A RT$이므로 $K_P = \frac{K_C}{(RT)^n}$ [mol/atm^n · L · sec]

$$\therefore K_P = \frac{K_C}{(RT)^3} = \frac{2.65 \times 10^{-4} L^2/mol^2 \cdot sec}{(0.082 atm \cdot L/mol \cdot K \times 303K)^3}$$

$$= 1.73 \times 10^{-8} mol/atm^3 \cdot L \cdot sec$$

46 $\ln k = \ln k_0 - \frac{E_A}{R} \cdot \frac{1}{T}$에서 $\ln \frac{k}{k_0} = \left(-\frac{E_A}{R}\right)\frac{1}{T}$

$\frac{E_A}{R} = 3{,}000 \quad \therefore E_A = R \times 3{,}000 = 1.987 \times 3{,}000 = 5{,}961\,cal/mol$

답 45.③ 46.①

47 어떤 반응의 속도가 $-r_A = 0.005 C_A{}^2 \text{mol/cm}^3 \cdot \text{min}$일 때 농도를 mol/L, 시간을 hr로 나타내면 속도상수의 값은?

① 10L/mol · hr
② 0.3L/mol · hr
③ 2×10^{-4}mol/L · hr
④ 3×10^{-4}mol/L · hr

48 어떤 반응의 속도상수가 27℃일 때, $3.46 \times 10^{-5}\text{sec}^{-1}$, 127℃일 때 $4.87 \times 10^{-3}\text{sec}^{-1}$이다. 이 반응의 활성화 에너지는? (단, $\ln 4.87 \times 10^{-3} = -5.3$, $\ln 3.46 \times 10^{-5} = -10.3$)

① 11,922cal/mol
② 12,922cal/mol
③ 13,922cal/mol
④ 14,922cal/mol

49 온도가 27℃에서 77℃로 되었을 때 반응속도가 4배로 빨라졌다면 활성화에너지는? (단, ln4 = 1.4)

① 2,842cal/mol
② 3,842cal/mol
③ 5,842cal/mol
④ 6,842cal/mol

ANSWER

47 C_A의 단위가 mol/cm^3이므로

$k = 0.005\text{cm}^3/\text{mol} \cdot \text{min}$

$$= \frac{0.005cm^3}{\text{mol} \cdot \text{min}} \times \frac{1L}{1{,}000cm^3} \times \frac{60\text{min}}{1hr} = 3 \times 10^{-4}\ [\text{mol/L} \cdot \text{hr}]$$

48

$$E_A = \frac{R \cdot T_1 \cdot T_2 \cdot \ln\left(\frac{k_2}{k_1}\right)}{(T_2 - T_1)}$$

$$= \frac{1.987 \times 300 \times 400 \times \ln\left(\frac{4.87 \times 10^{-3}}{3.46 \times 10^{-5}}\right)}{400 - 300} = 11{,}922\text{cal/mol}$$

49

$$E_A = \frac{R \cdot T_1 \cdot T_2 \cdot \ln\left(\frac{k_2}{k_1}\right)}{T_2 - T_1} = \frac{1.987 \times 300 \times 350 \times \ln 4}{(350 - 300)} \fallingdotseq 5{,}841.8 \fallingdotseq 5{,}842\text{cal/mol}$$

답 — 47.④ 48.① 49.③

50 NO의 분해반응은 다음과 같이 일어난다. 이 반응의 속도상수가 694℃와 812℃에서 각각 1.35×10^{-1}, 3.70이었다. 이 반응의 활성화에너지는? (단, $\ln 3.7 = 1.30$, $\ln 1.35 \times 10^{-1} = -2$)

$$NO \rightarrow \frac{1}{2}N_2 + \frac{1}{2}O_2$$

① 56.3kcal/mol ② 58.3kcal/mol
③ 60.3kcal/mol ④ 62.3kcal/mol

51 Arrhenius법칙($k = k_o \cdot e^{-\frac{E}{RT}}$)이 성립하면 어떻게 되겠는가?

① k와 T는 직선관계가 있다.
② $\ln k$와는 T는 직선관계가 있다.
③ $\ln k$ 와 $\ln \frac{1}{T}$은 직선관계가 있다.
④ $\ln k$ 와 $\frac{1}{T}$은 직선관계가 있다.

ANSWER

50

$$E_A = \frac{R \cdot T_1 \cdot T_2 \cdot \ln\left(\frac{k_2}{k_1}\right)}{T_2 - T_1}$$

$$= \frac{1.987 \times 967 \times 1,085 \times \ln\left(\frac{3.70}{1.35 \times 10^{-1}}\right)}{1,085 - 967}$$

$= 58,302\text{cal/mol} ≒ 58.3\text{kcal/mol}$

51

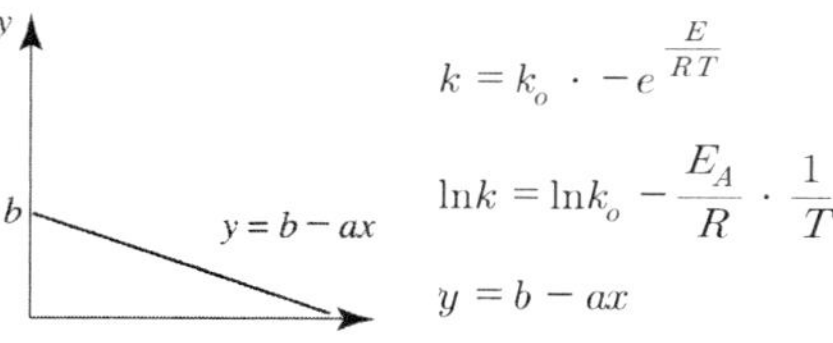

$$k = k_o \cdot -e^{\frac{E}{RT}}$$

$$\ln k = \ln k_o - \frac{E_A}{R} \cdot \frac{1}{T}$$

$$y = b - ax$$

답 – 50.② 51.④

52 다음 중 Arrhenius식은 어느 것인가?

① $k \propto T^{\frac{1}{2}} e^{\frac{E}{RT}}$

② $k \propto Te^{-\frac{E}{RT}}$

③ $k \propto e^{-\frac{E}{RT}}$

④ $k \propto T^m e^{\frac{E}{RT}} (m \neq 0)$

53 이상기체인 A와 B가 일정한 부피 및 온도의 반응기에서 반응이 일어날 때, 반응물 A의 분압이 P_A라고 하면 반응속도식으로 옳은 것은?

① $-r_A = \frac{V}{RT} \cdot \frac{dP_A}{dt}$

② $-r_A = -\frac{RT}{V} \cdot \frac{dP_A}{dt}$

③ $-r_A = -\frac{1}{RT} \cdot \frac{dP_A}{dt}$

④ $-r_A = -RT\frac{dP_A}{dt}$

ANSWER

52
Arrhenius식 ⋯ $k = k_o \cdot e^{-\frac{E}{RT}}$
(k : 일정온도에서의 반응속도상수, k_o : 반도계수, E : 활성화에너지, R : 이상기체상수, T : 절대온도)

53
$-r_A = -\frac{dC_A}{dt}\left(PV = nRT\text{에서 } \frac{P}{RT} = \frac{n}{V} = C_A\right)$
$= \frac{-d}{dt}\left(\frac{P_A}{RT}\right) = -\frac{1}{RT}\left(\frac{dP_A}{dt}\right)$

답 — 52.③ 53.③

54 HI의 분해반응의 속도상수는 주어진 온도에서 각각 다음과 같았다. 여기서 HI 분해반응의 활성화에너지는?

- 630K에서 $k = 3.0 \times 10^{-5} mol^{-1} \cdot L \cdot sec^{-1}$
- 720K에서 $k = 2.5 \times 10^{-3} mol^{-1} \cdot L \cdot sec^{-1}$

① 45.293kcal/mol ② 44.293kcal/mol
③ 42.293kcal/mol ④ 40.293kcal/mol

55 다음 그림과 같은 반응에서 열효과는?

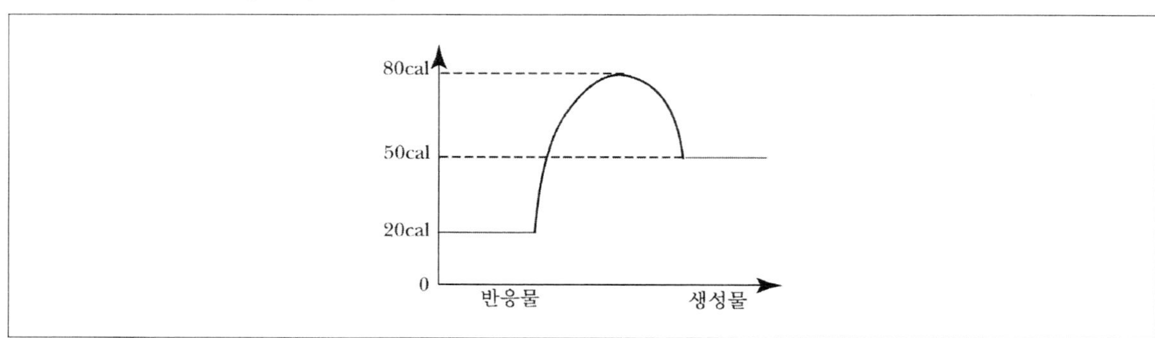

① 30cal 흡열반응 ② 50cal 흡열반응
③ 30cal 발열반응 ④ 50cal 발열반응

ANSWER

54

$$EA = \frac{R\,T_1 \times T_2}{T_2 - T_1} \cdot \left(\frac{k_2}{k_1}\right) = \frac{1.987 \times 630 \times 720 \times \ln\left(\frac{2.5 \times 10^{-3}}{3.0 \times 10^{-5}}\right)}{720 - 630}$$

$= 44,293 cal/mol = 44.293 kcal/mol$

55 반응물보다 생성물의 열량이 더 높으므로 30cal 흡열반응이다.

답 54.② 55.①

56 일반적으로 $A \xrightarrow{k} P$와 같은 반응에서 반응물의 농도가 $C_A = 1.0 \times 10^{-3}$mol/L일 때에 그 반응속도가 0.040mol/L · sec였다고 한다. 만일 이때에 그 반응속도상수 $k = 4 \times 10^4(\text{mol/L})^{-1} \cdot \text{sec}^{-1}$이라고 한다면 이 반응의 반응차수는? (단, $\ln 1 \times 10^{-6} = -13.8$, $\ln 1 \times 10^{-3} = -6.9$)

① 0
② 1
③ 2
④ 3

57 다음 반응이 1atm, 25℃에서 일어날 때 자유에너지 변화는? (단, 각각의 ΔF°_f 값은 $CO(g)$가 −32.807 kcal/gmol이고, $O_2(g)$는 0이며, $CO_2(g)$는 −94.2598kcal/gmol이다)

$$CO(g) + \frac{1}{2}O_2(g) \rightarrow CO_2(g)$$

① −31.45kcal/mol
② −41.45kcal/mol
③ −51.45kcal/mol
④ −61.45kcal/mol

ANSWER

56 $-r_A = kC_A{}^n$ 에서 $C_A{}^n = \left(\frac{-r_A}{k}\right)$

$$n = \frac{\ln\left(\frac{-r_A}{k}\right)}{\ln C_A} = \frac{\ln\left(\frac{0.04}{4 \times 10^4}\right)}{\ln(1 \times 10^{-3})} = 2$$

57 $\Delta F^\circ = \Sigma(\Delta F^\circ)_P - \Sigma(\Delta F^\circ)_R = (\Delta F^\circ{}_{CO_2}) - (\Delta F^\circ{}_{CO} + \frac{1}{2}\Delta F^\circ{}_{O_2})$

$\therefore \Delta F^\circ = (-94.2598) - \left(-32.807 + \frac{1}{2} \cdot 0\right) = -61.4528 \fallingdotseq -61.45\text{kcal/mol}$

답 56.③ 57.④

58 어떤 반응에서 반응물 A의 농도가 1mol/L일 때 그 속도식은 $-r_A = 0.01$mol/L · sec라고 한다면, 반응물 A의 농도가 20mol/L일 때의 반응속도는? (단, 반응은 2차 반응이라고 가정한다)

① 2mol/L · sec
② 4mol/L · sec
③ 6mol/L · sec
④ 8mol/L · sec

59 $A+2B \xrightarrow{k} 3C$인 반응이 기초반응을 따를 때, 각 반응물에 대한 속도식의 관계는 어떻게 되겠는가?

① $-r_A = \frac{-r_B}{2} = \frac{r_C}{3}$

② $\frac{-r_A}{6} = \frac{-r_B}{3} = \frac{r_C}{2}$

③ $-r_A = -r_B - r_C$

④ $-3r_A = -6r_B - r_C$

ANSWER

58 2차 반응 $-r_A = kC_A{}^2$

$-r_{A_1} = kC_{A_1}^2, -r_{A_2} = kC_{A_2}^2$ 에서 $-r_{A_2} = -r_{A_1} \cdot \frac{C_{A_2}^2}{C_{A_1}^2}$

$\therefore -r_{A_2} = 0.01\text{mol/L} \cdot \text{s} \times \left(\frac{20\text{mol/l}}{1\text{mol/l}}\right)^2 = 4.0\text{mol/L} \cdot \text{s}$

59 $\frac{-r_A}{a} = \frac{-r_B}{b} = \frac{r_C}{c}$

$-r_A = \frac{-r_B}{2} = \frac{r_C}{3}$

답 58.② 59.①

60 균일기상반응 $CH_4 + \frac{3}{2}O_2 \xrightarrow{k} HCOOH + H_2O$에서 r_{CH_4}와 r_{O_2}와의 관계는?

① $r_{CH_4} = \frac{1}{3}r_{O_2}$

② $-r_{CH_4} = \frac{1}{3}r_{O_2}$

③ $r_{CH_4} = \frac{2}{3}r_{O_2}$

④ $-r_{CH_4} = \frac{2}{3}r_{O_2}$

61 어떤 반응에서 반응속도상수 k와 $\frac{1}{T}$은 반대수좌표에서 직선관계를 가졌으며, 기울기가 −1,000이라 한다면 활성화 에너지는 몇 cal/mol인가?

① 5,576cal/mol
② 3,576cal/mol
③ 2,576cal/mol
④ 1,987cal/mol

ANSWER

60 $\frac{-r_A}{a} = \frac{-r_B}{b} = \frac{r_C}{c} = \frac{r_D}{d}$이므로

$r_{CH_4} = \frac{2}{3}r_{O_2} = r_{HCOOH} = r_{H_2O}$

$\therefore r_{CH_4} = \frac{2}{3}r_{O_2}$

61 $k = k_o \cdot \exp\left(-\frac{E_A}{RT}\right)$

$\ln k = \ln k_o - \frac{E_A}{R} \cdot \frac{1}{T}$, $\log k = \log k_0 - \frac{E_A}{2.303R} \cdot \frac{1}{T}$

$-\frac{E_A}{2.303R} = -1{,}000$

$\therefore \frac{E_A}{R} = 1000$, $E_A = 1000 \times 1.987 = 1{,}987\text{cal/mol}$

답 60.③ 61.④

62 2A+B→C 로 주어진 반응의 반응속도[mol/L · s]식이 다음과 같을 때, 속도상수(k)의 단위는?

$$-r_A = k[A]^2[B]$$

① 1/s ② 1/mol · s
③ L/mol · s ④ $L^2/mol^2 \cdot s$

63 용적이 일정한 회분식 반응기 내에서 가역 1차 반응 $A \underset{k_2}{\overset{k_1}{\rightleftarrows}} R$ 이 순수 A로부터 출발하여 진행되어서 평형에 도달하였을 때 A의 분해율(전환율)이 80%라고 한다면, 이 반응의 평형상수 K_C는?

① 1 ② 2
③ 3 ④ 4

64 2차 반응에 반응속도상수가 5×10^{-7}L/mol · sec이고, 초기 농도가 0.4mol/L일 때, 초기 속도는?

① 0.4×10^{-8}mol/L · sec ② 0.4×10^{-7}mol/L · sec
③ 0.8×10^{-8}mol/L · sec ④ 0.8×10^{-7}mol/L · sec

ANSWER

62 반응속도의 단위는 mol/L · s이다. 그리고 반응속도식 $-r_A = k[A]^2[B]$에서 각 $[A], [B]$는 농도이므로 단위는 mol/L이다.

∴ 반응속도 상수의 단위는 다음과 같다. k의단위 $= \dfrac{mol/L \cdot s}{(mol/L)^3} = \dfrac{L^2}{mol^2 \cdot s}$

63 $-r_A = k_1 C_A - k_2 C_R = 0$ (∵ 평형)

순수한 A에서는 초기 $C_{RO} = 0$이 된다(X_A = 전환율).

$$K_C = \frac{k_1}{k_2} = \frac{C_R}{C_A} = \frac{C_{RO} + C_{AO} \cdot X_A}{C_{AO}(1-X_A)} = \frac{C_{AO} \cdot X_A}{C_{AO}(1-X_A)} = \left(\frac{0.8}{1-0.8}\right) = 4$$

64 $-r_{A_o} = kC_{A_o}{}^2 = (5 \times 10^{-7} L/mol \cdot sec) \times (0.4 mol/L)^2 = 0.8 \times 10^{-7} mol/L \cdot sec$

답 – 62.④ 63.④ 64.④

65 다음 그림은 Arrhenius plot이다. 설명으로 옳지 않은 것은?

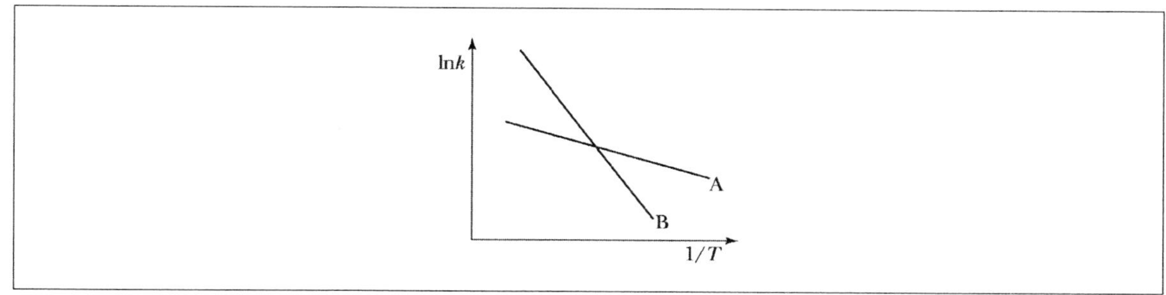

① B는 A보다 활성화에너지가 크다.

② A는 B보다 활성화에너지가 작다.

③ B반응은 A반응보다 반응이 쉽게 일어난다.

④ B반응은 A반응보다 반응이 어렵게 일어난다.

66 A + 2B $\xrightarrow{k}$ 4R인 반응에서 r_R = 100mol/L · min일 때, B에 관한 반응속도($-r_B$)는?

① 10mol/L · sec　　② 15mol/L · sec

③ 25mol/L · sec　　④ 50mol/L · sec

ANSWER

65 활성화에너지가 높을수록 반응이 어렵게 일어나는데 기울기의 절댓값이 클수록 활성화에너지(E_A)값이 높아지므로 B반응이 A반응보다 어렵게 일어난다.

※ Arrhenius equ. ⋯ $\ln k = \ln A - \frac{E_A}{R} \cdot \frac{1}{T}(y = b - ax)$

66 $-r_A = \frac{-r_B}{2} = \frac{r_A}{4}$ 이므로

$2(-r_A) = -r_B = \frac{2}{4} r_R$

$\therefore -r_B = \frac{2}{4} \times 100 = 50\text{mol/L} \cdot \text{sec}$

답 — 65.③ 66.④

67 **공업용 반응기에 대한 설명으로 옳은 것은?**

① 반회분 반응기(semi-batch reactor)와 연속 교반탱크 반응기(continuous stirred tank reactor, CSTR)는 주로 기상반응에 사용된다.

② 반회분 반응기는 기체가 액체를 통하여 기포를 만들면서 연속적으로 통과하는 2상 반응에서도 사용이 가능하다.

③ 반응기 부피당 전화율은 연속 교반탱크 반응기가 관형 반응기(tubular reactor)보다 크다.

④ 관형 반응기는 반응기 내의 온도조절이 쉬우며, 발열반응의 경우 국소 고온점(hot spot)이 발생하지 않는다.

68 **어떤 1차 반응에서 활성화에너지가 10,000cal/mol이고, 빈도계수가 5×10^{13}일 때 반감기가 1min인 경우의 온도는? (단, ln2 = 0.693, ln5 $\times 10^{13}$ = 31.5, ln0.693 = −0.37)**

① 158°K
② 394°K
③ 571°K
④ 742°K

ANSWER

67 ① 회분식 반응기, 반회분 반응기, 연속 교반탱크 반응기는 주로 액상반응에 사용되어진다.
② 반회분 반응기는 주로 반응기에 액상용액을 넣고 반응시키는 반응기로써 반응 중 존재하는 상은 액상과 기상이다. 따라서 기체가 액체를 통하여 기포를 만들면서 연속적으로 통과하는 2상 반응에도 사용이 가능하다.
③ 반응기 부피당 전화율은 일반적으로 연속 교반탱크 반응기보다 관형 반응기가 더 크다.
④ 관형반응기는 반응기 부피당 전화율이 높은 이점이 있지만, 반응기내의 온도 조절이나, 국소 온도점이 생길 수 있는 단점이 있다.

68

반감기 $t_{\frac{1}{2}} = \frac{\ln 2}{k} = 1\text{min}$

$\therefore k = \frac{\ln 2}{t_{\frac{1}{2}}} = 0.693\text{min}^{-1}$

$k = k_0 \exp\left(-\frac{E_A}{RT}\right)$,

$$T = -\frac{E_A}{R} \cdot \frac{1}{\ln\left(\frac{k}{k_0}\right)} = -\frac{10,000}{1.987} \cdot \frac{1}{\ln\left(\frac{0.693}{5 \times 10^{13}}\right)} = 157.9\text{K} \fallingdotseq 158\text{K}$$

답 67.② 68.①

69 포스핀(PH_3)의 분해반응에서 포스핀의 분해반응속도는 10×10^{-3}mol/L · sec이다. H_2의 생성 속도는?

$$4PH_3 \xrightarrow{k} P_4 + 6H_2$$

① 0.5×10^{-2}mol/L · sec
② 1.0×10^{-2}mol/L · sec
③ 1.5×10^{-2}mol/L · sec
④ 2.0×10^{-2}mol/L · sec

70 $2N_2O \xrightarrow{k} 2N_2 + O_2$와 같이 분해하는 데 900℃, 촉매하에서 1차 반응메카니즘을 나타내었다. 이때 반응속도식은 $-r_{N_2O} = K_C \cdot C_{N_2O}$로 나타내며, $K_C = 0.013\text{sec}^{-1}$이었다면, K_P 값은?

① 1.35×10^{-4}mol/atm · L · sec
② 3.62×10^{-4}mol/atm · L · sec
③ 1.35×10^{-2}mol/atm · L · sec
④ 3.62×10^{-2}mol/atm · L · sec

ANSWER

69 $\frac{-r_{PH_3}}{4} = r_{P_4} = \frac{r_{H_2}}{6}$

$\therefore r_{H_2} = \frac{3}{2}(-r_{PH_3})$

$r_{H_2} = \frac{3}{2}(10 \times 10^{-3}\text{mol/L} \cdot \text{sec}) = 1.5 \times 10^{-2}\text{mol/L} \cdot \text{sec}$

70 1차 반응 $-r_{N_2O} = K_C \cdot C_{N_2O}$

$\therefore K_P = K_C(RT)^{-n} = \frac{K_C}{RT} = \frac{0.013\text{sec}^{-1}}{(0.082\text{atm} \cdot \text{L/mol} \cdot °\text{K})(1{,}173°\text{K})}$

$\therefore K_P = 1.35 \times 10^{-4}\text{mol/atm} \cdot \text{L} \cdot \text{sec}$

답 69.③ 70.①

71 A + 2B → 5R인 반응에서 r_R = 100gmol/L · min일 때, B에 관한 반응속도($-r_B$)는?

① 10gmol/L · min
② 30gmol/L · min
③ 20gmol/L · min
④ 40gmol/L · min

72 $-r_A = 0.003{C_A}^2$mol/cm³ · min일 때, 농도를 mol/L, 시간은 hr로 나타낸다면, 속도상수의 단위와 값은?

① 0.3×10^{-4}L/mol · hr
② 1.8×10^{-2}L/mol · hr
③ 0.3×10^{-2}L/mol · hr
④ 1.8×10^{-4}L/mol · hr

73 C_A가 1mol/L일 때 $-r_A = -\dfrac{dC_A}{dt}$ = 0.02mol/L · sec라고 하면 C_A가 10mol/L일 때 반응속도는? (단, 2차 반응이라고 가정한다)

① 1mol/L · sec
② 2mol/L · sec
③ 3mol/L · sec
④ 4mol/L · sec

ANSWER

71

$$-r_A = \frac{-r_B}{2} = \frac{r_R}{5}$$

$$-r_B = \frac{2}{5} \cdot r_R = \frac{2}{5} \cdot 100\text{gmol/L} \cdot \text{min} = 40\text{gmol/L} \cdot \text{min}$$

72

$$k = \frac{0.003\text{cm}^3}{\text{mol} \cdot \text{min}} \cdot \frac{1\text{L}}{10^3\text{cm}^3} \cdot \frac{60\text{min}}{1\text{hr}} = 1.8 \times 10^{-4}\text{L/mol} \cdot \text{hr}$$

73

$$-r_A = -\frac{dC_A}{dt} = k{C_A}^2 = 0.02\text{mol/L} \cdot \text{sec}$$

$$k = \frac{0.02\text{mol/L} \cdot \text{sec}}{{C_A}^2} = \frac{0.02\text{mol/L} \cdot \text{sec}}{(1\text{mol/L})^2} = 0.02\text{L/mol} \cdot \text{sec}$$

$$-r_A = k{C_A}^2 = 0.02\text{L/mol} \cdot \text{sec} \times (10\text{mol/L})^2 = 2.0\text{mol/L} \cdot \text{sec}$$

답 – 71.④ 72.④ 73.②

74 781K에서 $2HI \rightleftarrows H_2 + I_2$인 반응의 평형상수 K는 0.0296이었다. 이 반응의 반응속도상수 k_1은 $0.0395L \cdot mol^{-1} \cdot sec^{-1}$이었다면 역반응속도상수 k_2는?

① 1.234L/mol · sec
② 1.334L/mol · sec
③ 1.434L/mol · sec
④ 1.534L/mol · sec

75 반응이 2차 반응일 때 한쪽 성분의 농도가 2.0×10^{-2}mol/L이고, 다른 쪽의 성분의 농도가 4.0×10^{-3}mol/L이며 속도상수가 1.0×10^{-2}L/mol · sec일 때의 반응속도는? (단위는 mol/L · sec이다)

① 4.0×10^{-5}
② 4.0×10^{-7}
③ 8.0×10^{-5}
④ 8.0×10^{-7}

76 어떤 1차 반응에서 반감기가 30분일 때의 반응속도상수는? (단, ln2 = 0.693)

① $1.15 \times 10^{-2}min^{-1}$
② $2.31 \times 10^{-2}min^{-1}$
③ $3.63 \times 10^{-2}min^{-1}$
④ $4.82 \times 10^{-2}min^{-1}$

ANSWER

74

$$\text{평형상수}(K) = \frac{\text{정반응 속도상수}}{\text{역반응 속도상수}} = \frac{k_1}{k_2}$$

$$k_2 = \frac{k_1}{K} = \frac{0.0395\text{L/mol} \cdot \text{sec}}{0.0296} = 1.334\text{L/mol} \cdot \text{sec}$$

75

$$-r_A = kC_A C_B$$
$$= (1.0 \times 10^{-2}\text{L/mol} \cdot \text{sec}) \times (2.0 \times 10^{-2}\text{mol/L}) \times (4.0 \times 10^{-3}\text{mol/L})$$
$$= 8.0 \times 10^{-7}\text{mol/L} \cdot \text{sec}$$

76

$$\text{1차 반응 } t_{\frac{1}{2}} = \frac{\ln 2}{k},\ k = \frac{\ln 2}{t_{\frac{1}{2}}}$$

$$\therefore k = \frac{\ln 2}{30\text{min}} = 2.31 \times 10^{-2}\text{min}^{-1}$$

답 — 74.② 75.④ 76.②

77 1차 반응에서 99.9% 반응하는 데 필요한 시간은 50% 분해하는 데 필요한 시간의 몇 배가 되는가? (단, $\ln 1\times10^{-3} = -6.91$, $\ln\frac{1}{2} = -0.693$)

① 9.97 ② 7.85
③ 5.73 ④ 3.32

78 $A \xrightarrow{k} 4R$의 반응에서 불활성기체가 40% 포함되어 있다면 반응의 체적변화율은?

① 0.9 ② 1.2
③ 1.5 ④ 1.8

79 $A + 2B \xrightarrow{k} R$의 기체반응에서 반응물 초기의 A와 B가 화학양론비로 반응하였다면, 이때의 체적변화율 ϵ_A는?

① $-\frac{1}{2}$ ② $-\frac{2}{3}$
③ $\frac{1}{2}$ ④ $\frac{2}{3}$

ANSWER

77 $-\frac{dC_A}{C_A} = kdt$ 를 적분하면 $\ln\frac{C_{AO}}{C_A} = kt = \ln\frac{1}{1-X_A}$ $\therefore t = \frac{1}{k}\ln\left(\frac{1}{1-X_A}\right)$

$\frac{t_2}{t_1} = \frac{\ln(1-X_{A2})}{\ln(1-X_{A1})} = \frac{\ln(1-0.999)}{\ln(1-0.50)} = 9.97$

78 체적변화율 $\epsilon_A = y_{AO}\delta = 0.4\times(4-1)\times\frac{1}{1} = 1.2$

79 $y_{AO} : y_{BO} = 1 : 2$, $y_{AO} + y_{BO} = 1$

$y_{AO} = \frac{1}{3}$, $y_{BO} = \frac{2}{3}$

체적변화율 $\epsilon_A = y_{AO}\delta = \frac{1}{3}\times(1-1-2)\times\frac{1}{1} = -\frac{2}{3}$

답 77.① 78.② 79.②

80 기상반응 $5A \xrightarrow{k} 2R + 6S$에서 순수한 반응물 A의 부피변화율은?

① 0.2 ② 0.4
③ 0.6 ④ 0.8

81 균일계 액상반응이 회분식 반응기에서 등온적으로 진행되고 있다. 반응물의 20%가 반응하여 없어지는 데 필요한 시간이 초기 농도의 변화에 상관없이 25min이었다면 이 반응은 몇 차 반응인가?

① 0차 ② 1차
③ 2차 ④ 2.5차

82 균일계 액상반응 $A \xrightarrow{k} B$가 회분식 반응기에서 1차 반응으로 진행된다. A의 20%가 반응하는 데 5분이 걸린다면, A의 80%가 반응하는 데는 얼마만큼의 시간이 걸리겠는가? (단, $\ln 0.2 = -1.6$, $\ln 0.8 = -0.2$)

① 18분 ② 36분
③ 40분 ④ 60분

ANSWER

80 체적변화율 $\epsilon_A = y_{AO}\delta = 1 \times (2+6-5) \times \frac{1}{5} = 0.6$

81 시간에 따른 전환율이 초기 농도에 상관없는 반응은 1차 반응이다.

$-r_A = -\frac{dC_A}{dt} = kC_A$, $\ln\frac{C_{A_O}}{C_A} = kt$

$\therefore \ln\frac{1}{(1-X_A)} = kt$, $t = \frac{1}{k}\ln\left(\frac{1}{1-X_A}\right)$

82 1차 반응의 $-r_A = -\frac{dC_A}{dt} = kC_A$ (액상반응시 V = 일정)

$\therefore t = \frac{1}{k}\ln\frac{1}{1-X_A}$, $\frac{t_2}{t_1} = \frac{\ln(1-X_{A_2})}{\ln(1-X_{A_1})}$

$t_2 = 5\text{min} \times \frac{\ln(1-0.8)}{\ln(1-0.2)} \fallingdotseq 40\text{min}$

답 80.③ 81.② 82.③

83 회분식 반응기에서 어떤 액상반응을 진행시켜 얻은 실험데이터를 $\frac{X_A}{(1-X_A)}$ 와 시간, t의 관계를 Plot 하였더니 기울기가 0.8인 직선이 얻어졌다. C_{AO}가 0.1mol/L이고, 시간의 단위가 hr이라고 하면, 이 반응의 속도상수는? (단, 2차 반응)

① 2L/mol · hr
② 4L/mol · hr
③ 6L/mol · hr
④ 8L/mol · hr

84 기상반응 $A + 3B \underset{k_2}{\overset{k_1}{\rightleftarrows}} 2C$에서 A : B = 1 : 3의 부피비로 반응시키면, 이 반응의 부피변화율 ϵ_A는?

① 0.5
② −0.5
③ 0.2
④ −0.2

85 $3A \xrightarrow{k} 2R$인 기상반응에서 반응초기에 불활성기체가 20% 존재하였다면 이 반응의 부피변화율 ϵ_A는?

① −0.167
② −0.267
③ −0.367
④ −0.467

ANSWER

83

2차 반응이므로 $\frac{X_A}{1-X_A} = kC_{AO}t$ (액상반응시 V = 일정)

$\therefore kC_{AO} = 0.8$에서 $k = \frac{0.8}{C_{AO}} = \frac{0.8}{0.1} = 8$L/mol · hr

84

$y_{AO} : y_{BO} = 1 : 3$, $y_{AO} + y_{BO} = 1$이므로 $y_{AO} = \frac{1}{4}$

$\epsilon_A = y_{AO}\delta = \frac{1}{4} \times (2-1-3) \times \frac{1}{1} = -0.5$

85

$\epsilon_A = y_{AO}\delta = 0.8 \times (2-3) \times \frac{1}{3} = -0.267$

답 — 83.④ 84.② 85.②

86 회분식 반응기에서 반응물 A가 1차 반응속도에 따라 분해하는 데 반감기가 10min이었다면, 80%의 전환에는 얼마만큼의 시간이 걸리겠는가? (단, ln0.2 = −1.6, ln0.5 = −0.69)

① 21.2min ② 22.2min
③ 23.2min ④ 24.2min

87 액상반응 $A \xrightarrow{k} R$인 기초반응에서 kt = 2.0이면 전환율 X_A는? (단, e = 2.72)

① 0.265 ② 0.465
③ 0.665 ④ 0.865

88 어떤 액상 비가역 1차 반응에서 반감기가 5분이였다면 반응물이 처음의 $\frac{1}{10}$로 될 때까지의 시간은? (단, ln2 = 0.693, ln10 = 2.3)

① 15.59분 ② 16.59분
③ 17.59분 ④ 18.59분

ANSWER

86 $t_{\frac{1}{2}} = 10\text{min},\ X_A = 0.5$

1차 반응에서 $t = \frac{1}{k}\ln\frac{1}{1-X_A}$, $\frac{t_2}{t_1} = \frac{\ln(1-X_{A_2})}{\ln(1-X_{A_1})}$

$\therefore\ t_2 = 10\text{min} \times \frac{\ln(1-0.8)}{\ln(1-0.5)} ≒ 23.2\text{min}$

87 기초반응은 1차 반응이며 액상반응의 V는 일정하다.

$t = \frac{1}{k}\ln\frac{1}{1-X_A}$에서 $X_A = 1-e^{-kt} = 1-e^{-2} = 0.865$

88 $t_{\frac{1}{2}}$(반감기)$= \frac{\ln 2}{k}$, $k = \frac{\ln 2}{5\text{min}} = 0.1386\text{min}^{-1}$

1차 반응에서 $t = \frac{1}{k}\ln\frac{1}{1-X_A}$, $C_A = \frac{1}{10}C_{AO}$에서 $X_A = 0.9$

$t = \frac{1}{0.1386\text{min}^{-1}}\ln\frac{1}{1-0.9} = 16.59$분

답 86.③ 87.④ 88.②

89 A $\underset{k_2}{\overset{k_1}{\rightleftarrows}}$ R 가역반응에서 평형상수 K_C와 평형전환율 X_{Ae}와의 관계식은? (단, $C_{RO} = \epsilon_A = 0$)

① $X_{Ae} = 1 + K_c$
② $X_{Ae} = K_c$
③ $X_{Ae} = \frac{K_c}{1+K_c}$
④ $X_{Ae} = \frac{K_c}{1-K_c}$

90 액상균일 반응 A $\xrightarrow{k}$ R에서 C_{AO} = 0.5mol/L, k = 0.3min이면 10분 후의 A의 농도는?

① $0.5e^{3}$mol/L
② $1.5e^{3}$mol/L
③ $0.5e^{-3}$mol/L
④ $1.5e^{-3}$mol/L

91 액상균일 기초반응 A $\xrightarrow{k}$ B에서 초기 농도, C_{AO} = 0.50mol/L, 반응속도상수 k = 0.20min이면 반응 10분 후의 농도는? (단, e = 2.72)

① 3.77×10^{-2}mol/L
② 4.77×10^{-2}mol/L
③ 5.77×10^{-2}mol/L
④ 6.77×10^{-2}mol/L

ANSWER

89 평형상수 $K_C = \frac{k_1}{k_2} = \frac{C_{Re}}{C_{Ae}} = \frac{C_{Ro} + C_{Ao}X_{Ae}}{C_{Ao}(1-X_{Ae})} = \frac{C_{Ao}}{C_{Ao}} \cdot \frac{X_{Ae}}{1-X_{Ae}}$

$K_C = \frac{X_{Ae}}{1-X_{Ae}}$, $X_{Ae} = \frac{K_c}{1+K_c}$

90 액상 1차 반응의 $C_A = C_{AO} \times e^{-kt} = 0.5 \times \exp(-0.3 \times 10) = 0.5e^{-3}$mol/L

91 $-\frac{dC_A}{dt} = kC_A$에서 $C_A = C_{AO} \cdot e^{-kt}$

C_A =0.5mol/L×exp(−0.2min×10min)

$\therefore C_A$ = 0.0677mol/L = 6.77×10^{-2}mol/L

답 89.③ 90.③ 91.④

92 완전히 밀폐된 용기 내에서 N_2O_5가 30℃로 유지한 가운데 다음과 같이 열분해를 하였다. 반응은 1차 반응이며 반응속도상수 k는 $8.76 \times 10^{-3}min^{-1}$일 때 반감기는? (단, ln2 = 0.693)

$$2N_2O_5 \rightarrow 4NO_2 + O_2$$

① 28.56min ② 54.24min
③ 79.11min ④ 99.47min

93 N_2O_5 기체의 분해는 정용 1차 반응속도식을 따르며, 분해속도상수는 4.76×10^{-4}/sec라고 한다. 최초 N_2O_5의 농도가 $\frac{3}{4}$ 반응하는 데 필요한 시간은? (단, ln4 = 1.39)

① 4,920sec ② 3,920sec
③ 2,920sec ④ 1,920sec

94 N_2O_2의 1차 반응속도상수는 0.345/min이고, 최초의 농도 $C_{N_2O_2}$가 1.6mol/L 이다. N_2O_2의 농도가 0.6 mol/L가 될 때까지의 시간은? (단, ln1.6 = 0.47, ln0.6 = −0.51)

① 4.84min ② 3.84min
③ 2.84min ④ 1.84min

ANSWER

92 (1차 반응)반감기$(t_{\frac{1}{2}}) = \frac{\ln 2}{k} = \frac{\ln 2}{8.76 \times 10^{-3} min^{-1}} = 79.11min$

93 1차 반응 $-r_A = \frac{-dC_A}{dt} = kC_A$, $k = 4.76 \times 10^{-4} sec^{-1}$

$$t = \frac{1}{k} \cdot \ln \frac{1}{1-X_A} = \frac{1}{4.76 \times 10^{-4} sec^{-1}} \cdot \ln \frac{1}{1-\frac{3}{4}} \qquad \therefore t \fallingdotseq 2{,}920\,sec$$

94 1차 반응에서 $k = 0.345min^{-1}$

$$t = \frac{1}{k} \cdot \ln\left(\frac{1}{1-X_A}\right) = \frac{1}{k} \cdot \ln \frac{C_{A_0}}{C_A} = \frac{1}{0.345min^{-1}} \ln \frac{1.60}{0.60} \qquad \therefore t = 2.84min$$

답 92.③ 93.③ 94.③

95 일정한 용적의 회분식 반응기 내에서 1차 가역반응 $A \underset{k_2}{\overset{k_1}{\rightleftarrows}} R$ 이 순수한 반응물 A로부터 출발하여 진행되어 평행에 이르렀을 때 반응물 A의 전환율이 75%였다고 한다. 본 반응에서 농도평형상수 K_C는?

① 1
② 2
③ 3
④ 4

96 아세트산에틸을 가수분해시키면 1차 반응속도식을 따른다고 한다. 만일 어떤 실험조건하에서 정확히 20% 분해시키는 데 50분이 소요되었을 경우 반감기는 몇 분인가? (단, ln1.25 = 0.223, ln2 = 0.693)

① 155.4min
② 165.4min
③ 175.4min
④ 185.4min

97 $A \xrightarrow{k_1} B \xrightarrow{k_2} D$(1차)가 회분식 반응기에서 순수한 A로부터 반응되어 B가 최고 농도가 될 때 반응시간은? (단, k_1 = 1min, k_2 = 2min, C_{AO} = 10mol/L)

① 0.2분
② 0.5분
③ 0.7분
④ 0.9분

ANSWER

95

$$\text{평형상수}(K_C) = \frac{k_1}{k_2} = \frac{C_{Re}}{C_{Ae}} = \frac{C_{R_O} + C_{A_O} \cdot X_{Ae}}{C_{A_O}(1 - X_{Ae})} = \frac{0.75}{1 - 0.75} = 3$$

96

$$\text{1차 반응에서 } t = \frac{1}{k}\ln\frac{1}{(1-X_A)},\ (X_A = 0.2)$$

$$k = \frac{1}{t}\ln\frac{1}{(1-X_A)} = \frac{1}{50\text{min}}\ln\frac{1}{1-0.2} = 0.00446\text{min}^{-1}$$

$$\text{반감기}(t_{\frac{1}{2}}) = \frac{\ln 2}{k} = \frac{\ln 2}{0.00446\text{min}^{-1}} \doteq 155.4\text{min}$$

97

$$t_{\max} = \frac{\ln(k_2/k_1)}{k_2 - k_1} = \frac{\ln\frac{2}{1}}{2-1} = \ln 2 = 0.693\text{min} \doteq 0.7\text{min}$$

답 — 95.③ 96.① 97.③

98 일정한 용적의 회분식 반응기에 부피가 5L의 것에 어떤 출발원료 100kg을 일정한 시간 동안 반응을 시켰더니 20kg이 남아 있었다고 한다. 이때의 반응식이 다음과 같을 때 본 반응물질 A(출발원료)의 전환율은 몇 %인가?

$$2A + B \xrightarrow{k} P$$

① 20%
② 40%
③ 60%
④ 80%

99 C_{AO} = 2mol/L에서 어떤 0차 반응과 1차 반응의 반감기가 같으면, 속도상수비 $\frac{k_1\text{차}}{k_0\text{차}}$는?

① $\frac{1}{e}$
② $\ln 2$
③ $\frac{2}{e}$
④ $\ln 4$

ANSWER

98

$$X_A = \frac{\text{반응한 } A\text{의 몰수}}{\text{초기 } A\text{의 몰수}} \times 100 = \left(\frac{\frac{100}{M_A} - \frac{20}{M_A}}{\frac{100}{M_A}} \right) \times 100 = 80\,\%$$

99

0차 반응 $\frac{-dC_A}{dt} = k_0$ 에서 $t_{\frac{1}{2}} = \frac{\frac{1}{2}C_{A0}}{k_0}$, $\therefore k_0 = \frac{C_{A0}}{2t_{\frac{1}{2}}} = \frac{1}{t_{\frac{1}{2}}}$

1차 반응 $t_{\frac{1}{2}} = \frac{\ln 2}{k_1}$, $\therefore k_1 = \frac{\ln 2}{t_{\frac{1}{2}}}$

$$\therefore \frac{k_1}{k_0} = \frac{\ln 2}{t_{\frac{1}{2}}} \times \frac{t_{\frac{1}{2}}}{1} = \ln 2$$

답 – 98.④ 99.②

100 어떤 액상 비가역 1차 반응에서 500sec 동안에 반응물의 반이 분해되었다. 반응물이 처음의 $\frac{1}{10}$로 될 때까지의 시간은? (단, ln2 = 0.69, ln10 = 2.3)

① 1,570sec ② 1,670sec
③ 1,770sec ④ 1,880sec

101 어떤 1차 반응에서 활성화열이 15,000cal/mol이고, 빈도계수가 $5\times10^{13}sec^{-1}$일 때 반감기가 1분인 온도는 몇 도인가? (단, ln2 = 0.693, $\ln 2.31\times10^{-16} = -36$)

① 110℃ ② 210℃
③ 310℃ ④ 410℃

ANSWER

100 반감기$(t_{\frac{1}{2}})=\frac{\ln 2}{k}$에서 $k=\frac{\ln 2}{500sec}\fallingdotseq 0.00138$

전환율$(X_A)=\frac{N_{A_0}-N_A}{N_{A_0}}=\frac{N_{A_0}-\frac{1}{10}N_{A_0}}{N_{A_0}}=0.9$

$\therefore t=\frac{1}{k}\ln\frac{1}{1-X_A}=\frac{1}{0.00138}\times\ln\frac{1}{1-0.9}\fallingdotseq 1,670sec$

101 $t_{\frac{1}{2}}=\frac{\ln 2}{k}$, $k=\frac{\ln 2}{1min}=0.01155sec^{-1}$

$k=k_o\exp\left(-\frac{E_A}{RT}\right)$

$T=-\frac{E_A}{R}\frac{1}{\ln\left(\frac{k}{k_o}\right)}=-\frac{15,000}{1.987}\times\left(\frac{1}{\ln\frac{0.01155}{5\times10^{13}}}\right)\fallingdotseq 210℃$

답 100.② 101.②

102 1차 반응에서 99.9% 반응하는 데 필요한 시간은 50% 분해하는 데 필요한 시간의 몇 배가 되는가? (단, ln2 = 0.69, ln10 = 2.3)

① 2배 ② 5배
③ 9배 ④ 10배

103 어떤 반응에서 혼합기체의 최초 압력을 280mmHg로 하면 반감기는 100초이고, 140mmHg로 하면 200초가 된다. 이 반응의 차수는? (단, ln2 = 0.693, $\ln\frac{1}{2} = -0.693$)

① 1 ② 2
③ 3 ④ 4

104 A → R인 비가역 1차 반응에서 다른 조건이 모두 같을 때 C_{AO}를 증가시키면 전환율은?

① 감소한다. ② 증가한다.
③ 일정하다. ④ 알 수 없다.

ANSWER

102

$$t_1 = \frac{1}{k}\ln\frac{1}{1-X_A} = \frac{1}{k}\ln\frac{1}{1-0.999} = \frac{\ln 1,000}{k}$$

$$t_2 = \frac{\ln 2}{k}$$

$$\therefore \frac{t_1}{t_2} = \frac{\ln 1,000/k}{\ln 2/k} \fallingdotseq 10$$

103

$$n \neq 1 \text{일 때 } n = 1 - \frac{\ln\left(\frac{t_{1/2\cdot 2}}{t_{1/2\cdot 1}}\right)}{\ln\left(\frac{p_{A0\cdot 2}}{p_{A0\cdot 1}}\right)} = 1 - \frac{\ln\left(\frac{200}{100}\right)}{\ln\left(\frac{140}{280}\right)} = 2$$

104

비가역 1차 반응에서 $-r_A = kC_A$이므로 $\ln\frac{C_{A0}}{C_A} = kt$

$$\ln\frac{1}{(1-X_A)} = kt,\ X_A = 1 - e^{-kt}$$

∴ 초기 농도 C_{AO}와는 무관하다.

답 102.④ 103.② 104.③

105 균일 기상반응 A → 3R에서 반응기에 70%의 A와 30%의 비활성물질의 원료를 유입할 때 A의 확장인자(Expansion factor) ϵ_A는?

① 4.4
② 3.4
③ 2.4
④ 1.4

106 어떤 반응기에서 전환율을 80%까지 얻는 데 소요된 시간이 3시간이었다고 한다. $3ft^3$/min을 처리하는 데 필요한 반응기의 부피는?

① $270ft^3$
② $540ft^3$
③ $720ft^3$
④ $900ft^3$

107 다음 중 회분식 반응기의 특성으로 옳지 않은 것은?

① 초기 설치비가 저렴하다.
② 쉽게 다룰 수 있다.
③ 노동력이 많이 든다.
④ 운전비가 저렴하다.

ANSWER

105 확장인자 $\epsilon_A = y_{AO}\delta = 0.7 \times (3-1) \times \frac{1}{1} = 1.4$

106 $\tau = \frac{V}{v_o}$이므로 $V = \tau \cdot v_o$ (V: 체적, τ: 공간시간, v_o : 부피속도)

$V = 3hr \times 3ft^3/min \times 60min/hr = 540ft^3$

107 ④ 회분식 반응기는 높은 전환율을 얻을 수는 있지만 단위생산량당 인건비가 비싸고 대규모 생산이 어렵다.

답 — 105.④ 106.② 107.④

108 **반응속도 상수가 온도 T_1에서 k_1, T_2에서 k_2이다. k_1과 k_2의 관계로 옳은 것은? (단, E는 활성화 에너지, R은 기체상수이며, 아레니우스상수와 E는 온도와 무관한 것으로 가정한다)**

① $\ln\frac{k_2}{k_1} = \frac{E}{R}\left(\frac{1}{T_1} - \frac{1}{T_2}\right)$

② $\ln\frac{k_2}{k_1} = \frac{E}{R}\left(\frac{1}{T_2} - \frac{1}{T_1}\right)$

③ $\ln\frac{k_2}{k_1} = \frac{2E}{R}\left(\frac{1}{T_1} - \frac{1}{T_2}\right)$

④ $\ln\frac{k_2}{k_1} = \frac{2E}{R}\left(\frac{1}{T_2} - \frac{1}{T_1}\right)$

109 **비가역 0차 반응에서 반응이 완결되는 데 필요한 반응시간은?**

① 초기 농도의 역수와 같다.

② 속도상수 k의 역수와 같다.

③ 초기 농도를 속도상수로 곱한 값과 같다.

④ 초기 농도에 속도상수를 나눈 값과 같다.

ANSWER

108 반응속도상수 식은 다음과 같다. $k_A(T) = Ae^{-E/RT}$ (A : 빈도인자, E : 활성화에너지, R : 기체상수)

또한 $\ln k_A = \ln A - \frac{E}{R}\left(\frac{1}{T}\right)$로 표기가 가능하다.

$\therefore\ \ln k_1 = \ln A - \frac{E}{R}\left(\frac{1}{T_1}\right)$, $\ln k_2 = \ln A - \frac{E}{R}\left(\frac{1}{T_2}\right)$인 경우, 반응속도상수와 온도와의 관계를 나타내면

$\ln k_2 - \ln k_1 = \ln\frac{k_2}{k_1} = -\frac{E}{R}\left(\frac{1}{T_2} - \frac{1}{T_1}\right) = \frac{E}{R}\left(\frac{1}{T_1} - \frac{1}{T_2}\right)$의 관계가 성립한다.

109 0차 반응에서 $-r_A = \frac{-dC_A}{dt} = k$를 적분하면 $\int_{C_{A0}}^{C_A} -dC_A = \int_0^t kdt$

$C_A - C_{A0} = -kt$에서 $C_A = 0$이므로 $t = \frac{C_{A0}}{k}$

답 108.① 109.④

110 **반응계 내의 상태가 어느 한 지점에서 시간적으로 농도가 변하지 않는 반응기는?**

① 유통식 반응기(PFR)
② 교반조반응기(CSTR)
③ 반회분식 반응기
④ 회분식 반응기

111 **회분식 반응기에서 A로부터 B가 형성되는 반응의 속도식이 $r_A = -\frac{dC_A}{dt} = kC_A^2$ 이다. A의 초기 농도를 5 mol · L^{-1}로 하여 반응을 개시하였을 때 100초 후 A의 농도(C_A)[mol · L^{-1}]는? (단, k=0.04 L · mol^{-1} · s^{-1}이며, 얻어진 C_A의 값은 소수점셋째 자리에서 반올림한다)**

① 0.85 ② 0.76
③ 0.24 ④ 0.17

ANSWER

110 ① 유통식 반응기 ② CSTR ③ 반회분식 반응기 ④ 회분식 반응기

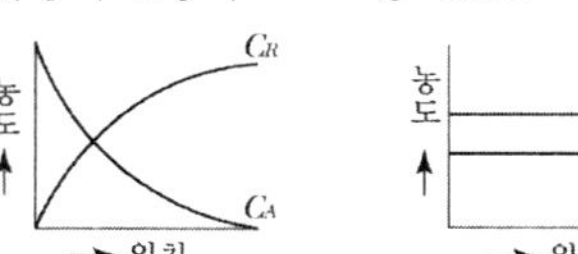

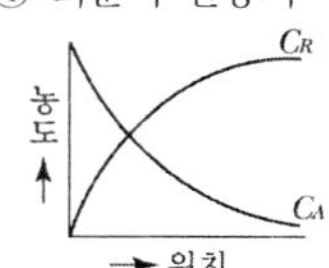

111 회분식 반응기 설계식 $\frac{dN_A}{dt} = r_A V$식을 이용한다.

㉠ 설계식 변환 : $C_A = \frac{N_A}{V}$, $r_A = -kC_A^2$를 대입하면 설계식은 $\frac{dC_A}{dt} = -kC_A^2$ 처럼 표현된다.

㉡ 양변 적분 : $\frac{dC_A}{dt} = -kC_A^2 \Rightarrow -\frac{1}{kC_A^2}dC_A = dt \Rightarrow -\int_{C_{A0}}^{C_A}\frac{1}{kC_A^2}dC_A = \int_0^t dt \Rightarrow \frac{1}{k}[\frac{1}{C_A} - \frac{1}{C_{A0}}] = t$

$\therefore \frac{1}{k}[\frac{1}{C_A} - \frac{1}{C_{A0}}] = t \Rightarrow \frac{1}{0.04\text{L/mol·s}}[\frac{1}{\text{C}_\text{A}} - \frac{1}{5\text{mol/L}}] = 100\text{s} \Rightarrow \frac{1}{C_A} = 4 + \frac{1}{5} = 4.2$

$\Rightarrow C_A = \frac{1}{4.2}\text{mol/L} = 0.24\text{mol/L}$

답 110.② 111.③

112 **공간시간(τ)과 체류시간(t)에 대한 설명으로 옳지 않은 것은? (단, V : 반응기체적, v_f : 최종 부피속도, v_0 : 초기부피속도)**

① 동일한 뜻이다.

② 액상계에서는 같다.

③ $t = \dfrac{V}{v_f}$

④ $\tau = \dfrac{V}{v_0}$

113 **암모니아 합성 반응에서 질소 420kg과 수소 80kg으로 암모니아 170kg을 얻었다. 이 때 수소의 전환율(conversion)[%]은? (단, 암모니아의 분자량과 수소의 분자량은 각각 17g/mol과 2g/mol이다)**

$N_2 + 3H_2 \rightarrow 2NH_3$

① 25 ② 37.5

③ 55.5 ④ 72.5

ANSWER

112 공간시간과 체류시간

㉠ 공간시간(τ) : 반응기 체적을 입구에서의 유속으로 나눈 값을 말한다.

㉡ 체류시간(t) : 반응기 체적을 출구에서의 유속으로 나눈 값을 말한다.

㉢ 계에 따른 크기

• 액상계 : $\tau = t$

• 기상계 : $\tau \neq t$

113 초기 질소 몰수 : 420/14=30kmol, 초기 수소 몰수 : 80/2=40kmol

㉠ 반응 전 : 질소 30kmol, 수소 40kmol 암모니아 0kmol

㉡ 반응 후 : 질소 30kmol$-x$, 수소 40kmol$-3x$, 암모니아 $2x$

㉢ 반응 후 암모니아 질량 170kg이므로 $2x \times$17kg/kmol=170kg, ⇒ x=5kmol

∴ 최종적으로 반응 한 수소의 몰수는 $3x$인 15kmol 이며, 이때 수소의 전환율은 15kmol/40kmol×100=37.5%

답 112.① 113.②

114 반응기 체적이 $2m^3$이고, v = $5ft^3$/hr일 때, 공간시간은 얼마인가?

① 12.13hr
② 13.13hr
③ 14.13hr
④ 15.13hr

115 반응기 체적이 $4m^3$이고, 공급속도가 $8m^3$/hr일 때, 공간속도는?

① 1.0hr
② 2.0hr
③ $1.0hr^{-1}$
④ $2.0hr^{-1}$

116 회분식 반응기에서 액체 반응물질이 15분 동안 등온반응을 하여 70%의 전환율을 얻었다. PFR에서도 70%의 전환율이 되기 위해서는 공간시간이 얼마가 되어야 하는가?

① 5min
② 10min
③ 15min
④ 30min

ANSWER

114 $\tau = \frac{V}{v} = \frac{2m^3}{5ft^3/hr} \times \left(\frac{1ft}{0.3048m}\right)^3$

$\therefore \tau \fallingdotseq 14.13hr$

115 공간속도$\left(\frac{1}{\tau}\right) = \frac{v_0}{V} = \frac{8m^3/hr}{4m^3} = 2hr^{-1}$

116 부피가 일정할 때는 회분식 반응기의 체류시간(t)은 PFR에서의 공간시간(τ)과 동일하다.

답— 114.③ 115.④ 116.③

117 1L/min의 속도로 A가 2L 부피의 혼합흐름반응기로 공급된다. 이때 A의 출구농도 C_{Af} = 0.02mol/L 이다. A의 반응속도[mol/L · min]는? (단, C_{A0} = 0.1mol/L)

① 0.04
② 0.05
③ 0.08
④ 0.12

118 혼합흐름반응기의 경우 10L와 5L의 반응기 중 어느 반응기가 전환율이 더 좋겠는가?

① 5L
② 10L
③ 같다.
④ 알 수 없다.

119 균일계 2차 액상반응이 혼합흐름반응기에서 50%의 전환율로 진행된다. 다른 조건은 그대로 두고 반응기만 같은 크기의 PFR로 대체시켰다면 전환율은?

① $\frac{1}{3}$
② $\frac{2}{3}$
③ $\frac{1}{2}$
④ $\frac{3}{4}$

ANSWER

117 혼합흐름반응기의 부피$(V_m) = \frac{F_{A0} \cdot X_A}{-r_A} = \frac{v_0(C_{A0} - C_{Af})}{-r_A}$

$$-r_A = \frac{v_0(C_{A0} - C_{Af})}{V_m} = \frac{(1\text{L/min})(0.1 - 0.02)\text{mol/L}}{2\text{L}} = 0.04\text{mol/L} \cdot \text{min}$$

118 혼합흐름반응기에서는 같은 반응속도를 가질때 반응기의 크기가 클수록 전환율이 커진다.

$$V_m = \frac{F_{A0} \cdot X_A}{-r_A}$$

119 균일계 2차 반응 $-r_A = kC_A{}^2 = kC_{A0}{}^2(1 - X_A)^2$

혼합흐름반응기 $V_m = \frac{v_0 C_{A0}}{kC_{A0}{}^2} \cdot \frac{X_A}{(1-X_A)^2}$ 에서 $k \cdot \tau_m \cdot C_{A0} = \frac{X_A}{(1-X_A)^2} = \frac{0.5}{(0.5)^2} = 2$

PFR에서의 $V_P = \frac{v_0 C_{A0}}{k \cdot C_{A0}{}^2} \int_0^{X_A} \frac{dX_A}{(1-X_A)^2}$, $k \cdot \tau_p \cdot C_{AO} = \frac{X_A}{1-X_A} = 2$

$$\therefore \frac{X_A}{1-X_A} = 2,\ X_A = \frac{2}{3}$$

답 117.① 118.② 119.②

120 A $\xrightarrow{k}$ R, $-r_A = 2(\text{hr}^{-1})C_A$를 혼합흐름반응기에서 반응시켜 전환율 $X_{Af} = 0.8$이 되도록 하였다. 반응기의 공간시간 τ는?

① 1hr
② 2hr
③ 3hr
④ 4hr

121 액상반응 A $\xrightarrow{k}$ R에서 $k = 2\text{min}^{-1}$, $C_{AO} = 1.2\text{mol/L}$, $F_{AO} = 1{,}000\text{mol/min}$, $X_{Af} = 0.75$일 때, 혼합 흐름반응기의 부피는?

① 1,250L
② 2,500L
③ 3,750L
④ 5,000L

122 밀도가 일정한 비가역 1차 반응이 PFR에서 등온으로 진행된다. 다음 중 옳은 설계방정식은?

① $\tau = C_{A0} \ln \dfrac{X_A}{1 - X_A}$
② $\tau_P = \dfrac{C_{A0}{}^{1}}{kC_{A0}}$
③ $k\tau_P = -\ln(1 - X_A)$
④ $\dfrac{C_{A0}}{C_{Af}} - \dfrac{1}{C_{A0}} = k\tau_P$

ANSWER

120 1차 반응 $-r_A = kC_A = kC_{A0}(1 - X_A)$

혼합흐름반응기 $V_m = \dfrac{F_{A0} \cdot X_A}{-r_A}$ $\quad (F_{A0} = C_{A0} \cdot v_0)$

$$\tau_m = \frac{V_m}{v_0} = \frac{C_{A0} \cdot X_A}{kC_{A0}(1 - X_A)} = \frac{X_A}{k(1 - X_A)} = \frac{0.8}{(2hr^{-1})(1 - 0.8)} = 2\text{hr}$$

121 혼합흐름반응기 $V_m = \dfrac{F_{A0} \cdot X_A}{-r_A} = \dfrac{F_{A0} \cdot X_A}{k \cdot C_{A0} \cdot (1 - X_A)} = \dfrac{1{,}000\text{mol/min} \times 0.75}{2\text{min}^{-1} \times 1.2\text{mol/L} \times (1 - 0.75)} = 1{,}250\text{L}$

122 1차 반응 $-r_A = kC_A = kC_{A0}(1 - X_A)$

PFR에서의 $V_P = \dfrac{F_{A0}}{kC_{A0}} \displaystyle\int_0^{X_A} \dfrac{dX_A}{1 - X_A} = \dfrac{v_0 C_{A0}}{kC_{A0}} \ln\left(\dfrac{1}{1 - X_A}\right)$

$\therefore k\tau_P = -\ln(1 - X_A)$

답 120.② 121.① 122.③

123 A $\xrightarrow{k}$ R인 반응의 반응속도식이 $-r_A = kC_A$인 균일 액상반응이 있다. 혼합흐름반응기에서 50%의 전환율을 나타내었다면, 같은 크기의 PFR인 경우는 어떠하겠는가?

① 24%
② 45%
③ 63%
④ 76%

124 PFR의 설계방정식은? (단, X_A : 전환율, τ : 공간시간, V : 체적, $-r_A$: 반응속도상수, C_{A0} : 초기 농도)

① $\tau = \int_0^{X_A} \frac{dX_A}{-r_A}$

② $\tau = \int_0^{X_A} \frac{dX_A}{-r_A \cdot V}$

③ $\frac{\tau}{C_{A0}} = \int_0^{X_A} \frac{dX_A}{-r_A}$

④ $\frac{\tau}{N_{A0}} = \int_0^{X_A} \frac{dX_A}{-r_A}$

ANSWER

123 1차 반응 $-r_A = kC_A = kC_{A0}(1-X_A)$

혼합흐름반응기 $V_m = \frac{F_{A0} \cdot X_A}{-r_A} = \frac{v \cdot C_{A0}}{kC_{A0}} \times \left(\frac{X_A}{1-X_A}\right)$

$k\tau_m = \frac{X_A}{1-X_A} = \frac{0.5}{1-0.5} = 1$

PFR에서 $V_P = \frac{v_0 C_{A0}}{kC_{A0}} \ln\left(\frac{1}{1-X_A}\right) k\tau_P = \ln\frac{1}{1-X_A} = 1$

$1-X_A = e^{-1}$

$\therefore X_A = 1-e^{-1} = 0.632$

124

$V_P = F_{A0}\int_0^{x_0} \frac{dX_A}{-r_A} = v_0 C_{A0}\int_0^{X_A} \frac{dX_A}{-r_A}$

$\frac{V_P}{v_0 \cdot C_{A0}} = \int_0^{X_A} \frac{dX_A}{-r_A}$

$\frac{\tau_P}{C_{A0}} = \int_0^{X_A} \frac{dX_A}{-r_A}$

답 123.③ 124.③

125 같은 전환율에서 PFR과 CSTR의 크기를 비교한 것으로 옳은 것은? (단, $n \neq 0$)

① 크기가 같다. ② PFR이 크다.
③ CSTR가 크다. ④ 알 수 없다.

126 $A \xrightarrow{k} 5R$의 기상반응을 $V=0.1$L인 PFR에서 반응시키고 있다. $C_{A0}=1$mol/L의 순수한 A에 대하여 $C_{Af}=0.16$mol/L이다. 출구의 전환율은?

① 0.914 ② 0.872
③ 0.693 ④ 0.512

127 직렬로 연결된 같은 크기의 CSTR 또는 PFR에 대한 설명으로 옳지 않은 것은?

① PFR에서는 반응물의 농도가 계를 통과하면서 점차 감소한다.
② CSTR에서는 순간적으로 농도가 아주 낮은 값까지 감소한다.
③ 최종전환율은 CSTR쪽이 유리하다.
④ 반응물의 농도증가에 따라 속도가 증가하는 반응에 대해서 PFR이 CSTR보다 효과적이다.

ANSWER

125 같은 전환율일 경우 항상 CSTR쪽이 PFR쪽보다 크다(0차 반응이 아닐 경우).

126 기상반응의 순수 A의 부피변화율 $\epsilon_A = y_{AO}\delta = 1 \times (5-1) \times \frac{1}{1} = 4$

$$C_{Af} = C_{A0}\left(\frac{1-X_A}{(1+\epsilon)X_A}\right),\ \left(\frac{C_{Af}}{C_{A0}}\right) = \frac{1-X_A}{1+\epsilon_A \cdot X_A}$$

X_A에 관한 식으로 고치면 $X_A = \dfrac{1-\dfrac{C_{Af}}{C_{A0}}}{\epsilon_A\left(\dfrac{C_{Af}}{C_{A0}}\right)+1} = \dfrac{1-\dfrac{0.16}{1}}{\left(4\times\dfrac{0.16}{1}\right)+1} = 0.512$

127 동일한 전환율을 얻기 위해서는 CSTR을 PFR보다 크게 해야 한다. 그렇기 때문에 반응기의 크기가 동일할 때는 PFR의 전환율이 CSTR의 전환율보다 커지게 된다.

답 125.③ 126.④ 127.③

128 액상반응 A $\xrightarrow{k}$ R의 1차 반응이 $k\tau = 1$인 3개의 혼합흐름반응기로 연속반응을 시킬 때, 최종전환율 (X_{Af})은?

① 0.575
② 0.675
③ 0.875
④ 0.975

129 연속식 반응기에 대한 설명으로 옳은 것으로만 묶인 것은?

> ㉠ 보조장치가 필요하다.
> ㉡ 생성물질의 품질관리가 쉽다.
> ㉢ 시간에 따라 조성이 변하는 비정상상태로 시간이 독립변수이다.
> ㉣ 1차 비가역반응에서 전환율이 높을 경우 PFR이 CSTR에 비해 큰 반응기 부피와 긴 체류시간이 필요하다.

① ㉠, ㉡
② ㉠, ㉢
③ ㉡, ㉣
④ ㉢, ㉣

ANSWER

128 혼합흐름반응기 최종전환율 $X_{Af} = 1-(1+k\tau)^{-N} = 1-(1+1)^{-3} = 1-\frac{1}{8} = \frac{7}{8} = 0.875$

129 ㉠ 보조장치가 필요하므로 이는 옳은 설명이다.
㉡ 연속적으로 일정한 농도, 온도, 압력을 가하여 생성하므로 생성물의 품질관리가 쉬운 이점이 있다.
㉢ 시간에 따라 조성이 변하지 않은 정상상태를 유지하기 때문에 이는 옳지 못한 설명이다.
㉣ 일반적으로 같은 반응기 부피에서 CSTR이 PFR보다 낮은 전환율을 보인다. 따라서 높은 전환율을 가지기 위해서는 PFR보다 더 큰 반응기 및 긴 체류시간이 필요하다.

답 128.③ 129.①

130 다음의 반응에서 원하는 생성물은 R이다. R의 생성을 촉진시키는 조건은?

$$A+B \xrightarrow{㉠} R$$

$$A \xrightarrow{㉡} S$$

① A의 농도를 크게 한다.
② A와 B의 농도를 크게 한다.
③ A와 B의 농도를 작게 한다.
④ B의 농도를 크게 한다.

131 PFR을 아래와 같이 연결해서 사용할 경우 출구의 전환율이 같다면 A로 보낼 Feed의 분율은?

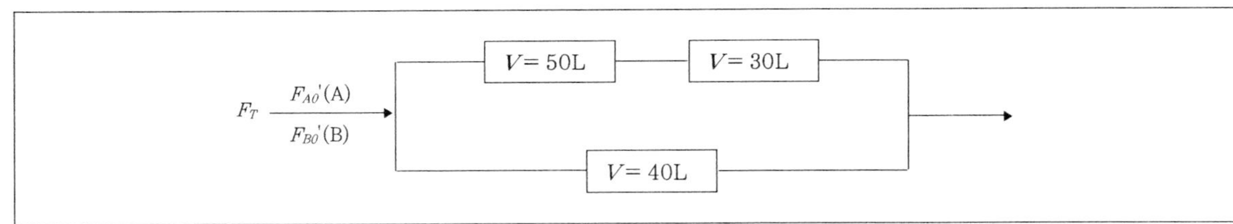

① $\frac{2}{3}F_T$　　② $\frac{1}{2}F_T$

③ $\frac{1}{3}F_T$　　④ $\frac{1}{4}F_T$

ANSWER

130 ㉠에서 $r_R = k_1 C_A C_B$, ㉡에서 $r_S = k_2 C_A$

$$\frac{㉠}{㉡} = \frac{r_R}{r_S} = \frac{k_1 C_A C_B}{k_2 C_A} = \frac{k_1}{k_2} C_B$$

∴ B의 농도를 크게 하면 R의 생성을 촉진할 수 있다(A농도와는 무관).

131 $V_A = 50 + 30 = 80\text{L}$, $V_B = 40\text{L}$

$\frac{V_A}{F_A} = \frac{V_B}{F_B}$에서 $\frac{80}{F_A} = \frac{40}{F_B}$, $\frac{F_B}{F_A} = \frac{1}{2}$

$F_T = F_A + \frac{1}{2}F_A = \frac{3}{2}F_A$, $\therefore F_A = \frac{2}{3}F_T$

답 – 130.④ 131.①

132 다음의 반응에서 R의 순간수율(ϕ)이란?

$$A \xrightarrow{㉠} R$$

$$A \xrightarrow{㉡} S$$

① $\dfrac{\text{생성한 } R\text{의 몰수}}{\text{생성한 } S\text{의 몰수}}$

② $\dfrac{dC_R}{-dC_A}$

③ $\dfrac{\text{반응한 } A\text{의 몰수}}{\text{생성한 } R\text{의 몰수}}$

④ $\dfrac{dC_R}{dC_A}$

ANSWER

132 순간수율(ϕ) $= \dfrac{\text{생성된 } R\text{의 몰수}}{\text{반응한 } A\text{의 몰수}} = \dfrac{dC_R}{-dC_A}$

답 — 132.②

02 공정제어와 공업경제

1 어떤 화학공장의 연간 고정비, 경상비 및 일반비의 합이 2억 원이다. 만일 연간 직접생산비는 1.5억 원이며 제품의 연간 총 판매액이 3억 원이고 제품 단위당 판매가격이 20,000원이라면 손익분기점을 맞추기 위해서는 연간 생산단위가 얼마로 되어야 하는가?

① 5,000단위/년　　② 10,000단위/년
③ 15,000단위/년　　④ 20,000단위/년

2 어떤 화학 장치의 취득가격이 설치비를 포함하여 5,200만 원이다. 이 장치의 내용연수는 10년이며, 내용연도 말에 잔존가격은 200만 원으로 추정된다. 고정자산의 가치가 시간에 따라 직선적으로 감소한다면 5년 후에 이 장치의 장부가격은?

① 2,700만 원　　② 2,600만 원
③ 2,500만 원　　④ 2,400만 원

ANSWER

1 손익분기점은 수익과 비용이 일치되는 점을 말한다.
여기에서 손익분기점은 $\dfrac{150,000,000+200,000,000}{20,000}=17,500$이 되고,
손익분기점을 맞추기 위해서는 17,500단위 이상이 되어야 하므로 20,000단위/년이 된다.

2 고정자산가치가 직선적으로 일정하게 감소하므로 정액법으로 계산하면
$d=\dfrac{V-V_s}{n}=\dfrac{5,200-200}{10}=500$만 원
$5,200-(500\times 5)=2,700$만 원
따라서 5년 후의 장부가격은 2,700만 원이 된다.

답 1.④ 2.①

3 θ는 지연 시간(dead time), τ는 시간 상수(time constant)라 할 때, PID 제어기가 PI 제어기보다 충분한 이점을 줄 수 있는 조건은?

① $0 < \theta/\tau < 0.1$

② $0.1 > \theta/\tau < 0.3$

③ $0.3 < \theta/\tau < 0.5$

④ $1.0 < \theta/\tau$

4 어떤 제어기의 1차 전달함수 $G(s) = \dfrac{3}{s+2}$ 일 때 이 계의 시간상수(Time constant)는?

① $\dfrac{1}{2}$

② $\dfrac{1}{3}$

③ $\dfrac{2}{3}$

④ $\dfrac{1}{5}$

5 $F(s) = \dfrac{2s^2+3s+8}{s(s^3+2s+2)}$ 일 때, $f(t)$ 의 최종값은?

① 1

② 2

③ 3

④ 4

ANSWER

3 PID(비례적분미분) 제어기가 PI(비례적분) 제어기보다 충분한 이점을 주는 조건은 $1.0<\theta/\tau$ 이다.

4 $G(s) = \dfrac{3}{s+2}$ 일 때 1차계에서 $G(s) = \dfrac{k_p}{\tau S+1}$ (τ : 시간함수)

형태를 고치면 $G(s) = \dfrac{\frac{3}{2}}{\frac{1}{2}s+1}$, $\therefore \tau = \dfrac{1}{2}$

5 $\lim\limits_{t\to\infty} f(t) = \lim\limits_{s\to 0}\{s \cdot F(s)\} = \lim\limits_{s\to 0} s \cdot \dfrac{2s^2+3s+8}{s(s^3+2s+2)} = \dfrac{8}{2} = 4$

답 3.④ 4.① 5.④

6 **원가회계에 대한 설명으로 옳지 않은 것은?**

① 재료비 등 생산량의 변화에 따라서 증감하는 원가를 변동비라고 한다.

② 공장장 급여와 같이 생산량 변화에 관계없이 발생하는 비용을 고정비라고 한다.

③ 측정경비란 전력비, 수도광열비 등 측정계기에 의하여 산정되어 소비하는 금액을 말한다.

④ 발생경비는 여비, 수선비, 운임비 등을 위해 지급하거나 청구되는 경비를 말한다.

7 **다음과 같은 제어계의 블록선도(Block diagram)에서 C는?**

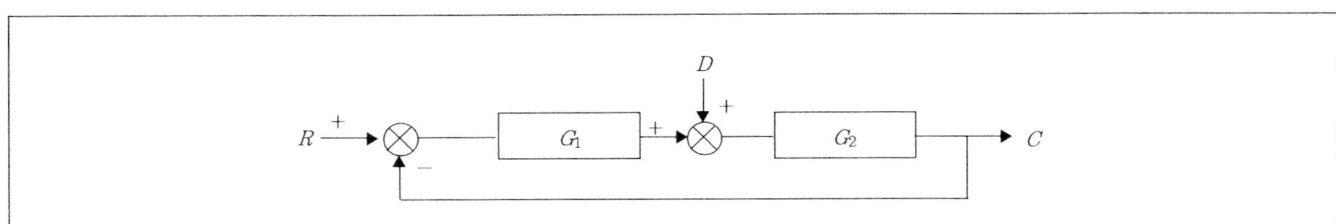

① $C=\frac{G_1 G_2}{1+G_1 G_2}R+\frac{G_1}{1+G_1 G_2}D$

② $C=\frac{G_1 G_2}{1+G_1 G_2}R+\frac{G_2}{1+G_1 G_2}D$

③ $C=\frac{G_1 G_2}{1+G_1 G_2}R+\frac{G_1 G_2}{1+G_1 G_2}D$

④ $C=\frac{G_1 G_2}{1+G_1 G_2}R+\frac{G_1}{1-G_1 G_2}D$

ANSWER

6 발생경비란 각 원가계산기간에 발생하였으나 현금지출도 없고 측정계기에 의해서 측정할 수도 없는 경비로서 그 발생액을 실제조사에 의해 측정한 후에야 제조원가에 산입할 수 있는 경비이다. 재고감모손실, 공손비, 반품차손비 등이 이에 속한다.

7 $C=\{(R-C)G_1+D\}G_2=(RG_1-CG_1+D)G_2=RG_1G_2-CG_1G_2+DG_2$

$C=\frac{RG_1G_2+DG_2}{1+G_1G_2}=\frac{G_1G_2}{1+G_1G_2}R+\frac{G_2}{1+G_1G_2}D$

답 — 6.④ 7.②

8 **화학공정의 경제성을 평가할 때 비용을 크게 자본비용(capital cost)과 운전비용(operating cost)으로 나눌 수 있다. 이에 대한 설명으로 옳지 않은 것은?**

① 자본비용은 공정을 만드는 데 드는 초기 투자비용이다.

② 운전비용에는 열교환기, 반응기, 컴퓨터 등을 사거나 만드는 비용이 포함된다.

③ 운전비용에는 원료, 유체의 이송, 가열 및 냉각 등에 관계된 비용이 포함된다.

④ 운전비용의 경우 주로 공정운전의 초기단계에 반영되지 않는다.

9 **화학공정제어에 대한 설명으로 옳지 않은 것은?**

① 공정변수 중 입력변수는 조절변수와 외부교란변수로 나뉜다.

② 일반적으로 제어오차는 설정값에서 제어되는 변수의 측정값을 뺀 값이다.

③ 외부교란변수는 측정이 불가능한 것도 있으며 이 경우 제어에 어려움을 초래한다.

④ 입력변수는 외부에 대한 공정의 영향을 나타내고 출력변수는 공정에 대한 외부의 영향을 나타낸다.

ANSWER

8 ㉠ 자본비용은 자금사용의 대가로 부담하는 비용으로서 자본제공자의 입장에서 요구수익률로 간주한다. 따라서 화학공장을 예를 들면 공장으로부터 양산되는 제품의 요구수익률을 기준으로 부담하는 비용은 공장의 토지 및 건물 비용, 장치 구입 및 설치비용, 배관비용 등이 이에 해당되며 공정을 만드는데 드는 초기 투자비용이다.

㉡ 운전비용은 반응기, 열교환기 등 장비들을 운행하는데 사용되는 비용 및 유지비 등을 의미한다. 따라서 운전을 위해 발생되는 외부 비용까지 감안해야 하기 때문에 운전비용의 경우 공정운전의 초기 단계에 반영되지는 않는다.

9 ① 공정변수 중에 입력변수는 크게 조작변수와 외부교란변수로 나누어진다.

② 제어오차는 설정값에서 제어되는 변수의 측정값을 뺀 값이다.

③ 외부교란변수는 측정이 가능한 것과 측정이 불가능 것으로 구분되며 측정이 불가능한 외부교란변수의 경우 제어에 어려움을 초래한다.

④ 입력변수는 공정에 대한 외부의 영향을 나타내는 변수이며, 출력변수는 외부에 대한 공정의 영향을 나타내는 변수이다.

답— 8.② 9.④

10 혼합공정의 시상수가 커지는 조건은? (단, V : 유체의 부피, q : 유량)

① V가 작을수록, q가 클수록 좋다.
② V가 클수록, q가 작을수록 좋다.
③ V가 작을수록, q가 작을수록 좋다.
④ V가 클수록, q가 클수록 좋다.

11 다음 중 화학공업의 공정에 알맞은 장치나 기계선정시 고려할 사항으로 옳지 않은 것은?

① 안정성 ② 이동성
③ 최적화 ④ 효율성

12 차의 가합점을 갖는 단위피드백(직결피드백) 제어계에서 입력과 출력이 같다면 전향전달함수 G의 값은?

① $G = 1$ ② $G = 0.707$
③ $G = \infty$ ④ $G = 0$

ANSWER

10 시상수 $(\tau) = \frac{V}{q}$ 이므로 V가 클수록 q가 작을수록 커진다.

11 화학공정 장치선정시 고려사항 … 효율성, 안정성, 경제성, 최적화

12 $\frac{C}{R} = \frac{G}{1+G} = \frac{1}{\frac{1}{G}+1}$에서 $\left|\frac{C}{R}\right| = 1$ 이 되기 위해서는 $G = \infty$가 되어야 한다.

답 — 10.② 11.② 12.③

13 다음 블록선도에서 C는?

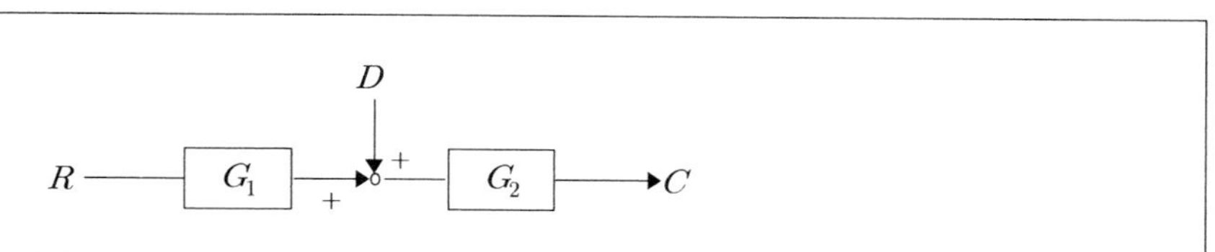

① $RG_1 + DG_2$

② $RG_1 G_2 + DG_1 G_2$

③ $RG_1 G_2 + DG_2$

④ $RG_1 G_2 - DG_2$

14 그림과 같은 피드백 제어계의 등가합성 전달함수는?

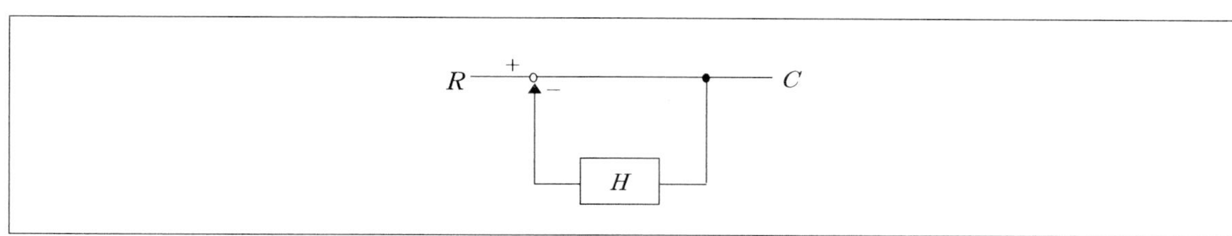

① H

② $\dfrac{1}{1+H}$

③ $\dfrac{1}{H}$

④ $1+H$

ANSWER

13 $C = (RG_1 + D)G_2 = RG_1 G_2 + DG_2$

14 $C = R - CH,\ C(1+H) = R$

$\therefore G(s) = \dfrac{C}{R} = \dfrac{1}{1+H}$

답 13.③ 14.②

15 어떤 계의 단위계단 입력에 대한 출력응답이 다음과 같이 주어질 경우, 지연시간 T_d(초)는?

$$C(t) = 1 - e^{-t}$$

① 0.680
② 0.693
③ 0.700
④ 0.710

16 어떤 비례제어기를 60℉와 100℉의 온도범위를 제어하는 데 사용할 수 있다. 설정점을 일정하게 고정시켜 놓고, 오차가 71℉에서 75℉로 변할 때, 제어기의 출력보호가 3psi(밸브전개)에서 15psi(밸브전폐)로 제어되었다. 비례대는 몇 %인가?

① 10%
② 20%
③ 30%
④ 40%

17 $x(s) = \dfrac{1}{s(s^3+3s^2+3s+1)}$ 일 때 $x(t)$의 최종치는?

① $\dfrac{1}{2}$
② $\dfrac{1}{3}$
③ $\dfrac{1}{4}$
④ 1

ANSWER

15 $\lim_{t\to\infty} C(t) = 1$ 이고, T_d의 최종값은 50% 도달시 소요되는 시간으로 $0.5 = 1 - e^{-t}$

$\dfrac{1}{e^t} = 1 - 0.5,\ e^t = 2$

$\therefore T_d = \ln 2 = 0.693\text{sec}$

16 비례대(%) $= \dfrac{75-71}{100-60} \times 100 = 10\%$

17 $\lim_{t\to\infty} x(t) = \lim \dfrac{1}{s^3+3s^2+3s+1} = 1$

답 – 15.② 16.① 17.④

18 $\frac{A(s)}{B(s)} = \frac{1}{2s+1}$ 의 전달함수를 미분방정식으로 바르게 나타낸 것은?

① $2\frac{da(t)}{dt} + a(t) = 2b(t)$

② $\frac{da(t)}{dt} + 2a(t) = 2b(t)$

③ $2\frac{da(t)}{dt} + a(t) = b(t)$

④ $\frac{da(t)}{dt} + 2a(t) = b(t)$

19 다음 블록선도의 입출력비는?

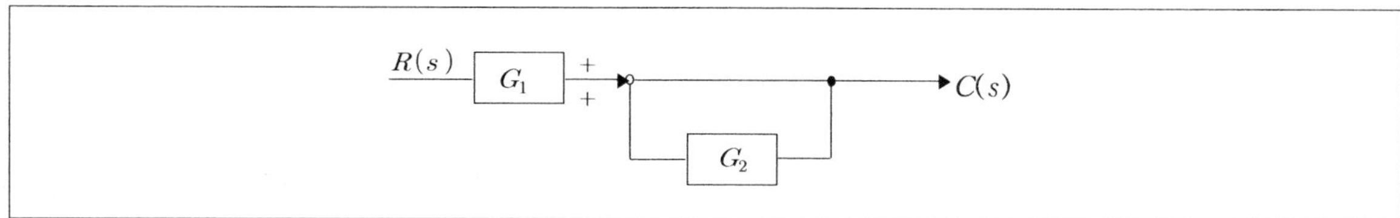

① $\frac{G_1}{1+G_2}$

② $\frac{G_1}{1-G_2}$

③ $\frac{1}{1+G_1G_2}$

④ $\frac{G_1G_2}{1-G_2}$

ANSWER

18 $\frac{A(s)}{B(s)} = \frac{1}{2s+1}$ 에서 $A(s)(2s+1) = B(s)$

$2sA(s) + A(s) = B(s)$

$2\frac{da(t)}{dt} + a(t) = b(t)$

19 $RG_1 + CG_2 = C$이므로 $RG_1 = C(1-G_2)$에서 $\frac{C}{R} = \frac{G_1}{1-G_2}$

답 18.③ 19.②

20 2차계에서 오버슈트가 가장 크게 일어나는 계통의 감쇠율은?

① $\delta = 1$
② $\delta = 0.5$
③ $\delta = 0.1$
④ $\delta = 0.01$

21 자본비용(capital cost)으로 분류되지 않는 것은?

① 유지 및 보수비용
② 장치 구입 및 설치 비용
③ 노무 및 복지 비용
④ 토지 및 건물 비용

22 매 분기 일정한 금액을 상각하여 감가상각 기초가액을 내용연수 동안 균등하게 할당하는 감가상각방법은?

① 정률법
② 생산량 비례법
③ 정액법
④ 연수합계법

ANSWER

20 감쇠율 δ값이 작아질수록 출력응답의 진동은 커진다. $\delta = 0$의 경우에는 무한히 진동한다.

21 자본비용은 자금사용의 대가로 부담하는 비용으로서 자본제공자의 입장에서 요구수익률로 간주한다. 따라서 화학공장을 예를 들면 공장으로부터 양산되는 제품의 요구수익률을 기준으로 부담하는 비용은 공장의 토지 및 건물 비용, 장치 구입 및 설치비용, 배관비용, 유지 및 보수비용 등이 포함되지만, 노무 및 복지비용은 노동비용에 포함되므로 ③은 자본비용에 속하지 않는다.

22 정액법은 감가상각비 총액을 각 사용연도에 할당하여 해마다 균등하게 감가하는 방법이다.

$$감가상각비 = \frac{취득원가 - 잔존가치}{추정내용연수}$$

답 20.④ 21.③ 22.③

23 $\frac{6s+2}{s(6s+1)}$ 의 역Laplace 변환은?

① $4-e^{\frac{1}{3}t}$
② $4-e^{\frac{1}{6}t}$
③ $2-e^{\frac{1}{6}t}$
④ $2-e^{\frac{1}{3}t}$

24 $F(s)=\frac{3s+10}{s^3+2s^2+5s}$ 일 때 $f(t)$ 의 최종값은?

① 1
② 2
③ 4
④ 6

25 $G(s)=\frac{(wn)^2}{s^2+2\delta wns+(wn)^2}$ 인 제어계에서 $wn=3$, $\delta=0$으로 할 때 임펄스응답은?

① $\sin 4t$
② $\cos 3t$
③ $3\sin 3t$
④ 3cos3t

ANSWER

23

$$F(s)=\frac{6s+2}{s(6s+1)}=\frac{s+\frac{1}{3}}{s\left(s+\frac{1}{6}\right)}=\frac{2}{s}-\frac{1}{\left(s+\frac{1}{6}\right)}=2-e^{\frac{1}{6}t}$$

24

$$\lim_{t\to\infty}f(t)=\lim_{s\to 0}sF(s)=\lim_{s\to 0}s\cdot\left\{\frac{3s+10}{s(s^2+2s+5)}\right\}=\frac{10}{5}=2$$

25

$$G(s)=\frac{3^2}{s^2+3^2}=\frac{9}{s^2+3^2}=3\times\left(\frac{3}{s^2+3^2}\right)$$

$$3s^{-1}\left(\frac{3}{s^2+3^2}\right)=3\sin 3t$$

답 — 23.③ 24.② 25.③

26 전달함수가 $G(s) = \dfrac{1}{s^2+2s+9}$ 로 주어지는 2차 제어시스템의 비례상수(gain, K_c), 시간상수(time constant, τ)와 감쇠비(damping ratio, ξ)는?

① $K_c = \dfrac{1}{3}$, $\tau = \dfrac{1}{9}$, $\xi = \dfrac{1}{2}$

② $K_c = \dfrac{1}{9}$, $\tau = \dfrac{1}{2}$, $\xi = \dfrac{1}{3}$

③ $K_c = \dfrac{1}{3}$, $\tau = \dfrac{1}{2}$, $\xi = \dfrac{2}{3}$

④ $K_c = \dfrac{1}{9}$, $\tau = \dfrac{1}{3}$, $\xi = \dfrac{3}{4}$

27 〈보기〉와 같은 특징을 갖는 피드백제어기는?

〈보기〉

- 잔류편차(offset)를 0으로 만든다.
- 완만하고 긴 진동응답을 유발한다.
- 빠른 응답속도를 얻기 위해 비례이득(K_c)을 증가시키면 계는 더욱 진동하여 불안정해진다.

① 비례 제어기　② 비례-적분 제어기
③ 비례-미분 제어기　④ 비례-적분-미분 제어기

ANSWER

26 2차공정 전달함수의 일반적인 형태는 다음과 같다. $G(s) = \dfrac{Y(s)}{X(s)} = \dfrac{K}{\tau^2 s^2 + 2\tau\zeta s + 1}$

주어진 전달함수가 $G(s) = \dfrac{1}{s^2+2s+9}$ 이므로 위의 형태와 맞추면 다음과 같다.

$\therefore\ G(s) = \dfrac{1}{s^2+2s+9} = \dfrac{1/9}{\frac{1}{9}s^2 + \frac{1}{2}s + 1}$, $K = \dfrac{1}{9}$, $\tau^2 = \dfrac{1}{9} \Rightarrow \tau = \dfrac{1}{3}$, $2\tau\zeta = \dfrac{1}{2} \Rightarrow 2 \times \dfrac{1}{3}\zeta = \dfrac{1}{2} \Rightarrow \zeta = \dfrac{3}{4}$

27 ㉠ 비례항 : 현재 상태에서의 오차값의 크기에 비례한 제어작용을 한다. 오차가 0에 수렴하지 않는다.
㉡ 적분항 : 정상상태 오차를 없애는 작용을 한다. 그러나 비례이득을 증가하면 파형이 불안정하다.
㉢ 미분항 : 출력값의 급격한 변화에 제동을 걸어 오버슈트를 줄이고 안정성을 향상시킨다.
∴ 잔류편차를 0으로 만들며, 완만하고 긴 진동응답을 유발하며, 빠른 응답속도를 얻기 위해 비례이득을 증가시키면 계가 더욱 진동하여 불안정해지는 제어기는 비례-적분 제어기 이다.

답 26.④ 27.②

28 어떤 자동제어계의 출력이 $C(s) = \dfrac{5}{s(s^2+s+2)}$ 로 주어질 때 $C(t)$의 정상값은?

① 2
② 5
③ $\dfrac{5}{2}$
④ $\dfrac{2}{5}$

29 그림과 같은 블록선도가 의미하는 요소는?

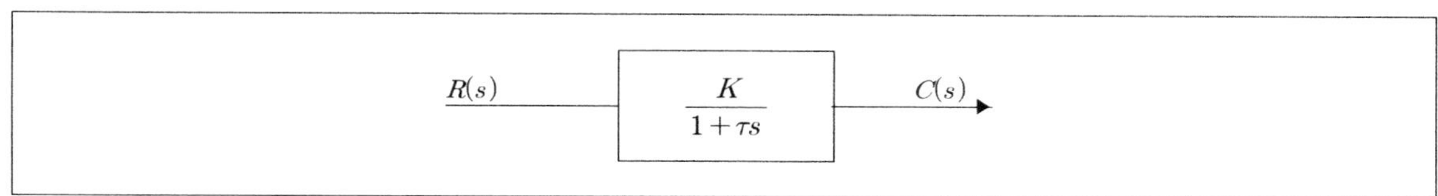

① 0차 늦은 요소
② 1차 늦은 요소
③ 2차 늦은 요소
④ 1차 빠른 요소

30 개회로 제어계(Open-loop system)가 아닌 것은?

① 궤한제어
② 순서제어
③ 조건제어
④ 시한제어

ANSWER

28 $\lim_{t \to \infty} C(s) = \lim_{s \to 0} s \cdot C(s) = \lim_{s \to 0} s \cdot \dfrac{5}{s(s^2+s+2)} = \dfrac{5}{2}$

29 블록선도 전달함수는 $\dfrac{C(s)}{R(s)} = \dfrac{k}{1+sT}$ 이므로 1차 늦은 요소이다.

30 ① 궤한제어는 폐회로 제어계이다.

답 — 28.③ 29.② 30.①

31 자산가치의 변화를 객관적으로 측정하는 판단기준으로 시간이 지남에 따라 경제적 가치가 감소하는 것은?

① 유동자산 ② 감가상각
③ 부채 ④ 제무제표

32 화학공장의 경제성 평가와 관련한 설명으로 옳지 않은 것은?

① 감가상각(depreciation)은 시간의 흐름에 따른 자산의 가치 감소를 회계에 반영하는 것이다.
② 정액법은 매 회계기간에 경제흐름에 맞추어 다른 금액을 상각하는 감가상각 방법이다.
③ 투자자본수익률(Return on Investment)은 투자한 자본에 대한 수익의 비율을 말한다.
④ 운전비용은 장치를 운전하고 공정을 운영하는 데 들어가는 비용으로 원료비, 유지보수 비용 등을 포함한다.

33 다음 중 기업이 생산이나 판매를 목적으로 보관하고 있는 자산은 무엇인가?

① 유동자산 ② 고정자산
③ 재고자산 ④ 무형자산

ANSWER

31 감가상각 … 고정자산은 소모, 파손, 노후 등의 물리적 원인이나 경제적 여건변동 등으로 처음 고정자산의 기능이 점차 감소되는데 이런 효용의 감소를 말한다.

32 ① 감가상각은 시간의 흐름에 따른 자산의 가치 감소를 회계에 반영하는 것이다.
② 정액법은 매 회계기간에 동일한 금액을 상각하는 감가상각방법이다.
③ 투자자본수익률은 투자한 자본에 대한 수익의 비율을 말한다.
④ 운전비용은 장치를 운전하고 공정을 운영하는 데 들어가는 비용으로 원료비, 유지보수 비용, 운전 시 발생되는 에너지 비용 등을 포함한다.

33 재고자산 … 상품, 제품, 반제품, 재공품, 원재료, 저장품 등이 있다.

답 31.② 32.② 33.③

34 배관 계장도(piping and instrument diagram)에 대한 설명으로 옳은 것은?

① 실제 공정의 각 요소들을 기능에 따라 블록으로 나타내고, 블록 간의 관계를 선으로 연결하여 공정을 표현한다.

② 엔지니어링 설계의 문서화에 있어 표준도구로 사용되고 펌프 및 압축기 같은 필요한 보조장치 및 모든 주요 처리 조업장치를 포함하며 파이프 라인의 크기, 재질 등을 기록한다.

③ 공정 흐름도(PFD : process flow diagram)에서 사용한 것과 동일한 번호와 문자로 각 흐름과 장치를 표기할 뿐만 아니라 수증기, 고압공기 등의 유틸리티 라인들과 장치명, 계측기 등을 도면에 포함한다.

④ 장비, 배관, 밸브 및 이음의 정보와 물질사양, 제어라인들을 도면에 나타내어 배관 계장도(P&ID : piping and instrument diagram) 보다 상세한 공정의 정보를 제공한다.

35 잔류편차를 0으로 만드는 제어법은?

① P제어
② PD제어
③ PI제어
④ PID제어

ANSWER

34 ① 블록선도 : 실제 공정의 각 요소들을 기능에 따라 블록으로 나타내고, 블록간의 관계를 선으로 연결하여 공정을 표현한다.
② 엔지니어링 설계의 문서화에 있어 표준도구로 사용되고 펌프 및 압축기 같은 필요한 보조장치 및 모든 주요 처리 조업장치를 포함하며 파이프 라인의 크기, 재질 등을 기록 하는 상세한 작업은 P&ID에 해당된다.
③ PFD : 주요 프로세스 흐름을 간략히 표현, 밸브, 컨트롤, 보조라인 미기입, 기본적인 정보만 제공, 도면 하단에 흐름을 분류 표기
④ P&ID 보다 상세한 공정의 정보를 제공하는 공정도에 해당된다.

35 PI제어 … 계단변화에 대한 잔류편차를 없앤다.

답 34.② 35.③

36 **계단입력에 과소 감쇠 응답(Under damping response)을 보이는 2차계에 대한 설명으로 가장 옳지 않은 것은?**

① 오버슈트(overshoot)는 정상상태값을 초과하는 정도를 나타내는 양으로 감쇠계수(damping factor)만의 함수이다.

② 응답이 최초의 피크(peak)에 이르는 데에 소요되는 시간은 진동주기의 1/4배에 해당한다.

③ 오버슈트(overshoot)와 진동주기를 측정하여 2차계의 공정의 주요한 파라메타들을 추정할 수 있다.

④ 감쇠계수(damping factor)가 1에 접근할수록 응답의 진폭은 감소한다.

37 **앞먹임 제어(feedforward control)에 대한 설명으로 옳은 것은?**

① 공정에 미치는 외부 교란변수의 영향을 미리 보정하는 제어이다.

② 외부 교란변수를 사전에 측정 할 수 없다.

③ 공정의 출력을 제어에 이용한다.

④ 제어루프는 감지기, 제어기, 가동장치를 포함하지 않는다.

ANSWER

36 ① 오버슈트는 응답이 정상상태 값을 초과하는 정도를 나타내는 양으로 다음과 같이 감쇠계수만의 함수를 갖는다.

$$(\text{overshoot}) = \frac{B}{A} = \exp\left(-\frac{\pi\zeta}{\sqrt{1-\zeta^2}}\right)$$

② 응답이 최초의 피크에 이르는 데에 소요되는 한 진동주기의 절반에 해당되는 시간이다.

③ 오버슈트와 진동주기를 측정하면, 감쇠계수, 시간상수 등을 알 수 있고, 최종적으로 전달함수를 구할 수 있다.

④ 감쇠계수가 1에 접근할수록 응답의 진폭은 점점 감소한다.

37 ① Feedforward 제어 : 외부교란 변수를 사전에 측정하여 제어에 이용함으로써 외부 교란변수가 공정에 미치는 영향을 미리 보정해주도록 하는 제어이다.

② ①번과 동일한 설명의 내용이다.

③ 공정의 출력을 제어에 이용하지 않는다.

④ 교란을 측정할 수 있는 센서와 교란 동특성 모델이 필요하다.(감지기, 제어기, 가동장치 등)

답 36.② 37.①

38 **화학공정에 장치나 기계선정시 고려할 사항이 아닌 것은?**

① 이동성
② 경제성
③ 최적화
④ 안정성

39 **다음 공정제어의 필요성에 치중하고 있는 이유로 옳지 않은 것은?**

① 생산비를 절감하고 생산량을 증가시키기 위하여
② 제품의 품질을 균일하게 관리할 수 있는 양질을 생산하기 위하여
③ 인명피해를 예방함과 동시에 안전사고를 최소한으로 억제시키기 위하여
④ 작업지시, 운전관리 및 기타 업무의 공장관리를 인력이 전혀 필요없이 시키기 위하여

40 **공정제어에 관한 다음 설명 중 직접적으로 관계가 없는 것은?**

① 평형이나 수지에 관계되는 조건 중의 어느 하나를 측정한다.
② 수지의 대상은 에너지, 열, 압력, 유속 등이다.
③ 반응의 속도를 결정하여 메카니즘을 결정한다.
④ 평형 또는 수지의 조건변화에 대하여 자동적으로 대처하여 운전되도록 한다.

ANSWER

38 장치선정시 효율성, 안정성, 경제성, 최적화가 고려되어야 한다.

39 공정제어의 필요성 … 안정성, 생산의 규격화, 운전성의 제약조건, 경제성, 환경보건규약 등이 있다.
④ 공정제어는 효율적인 공장관리를 위해 필요한 것이지 모든 공정의 전자동화를 뜻하는 것은 아니다.

40 ③ 반응속도와 반응의 메카니즘을 결정하는 것은 반응공학이다.

답 38.① 39.④ 40.③

41 과도응답에서 시간상수에 대한 설명으로 옳지 않은 것은?

① 일반적으로 시간상수는 $\tau_1 = \rho V/w$ 로 표현하고 있다.

② 유속 w 로서 반응탱크에 유체를 꽉 채우는 데 필요한 시간을 말한다.

③ 유체의 밀도를 ρ, 탱크 내의 유체용적을 V, 유체의 유속을 w 라고 하였을 때 $\rho V/w$ 를 시간상수(τ_1)라고 부른다.

④ 목표로 정한 상태에 대하여 계가 가지는 편차값을 계가 조절하는 것이다.

42 함수 $f(t)=1$ 의 Laplace 변환을 구한 값으로 옳은 것은?

① $\frac{1}{s^4}$ ② $\frac{1}{s^3}$

③ $\frac{1}{s^2}$ ④ $\frac{1}{s}$

43 Laplace 변환이 $F(s)=\frac{s^4-6s^2+9s-8}{s(s-2)(s^3+2s^2-s-2)}$ 일 때 $f(t)$ 의 최종값은? (단, $s=1$, $s=2$ 인 경우에 한함)

① ∞ ② 2

③ 1 ④ 0

ANSWER

41 ④ 되먹임제어에 대한 설명으로 되먹임제어는 외란이 영향을 미친 후 직접적으로 중요변수를 측정하여 제어하는 시스템을 말한다.

42 $f(t)=\begin{cases}1(t>0)\\0(t<0)\end{cases}$ 이므로 $\mathcal{L}f(t)=\frac{1}{s}$

43 최종값 정리 $\lim_{t\to\infty} f(t)=\lim_{s\to 0} s\cdot F(s)=\frac{s^4-6s^2+9s-8}{(s+2)(s-2)(s+1)(s-1)}=\infty\,(s=1$ 또는 $2)$

답 — 41.④ 42.④ 43.①

44 $x(s)=\dfrac{1}{s(s+1)}$ 의 역Laplace 변환은?

① $1-e$　　② $1-e^{t}$

③ $1-e^{-t}$　　④ e^{-t}

45 2차계의 계단응답에서 진동이 없이 최종값에 가장 빨리 접근하는 경우는 제동계수(ζ)가 어느 조건일 때인가?

① $\zeta<1$　　② $\zeta>1$

③ $\zeta=0$　　④ $\zeta=1$

ANSWER

44 $x(s)=\dfrac{1}{s(s+1)}$ 를 변환하면 $\mathcal{L}^{-1}\left\{\dfrac{1}{s}-\dfrac{1}{s+1}\right\}=1-e^{-t}$

$f(t)=\begin{cases}1(t>0)\\0(t<0)\end{cases}$ 에서 $\mathcal{L}\{f(t)\}=\dfrac{1}{s}$

$f(t)=\left\{\begin{matrix}e^{-at}(t>0)\\0(t<0)\end{matrix}\right\}=u(t)e^{-at}$ 에서 $\mathcal{L}\{f(t)\}=\dfrac{1}{s+a}$

45 제동계수 $\zeta=1$일 때 2차계의 계단응답은 진동이 없이 최종값에 가장 빨리 접근한다.

답 — 44.③ 45.④

46 $20\sin 3t$의 Laplace 변환은?

① $\frac{20s}{s^2+9}$
② $\frac{10s}{s^2+8}$
③ $\frac{60}{s^2+9}$
④ $\frac{60}{s^2-9}z$

47 다음 중 $\mathcal{L}^{-1}\left\{\frac{3}{s(s+1)}\right\}$의 값은?

① $3e^{-t}$
② $3(1-e^{-t})$
③ $3-e^{-t}$
④ $1-e^{-t}$

ANSWER

46 sin 함수변환

$$f(t)=\begin{cases} t^a(t>0) \\ 0\,(t<0) \end{cases}=u(t)\sin kt$$

$$\mathcal{L}\{f(t)\}=\frac{k}{s^2+k^2}$$

$$\therefore \mathcal{L}\{20\cdot\sin 3t\}=20\cdot\frac{3}{s^2+3^2}=\frac{60}{s^2+3^2}$$

47 초월함수변환

$$f(t)=\begin{cases} e^{-at}\,(t>0) \\ 0\,(t<0) \end{cases}=u(t)e^{-at}$$

$$\mathcal{L}\{f(t)\}=\frac{1}{s+a}$$

$$\therefore \mathcal{L}^{-1}\left\{\frac{3}{s(s+1)}\right\}=3\mathcal{L}^{-1}\left\{\frac{1}{s}-\frac{1}{s+1}\right\}=3(1-e^{-t})$$

답 — 46.③ 47.②

48 다음 중 1차계에서 위상각 $|\phi|$의 범위는?

① $0 \sim 45°$ ② $0 \sim 90°$
③ $0 \sim 180°$ ④ $0 \sim 360°$

49 다음 중 2차계에서 위상각 $|\phi|$의 범위는?

① $0 \sim 45°$ ② $0 \sim 90°$
③ $0 \sim 180°$ ④ $0 \sim 360°$

ANSWER

48 1차계에서의 위상각면은 90°를 초과하지 않는다.
$0 < |\phi| < 90°$

49 2차계에서 w값이 증가하면 180° 점근선에 접근한다.

답 – 48.② 49.③

실력평가모의고사

제1회 실력평가모의고사

정답 및 해설 P.398

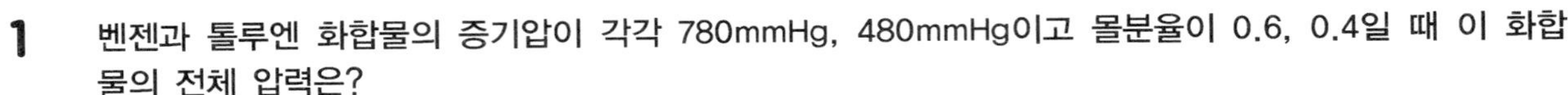

1 벤젠과 톨루엔 화합물의 증기압이 각각 780mmHg, 480mmHg이고 몰분율이 0.6, 0.4일 때 이 화합물의 전체 압력은?

① 440mmHg
② 550mmHg
③ 660mmHg
④ 770mmHg

2 파스칼(Pa)과 같은 압력 단위는?

① $\frac{kg \cdot m^2}{s^2}$
② $\frac{N}{m \cdot s}$
③ $\frac{kg}{m \cdot s^2}$
④ $\frac{kg \cdot m}{s^2}$

3 수소와 질소가 정상상태에서 각각 75mol/min의 같은 유량으로 〈보기〉와 같이 암모니아를 만드는 반응기에 공급된다. 반응기 밖으로 나오는 암모니아의 유량이 45mol/min이라면 반응기에서 배출되는 기체의 총 유량[mol/min]은? (단, 조건 이외의 추가 유입물질과 유출 물질은 없다.)

〈보기〉

$N_2 + 3H_2 \rightarrow 2NH_3$

① 105
② 95
③ 75
④ 55

4 탄소 24kg을 연소시켜서 CO_2와 CO를 만들었다. 만들어진 CO_2의 양이 66kg이라면 생성된 CO의 양은?

① 7kg ② 14kg

③ 21kg ④ 28kg

5 지름이 10cm인 관에 10m/s의 속도로 물이 흐를 경우 관의 지름이 20cm로 된다면 물의 속도[m/s]는 얼마로 변하겠는가?

① 1.5m/s ② 2.5m/s

③ 4m/s ④ 6.5m/s

6 27℃, 1atm에서 2.24L의 이상기체를 0.4L가 될 때까지 정온압축하였을 때 자유에너지의 변화량(cal)은?

① 18ln5.6 ② 36ln5.6

③ 54ln5.6 ④ 72ln5.6

7 비중이 0.75인 유체 42kg/min을 내경이 2cm인 관으로 수송할 때 관 내의 유체의 평균속도는[m/min]?

① 53.32m/min ② 89.48m/min

③ 153.16m/min ④ 178.34m/min

8 혼합 흐름 반응기에 반응물 가 원료로 공급되고, 〈보기〉와 같은 연속반응이 진행된다. 이때 B의 농도가 최대가 되는 반응기 공간시간은? (단, $k_1 = 1\text{min}^{-1}$, $k_2 = 4\text{min}^{-1}$이고, 원료반응물의 농도는 C_{A0}= 2mol/l이다.)

〈보기〉

$$A \xrightarrow{k_1} B \xrightarrow{k_2} C$$

① 2min
② $\frac{1}{2}$min
③ $\sqrt{2}$ min
④ $\frac{1}{\sqrt{2}}$min

9 화학공정의 경제성을 평가할 때 비용을 크게 자본비용(capital cost)과 운전비용(operating cost)으로 나눌 수 있다. 이에 대한 설명으로 옳지 않은 것은?

① 자본비용은 공정을 만드는 데 드는 초기 투자비용이다.
② 자본비용에는 열교환기, 반응기, 컴퓨터 등을 사거나 만드는 비용이 포함된다.
③ 자본비용에는 원료, 유체의 이송, 가열 및 냉각 등에 관계된 비용이 포함된다.
④ 운전비용의 경우 주로 공정운전의 초기단계에 반영되지 않는다.

10 특수한 성분만을 녹여서 혼합물의 성분을 분리하는 조작은?

① 추출
② 분쇄
③ 응고
④ 증류

11 1ton의 휘안광(Sb_2S_3)을 순수 안티몬(Sb)으로 만들기 위하여 이론적으로 필요한 철의 양은? (단, 반응식은 다음과 같으며, Sb_2S_3 = 339.69, FeS = 87.91, Sb = 121.75, Fe = 55.85이다)

$$Sb_2S_3 + 3Fe \rightarrow 3FeS + 2Sb$$

① 72.41kg ② 88.69kg
③ 254.54kg ④ 493.24kg

12 분체의 체 분리(screening)에 대한 설명으로 옳지 않은 것은?

① 입자 크기를 이용하여 입자를 분리하는 방법이다.
② Tyler 표준체의 어느 한 체의 개방공(screen opening) 면적은 그 다음 작은 체의 개방공 면적의 2배이다.
③ 메쉬(mesh) 숫자가 클수록 큰 입자를 분리할 수 있다.
④ 공업적으로 사용되는 체는 상황에 맞게 다양한 메쉬를 이용한다.

13 발전소에서는 과열된 수증기로 터빈을 돌려 전기를 생산한다. 만약 과열된 수증기의 온도가 750K이고 터빈을 돌리고 난 후 최종적으로 배출될 때 온도는? (단, 이 과정에서의 효율은 84.5%이며 열손실은 없고, 소수 첫째 자리에서 반올림 한다.)

① 104K ② 116K
③ 132K ④ 157K

14 증류조작 중 환류비를 크게 할 때의 설명으로 옳은 것은?

① 제품의 순도가 나빠진다.
② 제품의 유출속도가 커진다.
③ 경제적이다.
④ 생산량이 적어진다.

15 두께가 500mm인 벽을 통해 전열이 일어난다. 평균 열전도도는 3.5kcal/m · hr · ℃일 때 벽의 $1m^2$당 전열저항은?

① 0.7hr · ℃/kcal
② 0.14hr · ℃/kcal
③ 0.21hr · ℃/kcal
④ 0.28hr · ℃/kcal

16 효율적인 완전 연소를 위해 80% 과잉공기로 운전하도록 설계되었다. 프로판(C_3H_8)을 50L/min의 유량으로 공급한다면 공급해야할 공기의 유량[L/min]은? (단, 공기 중 산소의 농도는 20mol%로 가정한다.)

① 450
② 1250
③ 1975
④ 2250

17 물질 X는 질량비로 48%의 C, 8%의 H, 28%의 N, 16%의 O를 포함하며, 몰질량은 400g/mol이다. X의 실험식은? (단, C, H, N, O의 원자량은 각각 12, 1, 14, 16이다)

① $C_4H_8N_2O$
② $C_8H_{16}N_4O_2$
③ $C_{12}H_{24}N_6O_3$
④ $C_{16}H_{32}N_8O_4$

18 760mmHg, 32.2℃에서 실내의 공기가 0.021[kgH_2O/kg건조공기]의 습도를 가질 때 퍼센트습도는? (단, 물의 포화증기압 = 36.1mmHg)

① 68%
② 54%
③ 42%
④ 30%

19 Prandtl 수(Pr)는 이동현상에서 전달되는 두 물리량의 확산도(diffusivity) 비교에 유용한 무차원수 중의 하나이다. Pr가 1보다 작을 때의 확산도를 비교한 것으로 옳은 것은?

① 열 확산도(thermal diffusivity)가 물질 확산도(mass diffusivity)보다 크다.

② 물질 확산도가 열 확산도보다 크다.

③ 열 확산도가 운동량 확산도(momentum diffusivity)보다 크다.

④ 운동량 확산도가 열 확산도보다 크다.

20 피드백 제어에 대한 설명으로 옳지 않은 것은?

① On-off 제어기는 간단한 공정에서 널리 이용된다.

② 외부교란을 측정하고 이 측정값을 이용하여 외부교란이 공정에 미칠 영향을 사전에 보정할 수 있다.

③ PID 제어기는 오차의 크기뿐만 아니라 오차가 변화하는 추세와 오차의 누적된 양까지도 감안하여 제어한다.

④ 정상상태에서 잔류편차가 존재한다는 것은 제어변수가 set point로 유지되고 있지 못함을 의미한다.

제2회 실력평가모의고사

정답 및 해설 P.401

1 자산의 기초 장부금액에서 일정비율을 감가상각비로 산출하는 방법은?

① 정률법
② 생산량 비례법
③ 연수합계법
④ 정액법

2 물이 4cm/s로 내경 10cm인 관을 흐르고 있을 때, Fanning의 마찰계수 값은? (단, 점도 : 1cP)

① 0.001
② 0.002
③ 0.003
④ 0.004

3 30℃, 1atm에서 5kg의 수증기를 함유한 습한공기가 205kg이 있다. 이 공기의 수증기의 분압은 얼마인가?

① 10.65mmHg
② 16.8mmHg
③ 29.64mmHg
④ 32.15mmHg

4 절대압이 2.7kg중/cm^2인 유체의 비중이 0.9일 때 두(Head)는 얼마인가?

① 10m
② 20m
③ 30m
④ 40m

5 200mol의 원료 성분 A를 반응장치에 공급하여, 회분(batch)조작으로 어떤 시간을 반응시킨 결과, 잔존 A성분은 120mol이었다. 반응식을 $A+2B \rightarrow R$ 로 표시할 때, 원료성분 A와 B의 몰 비가 2 : 3이었다고 하면 원료 성분 B의 변화율은 약 얼마인가?

① 0.35
② 0.47
③ 0.56
④ 0.64

6 다음 중 가능한 한 값이 크면 좋은 계측기의 특성은?

① 응답시간(response time)
② 시간상수(time constant)
③ 감도(sensitivity)
④ 수송지연(transportation lag)

7 강관 속으로 물이 흐르고 있다. 관 내부의 한 점의 전단력이 1kg · m/s^{2}이라 하고 그 지점의 면적이 200cm^{2}이라고 한다면 이 지점의 전단응력은?

① 50kg/m · sec^2
② 100kg/m · sec^2
③ 150kg/m · sec^2
④ 200kg/m · sec^2

8 흡수탑에 사용되는 충진물의 조건으로 옳지 않은 것은?

① 기계적 강도가 큰 것
② 값이 저렴하고 구하기 쉬운 것
③ 공극률이 작은 것
④ 내식성이 있을 것

9 향류다단추출시 추제비는 4이고, 단수를 2로 한다면 추잔율은?

① 0.05
② 0.1
③ 0.15
④ 0.20

10 어떤 실린더 안의 1g-mole의 공기가 27℃에서 20L로부터 10L로 등온압축 했을 때, 피스톤이 기체에 작용한 일은 몇 cal인가? (단, ln0.5 = −0.69)

① 411.31cal
② 425.25cal
③ 200.75cal
④ 335.05cal

11 4mol%의 에테인(ethane)이 포함된 가스가 20℃, 16atm에서 물과 접해 있다. 헨리(Henry)의 법칙이 적용 가능할 때 물에 용해된 에테인의 몰분율은? (단, 헨리 상수는 2.5×10^4atm/mole fraction으로 가정한다)

① 1.24×10^{-5}
② 2.56×10^{-5}
③ 3.67×10^{-5}
④ 5.48×10^{-5}

12 이중관식 열교환기(double pipe heat exchanger)에 대한 설명으로 옳지 않은 것은?

① 병류(parallel flow)의 경우, 두 관 액체 사이의 온도 차이가 입구에서는 크지만 출구로 갈수록 작아진다.
② 열교환기를 설계하기 위해 두 관 액체 사이의 평균 온도 차이를 구하는 경우, 입구에서의 온도 차이와 출구에서의 온도 차이의 대수평균을 주로 사용한다.
③ 관의 길이가 길수록 전체 열 교환량은 증가한다.
④ 관을 통한 열 교환은 전도 → 대류 → 전도의 방식으로 이루어진다.

13 4kg의 수분이 함유되어 있는 습윤목재 10kg을 습윤기준으로 10%의 수분을 함유하게 하려면 몇 kg의 수분을 제거해야 하는가?

① 1.11kg
② 2.22kg
③ 3.33kg
④ 4.44kg

14 수면의 높이가 10m인 탱크바닥에 3mm의 구멍을 뚫었다. 이 구멍을 통해 나오는 유체의 유속은?

① 7m/s
② 14m/s
③ 21m/s
④ 28m/s

15 1atm, 40℃에서 절대습도가 0.02이고 증발숨은열이 597kcal/kg일 때 습윤공기의 엔탈피는?

① 11.9kcal/kg-건조공기
② 21.9kcal/kg-건조공기
③ 31.9kcal/kg-건조공기
④ 41.9kcal/kg-건조공기

16 회분식 반응기에서 A로부터 B가 형성되는 반응의 속도식이 $r_A = -\frac{dC_A}{dt} = kC_A$ 이다. 반응 100초 후 A의 농도(C_A)[mol · L^{-1}]가 5 mol · L^{-1} 일 때 A의 초기농도는 얼마인가?(단, k=0.04L · mol^{-1} · s^{-1} 이며, e^4=54.6으로 가정한다.)

① 153
② 187
③ 237
④ 273

17 다단 증류를 통해 벤젠과 톨루엔 혼합물로부터 벤젠과 톨루엔을 분리하고자 한다. 공급단 상부에서의 조작선에 대한 y절편이 0.2이고 환류비가 2일 때, 탑위 제품 내 벤젠의 몰분율은?

① 0.8
② 0.7
③ 0.6
④ 0.5

18 기체 흡수탑에서 발생할 수 있는 현상 중 편류(Channeling)에 대한 설명은?

① 흡수탑에서 기체의 상승 속도가 낮아서, 액체가 고이는 현상

② 흡수탑 내에서 기상의 상승속도가 증가함에 따라, 각 단의 액상체량(Hold up)이 증가해 압력손실이 급격히 감소하는 현상

③ 흡수탑 내에서 액체가 어느 한 곳으로 모여 흐르는 현상

④ 액체의 용질 흡수량 증가에 따라 증류탑 내부 각 단에서 증기의 용해열에 의해 온도가 상승하는 현상

19 단일 증류탑을 이용하여 폐 처리된 에탄올 40mol%와 물 60mol%의 혼합액 50kg-mol/hr를 증류하여, 80mol%의 에탄올을 회수하여 공정에 재사용하고, 나머지 잔액은 에탄올이 5mol%가 함유된 상태로 폐수 처리한다고 할 때, 초기 혼합액의 에탄올에 대해 몇 %에 해당하는 양이 증류 공정을 통해 회수되겠는가? (단, 계산은 소수점아래 두 번째 자리까지만 하며, 가장 가까운 값을 선택한다.)

① 85.74% ② 88.93%

③ 93.32% ④ 96.47%

20 여과에 대한 설명으로 옳은 것은?

① 여과란 고체입자를 포함하는 유체가 여과매체(filtering medium)를 통과하게 하여 고체를 퇴적시킴으로써 유체로부터 고체입자를 분리하는 조작이다.

② 여과기는 여과매체 하류측의 압력을 대기압보다 높게 하여 조작하거나 상류측을 가압하여 조작한다.

③ 셀룰로스, 규조토와 같은 여과조제(filter aid)를 첨가하여 케이크가 형성되는 것을 유도한다.

④ 여과 중에 여과매체가 막히거나 케이크가 형성됨에 따라 시간이 지날수록 흐름에 대한 저항이 감소하게 된다.

제3회 실력평가모의고사

정답 및 해설 P.404

1 내경이 5m인 관을 유속 20m/s로 흐르고 있는 유체의 유량은?

① $292.5m^3/s$　② $392.5m^3/s$
③ $492.5m^3/s$　④ $592.5m^3/s$

2 수분을 포함한 10kg의 물질을 건조시켰다. 건조 후 무게가 9kg으로 줄었다면 이 물질의 건조 전 함수율은?

① 0.10　② 0.11
③ 0.12　④ 0.13

3 수증기와 아르곤이 혼합된 가스와 액체상태의 물이 기액평형 상태에 있을 때 자유도는?

① 0　② 1
③ 2　④ 3

4 계단입력에 과소감쇠응답(Under damping response)을 보이는 2차계에 대한 설명으로 가장 옳지 않은 것은?

① 오버슈트(overshoot)는 정상상태값을 초과하는 정도를 나타내는 양으로 감쇠계수(damping factor)만의 함수이다.
② 응답이 최초의 피크(peak)에 이르는 데에 소요되는 시간은 진동주기의 1/2배에 해당한다.
③ 오버슈트(overshoot)와 진동주기를 측정하여 1차계의 공정의 주요한 파라메타들을 추정할 수 있다.
④ 감쇠계수(damping factor)가 1에 접근할수록 응답의 진폭은 감소한다.

5 NH_3에 과잉공기 35%를 사용하여 NO 15kg을 생성했을 때의 소요공기량은?

① 32.2kg ② 64.3kg
③ 128.6kg ④ 192.9kg

6 2성분계 혼합물을 상압에서 정류하고자 한다. 비점에서 정류탑에 공급되는 혼합 용액 중 휘발성 성분의 조성이 50mol%이고, 최소환류비가 0.6로 주어질 때 탑상 제품 중 휘발성 성분의 조성(x_D)은? (단, 휘발성 성분의 상대 휘발도는 1.5로 일정하다.)

① x_D=0.66 ② x_D=0.76
③ x_D=0.87 ④ x_D=0.97

7 고체 수평면과 평행으로 흐르는 액체의 유속(u)이 수평면으로부터 y인 위치에서 u[m/s]=$5y-y^2$의 분포로 흐르고 있다. 액체의 점도가 0.005Pa · s이고 뉴턴의 점성법칙을 따른다고 가정할 때, 평면 위($y=0$)에서 액체의 전단응력[Pa]은?

① 0.015 ② 0.025
③ 0.035 ④ 0.045

8 석탄 100kg(탄소 70% 함유)을 완전연소시킬 때 생성한 CO_2의 양은?

① 156.7kg ② 256.7kg
③ 356.7kg ④ 456.7kg

9 증발관에서 20℃의 수산화나트륨 수용액을 가열시켜서 120℃의 수증기가 되었다. 이 증발관의 전열면적이 $2m^2$이고 총괄전열계수가 $800kcal/m^2 \cdot hr \cdot C$라면 시간당 전달되는 열량은?

① 80,000kcal/hr
② 160,000kcal/hr
③ 240,000kcal/hr
④ 320,000kcal/hr

10 다음 중 교반의 목적이 아닌 것은?

① 분사액의 제조
② 물질전달속도의 감소
③ 열전달속도의 증가
④ 성분의 균일화

11 손익분기점은 수익이 얼마가 되는 조업률을 나타내는가?

① 0
② 1
③ 10
④ 100

12 14wt% $NaHCO_3$ 수용액 5kg을 50℃에서 20℃로 온도를 낮추어 결정화를 유도하였다. 이때 석출되는 $NaHCO_3$의질량은? (단, 20℃에서 $NaHCO_3$의 포화 용해도는 9.6g $NaHCO_3$/100gH_2O으로 계산한다.)

① 0.7128kg
② 0.1776kg
③ 0.3234kg
④ 0.2872kg

13 정상류에서의 유체의 유속과 관의 크기에 관한 설명으로 옳은 것은?

① 관의 단면적에 반비례한다.
② 관의 지름에 비례한다.
③ 관 지름의 제곱에 비례한다.
④ 관 지름의 제곱에 반비례한다.

14 물질 확산도(mass diffusivity)에 대한 열 확산도(thermal diffusivity)의 비(ratio)를 나타내는 무차원 수는?

① Re(Reynolds number)
② Pr(Prandtl number)
③ Sc(Schmidt number)
④ Le(Lewis number)

15 부피 변화가 없는 1차 반응 A → B + C가 회분식반응기에서 일어나고 있다. 초기에 반응물 A만 있고, A의 나중 농도는 0.2mol · L^{-1}이라면 7초 동안 반응하였을 때 A의 전화율은? (단, 반응속도상수 k = 0.50s^{-1}이며, $e^{3.5}$ = 33.12로 계산하고, 소수 셋째자리에서 반올림 한다.)

① 0.97
② 0.85
③ 0.33
④ 0.17

16 다음 중 막분리공정에 대한 설명으로 옳지 않은 것은?

① 설비가 간단하다.
② 처리액의 농도 정도에 따라 분리농축에 한계가 있다.
③ 특정 물질만 분리가능하다.
④ 상변화를 수반하는 조작이다.

17 헥세인(hexane)과 헵테인(heptane)의 2성분 혼합물이 기액 평형을 이루고 있다. 기상에서 헥세인과 헵테인의 몰분율이 각각 0.7, 0.3일 때, 액상에서 헥세인의 몰분율은? (단, 혼합물은 라울(Raoult)의 법칙을 따르며, 기액 평형상태 온도에서 헥세인과 헵테인의 증기압은 각각 2bar, 1bar이다)

① $\frac{7}{15}$
② $\frac{5}{13}$
③ $\frac{7}{13}$
④ $\frac{8}{15}$

18 그림과 같이 경사면을 따라 비압축성 뉴턴 유체(Newtonian fluid)가 일정한 두께 h의 층류(laminar flow)를 형성하고 있다. 이 흐름에 대한 설명으로 옳지 않은 것은? (단, 경사면과 액체가 만나는 지점인 x=h에서 유체속도는 0이다)

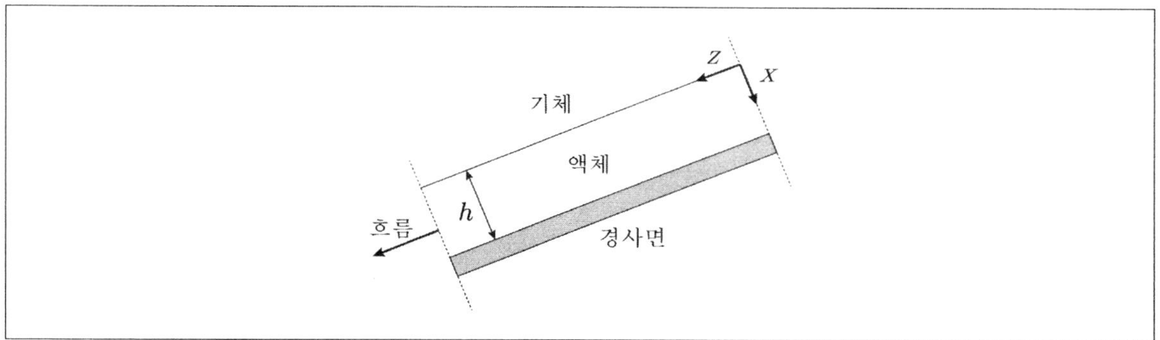

① 기체와 만나는 경계지점(x=0)에서 유체속도가 최대이다.

② 경사면과 액체가 만나는 지점(x=h)에서 전단응력이 최대이다.

③ 기체와 만나는 경계지점(x=0)에서 속도 구배(전단율)가 최대이다.

④ z방향 유체의 속도 분포는 x축 거리좌표에 대해 2차 함수형태이다.

19 다음 증류조작에서 이동단위수가 5이고 이동단위높이가 4라면 충전탑의 높이는?

① 9
② 10
③ 20
④ 24

20 어떤 유기화합물 A는 C, H, O, N으로만 구성되어 있다. A의 원소분석 결과, A의 분자량[g/mol]이 180이며 C의 질량분율이 O에 비해 1.5배일 때 H의 몰수는? (단, C, H, O, N의 원자량은 각각 12, 1, 16, 14이다)

① 8
② 12
③ 14
④ 18

제4회 실력평가모의고사

정답 및 해설 P.407

1 유도단위가 아닌 물리량으로만 묶인 것은?

① 광도, 온도, 밀도, 길이, 질량
② 길이, 온도, 광도, 평면각, 질량
③ 물질량, 온도, 전류, 힘, 압력
④ 질량, 시간, 힘, 속도, 전류

2 공간시간(Space time)에 대한 설명으로 옳은 것은?

① 반응물이 단위부피의 반응기를 통과하는 데 필요한 시간을 말한다.
② 한 반응기 부피만큼의 반응물을 차지하는 데 필요한 시간이다.
③ 단위시간에 처리할 수 있는 원료의 몰수를 말한다.
④ 단위시간에 처리할 수 있는 원료의 반응기 부피의 수율을 말한다.

3 미지의 금속 이온 M+를 전기화학공정을 이용하여 도금하고자 한다. 15A의 전류를 9,650초 동안 흘려주었을 때 300g이 도금되었다면 금속의 원자량은? (단, 1F(패러데이) = 96,500C이다)

① 100
② 200
③ 300
④ 400

4 대기압에서 물과 에탄올의 혼합물이 기액평형을 이루고 있다. 기상은 수증기 1.7, 에탄올 3.3, 액상의 조성은 물의 몰분율이 0.48이었다. 에탄올의 물에 대한 비휘발도는?

① 1.79 ② 2.79
③ 3.79 ④ 4.79

5 50℃에서 포화도가 60%이고 포화습도가 $H_s = 0.086$일 때 공기의 절대습도[kg · H_2O/kg · 건조공기]는 얼마인가?

① 0.0124 ② 0.0241
③ 0.0424 ④ 0.0516

6 다음 그림과 같이 지름이 10in.인 실린더 관내에서 비압축성액체가 흐르고 있다. 지름 2in.인 작은 jet관이 고속의 액체를 배출하기 위해 관 중앙에 설치되어 있다. A지점에서의 두 평균속도(V_A와 V_J)를 사용하여 멀리 떨어진 B지점에서의 액체 평균속도(V_B)를 나타낸 식은?

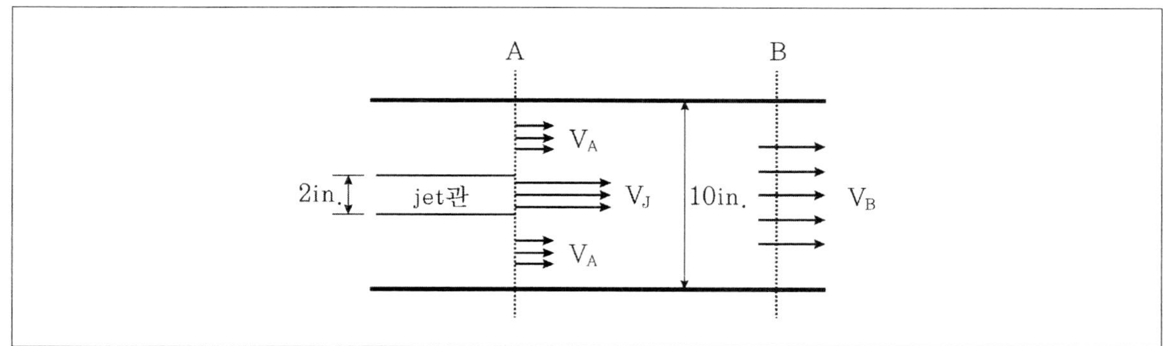

① $V_B = 0.2V_J + 0.8V_A$
② $V_B = 0.02V_J + 0.98V_A$
③ $V_B = 0.04V_J + 0.64V_A$
④ $V_B = 0.04V_J + 0.96V_A$

7 10%의 수산화나트륨 100kg을 습윤기준으로 80% 수분을 갖도록 농축할 때 제거되는 물의 양은 얼마인가?

① 20kg ② 30kg

③ 40kg ④ 50kg

8 전달함수가 $G(s) = \dfrac{4}{s^2 + 2s + 16}$ 로 주어지는 2차 제어시스템의 비례상수(gain, K_c), 시간상수(time constant, τ)와 감쇠비(damping ratio, ζ)는?

① $K_c = \frac{1}{2}$, $\tau = \frac{1}{4}$, $\zeta = \frac{1}{2}$ ② $K_c = \frac{1}{4}$, $\tau = \frac{1}{4}$, $\zeta = \frac{1}{4}$

③ $K_c = \frac{1}{2}$, $\tau = \frac{1}{2}$, $\zeta = \frac{1}{2}$ ④ $K_c = \frac{1}{4}$, $\tau = \frac{1}{2}$, $\zeta = \frac{1}{4}$

9 유속 4m/s로 흐르는 유체가 있다. 이 유체가 흐르는 관을 넓혔더니 유체의 유속이 1m/s로 되었다. 이때의 확대손실은?

① 0.24kg중 · m/kg ② 0.32kg중 · m/kg

③ 0.46kg중 · m/kg ④ 0.58kg중 · m/kg

10 벤젠 40mol%, 톨루엔 60mol%인 혼합물을 증류하여 99.5mol%의 벤젠을 회수하여 잔류농도를 1mol% 이하로 하고 원액은 비점으로 공급된다. 매시 1kgmol의 유출액을 얻기 위한 공급량[kgmol/hr]은? (단, 환류비=2.55)

① 5.12kgmol/hr ② 4.84kgmol/hr

③ 3.32kgmol/hr ④ 2.53kgmol/hr

11 25℃에서 이산화탄소의 물의 용해도는 헨리의 법칙에 따르고 25℃에서의 용해도계수 $a = 0.76m^3/m^2 \cdot atm$이라면 헨리의 상수[kgmol/$m^3$ · atm]는?

① 0.0125
② 0.0257
③ 0.0339
④ 0.0412

12 다음 중 냉매의 조건이 아닌 것은?

① 응축압력이 낮다.
② 증발열, 증기비열이 크다.
③ 증발압력은 대기압보다 조금 높다.
④ 단위냉동에 대한 동력이 낮다.

13 건물 벽을 통한 열 손실을 방지하기 위하여 10cm 두께의 건물 외벽에 10cm 두께의 단열벽돌을 붙였다면 벽면 $1m^2$당 열 손실[W]은? (단, 실내 온도는 25℃, 외부 온도는 −5℃이며, 건물 외벽과 단열벽돌의 열전도도(k)는 각각 $1.0W \cdot m^{-1} \cdot K^{-1}$, $0.2W \cdot m^{-1} \cdot K^{-1}$이다)

① 100
② 50
③ 25
④ 10

14 0℃의 공기가 5kg/s의 일정한 질량유속으로 관에 들어가서 50℃로 관을 나간다. 공기의 비열을 0.4kcal/kg · ℃라고 할 때, 단위시간당 공기로 전달된 열량[kcal/s]은?

① 40
② 60
③ 80
④ 100

15 다음 중 액-액 추출장치가 아닌 것은?

① Dorr 교반기
② Mixer-settler
③ 분사탑
④ 다공판탑

16 투석 막(dialysis membrane)을 사이에 두고 액체 B와 액체 C가 각각 흐르고, 성분 A가 투석 막을 통해 액체 B에서 액체 C로 전달된다. 다음의 자료와 같을 때, 물질전달 속도를 가장 크게 증가시킬 수 있는 방법은? (단, 투석 막의 두께 및 면적은 각각 200μm 및 1m^{2}이며, 액체 B와 액체 C에서 A의 농도는 각각 5.0M및 0.1M로 일정하게 유지된다)

- 막에서의 성분 A의 유효확산계수 : 1.0×10^{-9}m^2/s
- 액체 B쪽에서의 성분 A의 물질전달계수 : 5.0×10^{-4}m/s
- 액체 C쪽에서의 성분 A의 물질전달계수 : 2.0×10^{-4}m/s

① 액체 B의 유량을 8배로 증가시킨다.
② 막의 두께를 절반으로 줄인다.
③ 막에서의 성분 A의 유효확산계수를 절반으로 낮춘다.
④ 액체 C의 유량을 4배로 증가시킨다.

17 다음 중 중간분쇄기에 속하는 것은?

① 볼밀
② 롤러밀
③ 로드밀
④ 해머밀

18 25atm의 압력을 일정하게 유지하면서 부피를 $2m^3$에서 $6m^3$으로 변화시켰다면 이때 한 일의 양 [kgf · m]은?

① 1.033×10^4kgf · m
② 1.033×10^5kgf · m
③ 1.033×10^6kgf · m
④ 1.033×10^7kgf · m

19 증발관에 수증기를 열원으로 사용할 경우의 이점이 아닌 것은?

① 증기관의 폐증기를 이용할 수 있다.
② 온도조절이 용이하다.
③ 다른 물질에 비해 열전도도가 작다.
④ 가열이 균일해서 국부적인 가열이 없다.

20 화학공장의 경제성 평가와 관련한 설명으로 옳지 않은 것은?

① 감가상각(depreciation)은 시간의 흐름에 따른 자산의 가치 감소를 회계에 반영하는 것이다.
② 정률법은 매 회계기간에 경제흐름에 맞추어 다른 금액을 상각하는 감가상각 방법이다.
③ 투자자본수익률(Return on Investment)은 초기 투자비용 대비 수익의 비율이다.
④ 운전비용은 장치를 운전하고 공정을 운영하는 데 들어가는 비용으로 운전시 발생되는 에너지, 유지보수 비용 등을 포함한다.

제5회 실력평가모의고사

정답 및 해설 P.410

1 반응기 체적이 $4m^3$이고 공급속도가 $8m^3/hr$일 때, 공간속도는?

① $1hr^{-1}$ ② $1hr$
③ $2hr^{-1}$ ④ $2hr$

2 앞먹임 제어(feedforward control)에 대한 설명으로 옳은 것은?

① 외부 교란변수가 공정에 영향을 미치고 난 후에 보정하는 제어이다.
② 외부 교란변수를 사전에 측정 할 수 없다.
③ 공정의 입력을 제어에 이용한다.
④ 제어루프는 감지기, 제어기, 가동장치를 포함하지 않는다.

3 자본비용(capital cost)으로 분류되지 않는 것은?

① 노무 및 복지 비용
② 장치 구입 및 설치 비용
③ 유지 및 보수비용
④ 토지 및 건물 비용

4 1atm에서 몰분율이 0.4인 메탄올 수용액을 증류하면 몰분율이 0.75가 된다면 이 메탄올의 물에 대한 상대휘발도는?

① 1.5
② 2.5
③ 3.5
④ 4.5

5 벽의 두께가 25cm인 벽의 내면온도가 750℃이고 외면온도가 250℃일 때 단위면적당 연손실[kcal/hr]은? (단, 벽돌의 열전도도 = 0.2kcal/hr · m · ℃)

① 100kcal/hr
② 200kcal/hr
③ 300kcal/hr
④ 400kcal/hr

6 다음 중 추제의 조건으로 옳지 않은 것은?

① 가격이 저렴하고 화학적으로 안정적이어야 한다.
② 분자량이 커야 한다.
③ 회수가 용이해야 한다.
④ 선택도가 커야 한다.

7 비압축성 뉴턴 유체(Newtonian fluid)가 정상상태를 유지하며 원통형 관을 통하여 층류(laminar flow)를 형성하고 있다. 이에 대한 설명으로 옳지 않은 것은?

① 최대속도는 관의 중심에서 나타난다.
② 평균유체속도는 최대속도의 50%이다.
③ 질량유량(mass rate of flow)은 관의 단면적, 평균유속, 밀도의 곱으로 표현할 수 있으며, 이렇게 표현되는 식을 Hazen-William's 식이라고 부른다.
④ 관의 반지름에 따른 유속 분포는 포물선의 분포를 띄는 특징을 보인다.

8 아세톤 10kg과 알데히드 11kg가 포함된 용액을 17℃에서 80kg의 물로 추출한다. 이 온도에서 추출액과 추잔액의 평행관계가 $y = 2.2x$ 일 때 1회 추출시에 추출되는 알데히드의 양은?

① 9.41kg
② 10.41kg
③ 11.41kg
④ 12.41kg

9 면적이 100cm^{2}인 피스톤에 연결된 스프링의 스프링 상수가 50N/cm이다. 어떤 탱크에 피스톤을 연결하였더니 탱크의 게이지 압력은 100kPa을 보였다. 변화된 스프링의 길이는 얼마인가? (단, 피스톤이 대기에 노출되어 있을 때, 스프링 길이 변화는 없다)

① 20cm
② 15cm
③ 17cm
④ 10cm

10 벤젠과 톨루엔과의 혼합물 중 벤젠의 몰분율이 0.458이고, 평형하고 있는 증기 속 벤젠의 몰분율이 0.673이면 이 온도에서의 순수한 벤젠의 증기압은?

① 760mmHg
② 1,117mmHg
③ 2,017mmHg
④ 1,857mmHg

11 반응 ㈎와 ㈏의 표준생성열(standard heat of formation)이 다음과 같을 때, 반응 ㈐의 표준반응열(standard heat of reaction)[kcal/mol]은?

㈎ $C(s) + O_2(g) \rightarrow CO_2(g)$, $\Delta H^{\circ f} = -94.1\text{kcal/mol}$

㈏ $C(s) + \frac{1}{2}O_2(g) \rightarrow CO(g)$, $\Delta H^{\circ f} = -26.4\text{kcal/mol}$

㈐ $2CO + O_2(g) \rightarrow 2CO_2(g)$

① −135.4
② 135.4
③ −67.7
④ 67.7

12 물에 용해되는 성분을 포함하는 반경 R인 구형 입자가 있다. 구형입자 표면에서 용해 성분(A)의 농도와 입자의 크기는 변하지 않는다고 가정할 때, 구형 입자 주변의 물에서 용해 성분의 농도(C_A)는 다음과 같다.

$$C_A(r) = C_{A,R}\frac{R}{r}$$

여기에서, r은 반경 방향 좌표이고, $C_{A,R}$은 입자 표면에서의 농도를 나타낸다. 확산에 의해서만 물질 전달이 일어날 때, 입자표면에서 용해 성분의 몰 플럭스(N_A)는? (단, 물에 대한 용해성분의 확산도는 D_A 이다.)

① $\frac{C_{A,R}D_A}{R}$　　② $\frac{C_{A,R}D_A}{2R}$

③ $\frac{C_{A,R}D_A}{R^2}$　　② $\frac{C_{A,R}D_A}{2R^2}$

13 점토의 진밀도는 2g/cm^{3}이고 겉보기밀도가 1.5g/cm^{3}이라면 점토의 공극률은?

① 0.15　　② 0.25

③ 0.35　　④ 0.45

14 10% 소금물을 다중효용 증발기에 도입하여 30%로 농축시킬 경우 처음 수분의 약 몇 %를 증발시켜야 하는가?

① 35%　　② 67%

③ 74%　　③ 88%

15 다음 중 한방향으로의 확산이 아닌 것은?

① 흡수
② 증류
③ 수증기증발
④ 추출

16 80.6°F의 방에서 가동되는 냉장고를 5°F로 유지한다고 할 때, 냉장고로부터 3.5kcal의 열량을 얻기 위하여 필요한 최소 일의 양은 몇 J인가? (단, 1cal = 4.18J이다.)

① 1,463.5 J
② 2,048.2 J
③ 2,435.3 J
④ 2,876.4 J

17 단면이 원형인 도관 내를 유체가 난류로 흐르고 있다. 도관 벽과 유체 사이의 Fanning 마찰계수와 유체의 평균 유속을 각각 2배, 1/2배로 증가시켰을 때, 마찰로 인한 압력 강하(pressure drop)는 Fanning 마찰계수와 유체의 평균 유속을 변경하기 전 압력강하의 몇 배가 되는가? (단, 유체의 밀도, 관의 길이 및 직경은 일정하다)

① $\frac{1}{2}$
② 1
③ 2
④ 4

18 분자량이 30g/mol인 기체 6.4kg이 400K의 온도에서 부피 1m^{3}의 탱크에 들어있다고 할 때, 기체 탱크에 설치된 압력계 가나타내는 압력[atm]은? (단, 탱크가 설치된 곳의 대기압은 1atm이며, 기체는 이상기체로 가정한다)

① 4
② 5
③ 6
④ 7

19 열전도도가 40kcal/m · hr · ℃이고 두께가 0.5cm인 벽을 사이에 두고 120℃인 수증기와 60℃인 물이 흐르고 있을 때 총괄열전달계수는? (단, 벽 양쪽의 경막열전달계수는 6,000kcal/m^2 · hr · ℃, 8,000kcal/m^2 · hr · ℃이다)

① 1,200kcal/m^2 · hr · ℃

② 2,400kcal/m^2 · hr · ℃

③ 4,800kcal/m^2 · hr · ℃

④ 9,600kcal/m^2 · hr · ℃

20 유체에 대한 설명으로 옳은 것은?

① 전단응력이 속도구배에 비례하는 유체를 뉴턴 유체(Newtonianfluid)라고 하며, 비례상수의 단위를 N/cm · s로 표기하기도 한다.

② 일정한 전단 응력 이하에서만 유체의 흐름이 일어나며, 전단응력은 속도구배에 비례하는 유체를 유가소성 유체(pseudoplastic fluid)라고 한다.

③ 속도구배가 증가함에 따라 점도가 증가하는 유체를 팽창성 유체(dilatant fluid)라고 한다.

④ 점탄성 유체(viscoelastic fluid)는 응력이 존재하면 변형하면서 흐르다가 응력이 사라지면 완전히 원래의 형태로 돌아간다.

정답 및 해설

제1회

1	③	2	③	3	①	4	②	5	②	6	③	7	④	8	②	9	③	10	①
11	④	12	③	13	②	14	④	15	②	16	④	17	①	18	①	19	①	20	②

1 $D_t = x_A P_A + x_B P_B = (480 \times 0.4) + (780 \times 0.6) = 660\text{mmHg}$

2 압력$= \dfrac{\text{힘}}{\text{면적}} \Rightarrow \dfrac{\text{N}}{\text{m}^2} = \dfrac{\text{kg} \cdot \text{m}}{\text{m}^2 \cdot \text{s}^2} = \dfrac{\text{kg}}{\text{m} \cdot \text{s}^2}$

3 질량보존의 법칙을 이용한다. (반응기로 들어가는 입량)=(반응기로 나가는 출량)

㉠ **입량** : 수소 75mol/min, 질소 75mol/min

㉡ **출량** : 암모니아 45mol/min, x(미반응 기체 배출량)

∴ 75mol/min + 75mol/min = 45mol/min + x mol/min ⇒ x = 105mol/min

4 CO_2의 탄소량은 $66 \times \dfrac{12}{44} = 18\text{kg}$

CO의 탄소량은 $24 - 18 = 6\text{kg}$

∴ CO의 양은 $6 \times \dfrac{28}{12} = 14\text{kg}$

5 $Q = u \cdot A,\ u_1 A_1 = u_2 A_2, u_1 D_1^{\ 2} = u_2 D_2^{\ 2}$이므로

$u_2 = u_1 \times \left(\dfrac{D_1}{D_2}\right)^2 = 10 \times \left(\dfrac{10}{20}\right)^2 = 2.5\text{m/s}$

6 $PV = nRT$

$n = \dfrac{1 \times 2.24}{(0.082 \times 300)} = 0.091\text{ mol}$

압축 후 압력은 $P_1 V_1 = P_2 V_2$에서 $P_2 = \dfrac{P_1 V_1}{V_2} = \dfrac{1 \times 2.24}{0.4} = 5.6\text{atm}$

자유에너지 변화량 $\Delta G = nRT \ln \dfrac{P_2}{P_1} = 0.091 \times 1.987 \times 300 \times \ln \dfrac{5.6}{1} \fallingdotseq 54 \ln 5.6$

7 $u=\frac{Q}{A}=\frac{Q_v}{\frac{\pi D^2}{4}}=\frac{Q_m\times\frac{1}{\rho}}{\frac{\pi D^2}{4}}=\frac{42\times\frac{1}{0.75\times 1,000}}{\frac{3.14\times(0.02)^2}{4}}=178.34$

8 혼합 흐름 반응기에 직렬반응이며, 중간생성물의 농도가 최대가 되는 반응기 공간시간을 구하는 식은 다음과 같다.
$1/\sqrt{k_1\times k_2}=1/\sqrt{1\text{min}^{-1}\times 4\text{min}^{-1}}=1/2\text{min}$

9 ㉠ 자본비용은 자금사용의 대가로 부담하는 비용으로서 자본제공자의 입장에서 요구수익률로 간주한다. 따라서 화학공장을 예를 들면 공장으로부터 양산되는 제품의 요구수익률을 기준으로 부담하는 비용은 공장의 토지 및 건물 비용, 장치 구입 및 설치비용, 배관비용 등이 이에 해당되며 공정을 만드는데 드는 초기 투자비용이다.
㉡ 운전비용은 반응기, 열교환기 등 장비들을 운행하는데 사용되는 비용 및 유지비 등을 의미한다. 따라서 운전을 위해 발생되는 외부 비용까지 감안해야 하기 때문에 운전비용의 경우 공정운전의 초기 단계에 반영되지는 않는다.

10 추출은 여러성분을 이루고 있는 물질에서 특수한 성분만을 녹여서 선택적으로 분리하는 조작이다.

11 $339.69 : 3\times 55.85 = 1,000\text{ kg} : x\text{ kg}$
$x=\frac{3\times 55.85\times 1,000}{339.69}\fallingdotseq 493.24\text{kg}$

12 ① 체 분리는 입자 밀도를 이용하지 않고 입자 크기별로 구별한다.
② Tyler의 표준체는 200mesh를 기준으로 한 $\sqrt{2}$ 계열체를 말하고, $\sqrt{2}$ 계열체는 연속체 구멍의 면적비가 2배, 체의 눈금비가 $\sqrt{2}$ 이다.
③ 체에 사용되는 철사 사이의 공간을 체 구멍이라고 하며, 메쉬를 통해 나타내는데 1mesh는 1in^2당 1^2개의 구멍을 뜻한다. 즉, 100mesh는 1in^2당 100^2개의 구멍이 존재한다. 즉 메쉬는 숫자가 클수록 작은 입자를 분리한다.

13 발전기 열효율 : $(1-T_C/T_H)\times 100\%$, (T_H은 과열된 수증기 온도, T_C최종적으로 배출되는 온도)
$\therefore\ (1-x/750)\times 100\% = 84.5\% \Rightarrow x = 116\text{K}$

14 환류비를 높이게 되면 제품의 순도는 높아지나 유출량이 적어져 생산량이 줄어든다.
환류비 = 환류액량/유출액량

15 저항 $R=\frac{l}{k\cdot A}=\frac{0.5\text{m}}{3.5\text{kcal/m}\cdot\text{hr}\cdot ℃\times 1\text{m}^2}=0.14\text{hr}\cdot ℃/\text{kcal}$

16 프로판의 연소 반응식은 다음과 같다. $C_3H_8 + 5O_2 \rightarrow 4H_2O + 3CO_2$

㉠ 프로판과 산소가 반응하는 비율은 1:5 이다.

㉡ 즉 50L/min의 메탄이 공급되면 완전 연소 시 필요한 산소는 250L/min이다.

∴ 80% 과잉공급이며, 유입되는 물질은 산소가 아닌 공기이므로 최종적으로 공급해야하는 공기의 양은

$$250L/min \times 1.8 \times \frac{1}{0.2} = 2250L/min$$

17 물질 X가 1mol에 400g이 존재하므로 질량을 400g으로 설정한다.

㉠ **탄소의 몰수** : $400g \times 0.48 \div 12g/mol = 16mol$

㉡ **수소의 몰수** : $400g \times 0.08 \div 1g/mol = 32mol$

㉢ **질소의 몰수** : $400g \times 0.28 \div 14g/mol = 8mol$

㉣ **산소의 몰수** : $400g \times 0.16 \div 16g/mol = 4mol$

∴ 물질 X의 분자식은 각 원소의 개수로 나타낼 수 있으므로 $C_{16}H_{32}N_8O_4$ 이다. 실험식인 경우에는 화합물에 존재하는 원소의 비율을 의미하므로 $C_4H_8N_2O$이 된다.

18 $$퍼센트습도 = \frac{절대습도}{포화습도} \times 100$$

$$포화습도 = \frac{18}{29} \cdot \frac{36.1}{760 - 36.1} = 0.03095kgH_2O/kg건조공기$$

$$\therefore\ 퍼센트습도 = \frac{0.021}{0.03095} \times 100 = 67.85 \fallingdotseq 68\%$$

19 $Pr = \frac{\nu}{\alpha} = \frac{viscous\ diffusion\ rate}{thermal\ diffusion\ rate}$ 의미를 갖는다. 따라서 Pr이 1보다 작은 경우는 열 확산도가 운동량 확산도보다 크다는 의미이다.

20 ① on-off 제어기는 미세한 컨트롤조정이 어렵지만, 간단한 공정에서 널리 이용된다.

② 외부교란이 공정에 미칠 영향을 사전에 보정한다는 말은 피드포워드에 해당되는 이야기다.

③ P제어(비례항)을 통해 오차의 크기, I제어(적분항)을 통해서 오차의 누적된 양, D제어(미분항)을 통해서 오차가 변화하는 추세까지 계산하여 오차를 최소화 하게 제어하는 시스템이다.

④ 정상상태에서 잔류편차가 존재하는 것은 set point근처에서 출력값이 진동하여 발생되는 것이므로 이는 제어변수가 set point로 유지되지 못한 것과 동일한 의미이다.

제2회

1	①	2	④	3	③	4	③	5	②	6	③	7	①	8	③	9	①	10	①
11	②	12	④	13	③	14	②	15	②	16	④	17	③	18	③	19	③	20	①

1 정률법은 자산의 기초 장부금액에서 일정비율을 감가상각비로 산출하는 방법이다. 감가상각 첫해에 가장 많은 감가상각비가 계산되지만, 점차 감가상각비가 감소하여 마지막 해에는 가장 적은 감가상각비가 계상되는 것이 특징이다.

2

$$N_{Re} = \frac{D \cdot u \cdot \rho}{\mu} = \frac{10 \times 4 \times 1}{0.01} = 4,000$$

$$\text{마찰계수}(f) = \frac{16}{N_{Re}} = \frac{16}{4,000} = 0.004$$

3

$$\text{수증기 몰분율} = \frac{\text{수증기분압}(P_x)}{\text{전체압력}(P)} = \frac{\frac{5}{18}}{\frac{200}{29} + \frac{5}{18}} = 0.039$$

$$\therefore P_x = P_1 \times 0.039 = 1 \times 0.039\text{atm}$$

$$\therefore P_x = 0.039\text{atm} \times \frac{760\text{mmHg}}{1\text{atm}} = 29.64\text{mmHg}$$

4

$$P = \frac{g}{g_c} \cdot \rho \cdot h = 2.7\text{kgf/cm}^2$$

$$\therefore h = \frac{P}{\rho} \times \frac{g_c}{g} = \frac{2.7\text{kgf/cm}^2}{0.9\text{g/cm}^3} \times \frac{9.8\text{kg} \cdot \text{m/s}^2 \cdot \text{kgf}}{9.8\text{m/s}^2} \times \frac{1000\text{g}}{1\text{kg}} \times \frac{1\text{m}}{100\text{cm}} = 27\text{m} \fallingdotseq 30\text{m}$$

5 반응식 : A + 2B → R
반응 전 : A = 200, B = X, R = 0, 반응 후 : A = 200 − Y, B = X − 2Y, R = Y
A성분의 잔여물이 120mol이므로 200 − Y = 120, 따라서 Y = 80mol.
또한 원료성분 A와 B의 몰 비가 2 : 3이므로 200 : X = 2 : 3, X = 300
∴ 성분B의 변화율 : 140/300 ≒ 0.47(→ 반응 후 B=X−2Y이며, x=300, y=80이므로 300−2×80=140)

6 ① 응답 시간이란 공학에서 시스템이나 실행단위에 입력이 주어지고 나서 반응하기까지 걸린 시간을 말한다. 따라서 값이 적을수록 좋은 계측 값이다.
② 물리적으로 시간 상수는 시스템이 초기 비율로 계속 감쇠했다면 시스템 응답이 0으로 감쇠할 때 까지 걸리는 시간을 나타낸다. 따라서 이 값은 가능한 값이 적을수록 시간이 단축되므로 좋다.
③ 감도는 어떤 특정 값을 구분해 내는 능력이다. 해상도라고도 표현하기도 하는데, 이 값이 클수록 구하고자 하는 값의 오차 범위가 줄어들고, 잘 구분하기 때문에 클수록 좋다.

④ 수송 지연은 입력 신호가 시스템에 적용되는 시간과 시스템이 해당 입력 신호에 반응하는 시간 사이의 지연이다. 따라서 값이 적을수록 좋은 계측 값이다.

7 전단응력 $\tau = \dfrac{F(\text{전단력})}{A(\text{단면적})}$

$$\tau = \frac{1\text{kg} \cdot \text{m/s}^2}{(200 \times 10^{-4})\text{m}^2} = 50\text{kg/m} \cdot \text{sec}^2$$

8 **충진물의 조건** … 기계적 강도가 강하고 비표면적과 공극률이 크며, 가볍고 화학적으로 안정적이어야 하고, 값이 저렴하며 구하기 쉬워야 한다.

9 다단추출의 추잔율$= \dfrac{\alpha - 1}{\alpha^{n+1} - 1} = 4\dfrac{4-1}{4^{2+1}-1} \fallingdotseq 0.05$ (α : 추제비, n : 단수)

10

$$W = nRT \ln\frac{P_1}{P_2} = nRT \ln\frac{V_1}{V_2} = 1 \times 1.987 \times 300 \times \ln\frac{10}{20}$$

$\therefore W = 411.31\text{cal}$

11 헨리의 법칙에 관련된 식은 다음과 같다. $P_i = x_i k_H$ (i : 화학종, k_H : 헨리상수, x : 몰분율)

전체기체압력 16atm에서 에테인이 차지하는 압력 : $16\text{atm} \times 0.04 = 0.64\text{atm}$

$\therefore$ 에테인의 몰분율 : $0.64\text{atm} = x_i \times (2.5 \times 10^4 \text{atm/mol fraction}) \Rightarrow x_i = 2.56 \times 10^{-5}$

12 ① 병류의 흐름에서 온도차는 입구에서 크고 출구로 갈수록 작아진다.

② 열교환기에서 평균온도차이를 구하는 경우는 대수평균 온도차를 이용한다.

③ 관의 길이가 길수록 열 교환량은 증가한다.

④ 관을 통한 열 교환은 차가운 유체에서의 대류 → 관에서의 전도 → 뜨거운 유체에서의 대류 과정을 거친다.

13 건조 후 수분량을 x(kg)라고 하면 $\dfrac{x}{6+x} \times 100 = 10\%$에서 $x = (6+x) \times 0.1$

$\therefore x = 0.67$

$\therefore$ 수분제거량$= 4 - 0.67 = 3.33\text{kg}$

14 $u = \sqrt{2 \cdot g \cdot h} = \sqrt{2 \times 9.8 \times 10} = \sqrt{196} = 14\text{m/sec}$

15 습윤비율 $C_H = 0.24 + 0.45H = 0.24 + (0.45 \times 0.02) = 0.249$

습윤엔탈피 $i = 597H + C_H(t-0) = 597 \times 0.02 + 0.249 \times (40-0) = 21.9$kcal/kg-건조공기

16 회분식 반응기 설계식 $\frac{dN_A}{dt} = r_A V$식을 이용한다.

㉠ **설계식 변환 :** $C_A = \frac{N_A}{V}$, $r_A = -kC_A^2$를 대입하면 설계식은 $\frac{dC_A}{dt} = -kC_A$ 처럼 표현된다.

㉡ **양변 적분 :** $\frac{dC_A}{dt} = -kC_A \Rightarrow -\frac{1}{kC_A}dC_A = dt \Rightarrow -\int_{C_{A0}}^{C_A}\frac{1}{kC_A}dC_A = \int_0^t dt \Rightarrow \frac{1}{k}\ln\frac{C_{A0}}{C_A} = t$

$\therefore \frac{1}{k}\ln\frac{C_{A0}}{C_A} = t \Rightarrow \frac{1}{0.04\text{L/mol·s}}\ln\frac{C_{A0}}{5} = 100s \Rightarrow C_{A0} = 5 \times e^4 = 273\text{mol/L}$

17 상부조작선 방정식 $y_{n+1} = \frac{R}{R+1}x_n + \frac{1}{R+1}x_D$ ($\frac{R}{R+1}$: 기울기, $\frac{1}{R+1}x_D$: y절편, R : 환류비)

$\therefore \frac{1}{R+1}x_D = 0.2$, R=2이므로 $x_D = 0.2(2+1) = 0.6$

18 편류란 한곳으로 액체가 작은 물줄기로 모여 어느 한쪽의 경로를 따라 충전물을 통해 흘러 접촉불량을 야기하는 현상을 의미한다.

19 Total 수지식 : A = B + C의 관계가 성립한다.

에탄올의 수지식 : 0.4A = 0.8B + 0.05C

0.4A = 0.8B + 0.05(A − B) ⇒ 0.35A = 0.75B ∴B=(0.35/0.75)×50kg − mol/hr = 23.33kg − mol/hr

∴ 에탄올 함량 : 23.33×0.8 = 18.664kg−mol/hr

∴ 에탄올 회수율 : 18.664/20×100 = 93.32%

20 ① 여과란 고체입자를 포함하는 유체가 여과매체를 통과하게 하여 고체를 퇴적 시킴으로써 유체로부터 고체입자를 분리하는 조작이다.

② 여과기는 여과매체 하류측의 압력을 대기압보다 낮게 하여 조작하거나 상류측을 가압하여 조작한다.

③ 셀룰로스, 규조토와 같은 여과조제를 첨가하여 케이크가 형성되는 것을 지연시키거나 방해하여 여과 속도를 개선한다.

④ 여과 중에 여과매체가 막히거나 케이크가 형성될시 시간이 지날수록 케이크의 두께가 커지고 이는 유체의 흐름에 저항을 하는 역할로 작용한다.

제3회

1	②	2	②	3	③	4	③	5	③	6	①	7	②	8	②	9	②	10	②
11	①	12	④	13	④	14	④	15	①	16	④	17	③	18	③	19	③	20	④

1 $Q = u \cdot A = u \times \frac{\pi}{4}D^2 = 20\text{m/s} \times \frac{3.14}{4} \times 5^2\text{m}^2 = 392.5\text{m}^3/\text{s}$

2 함수율(%)＝수분의 양/건조고체무게＝$(10-9)/9 = 0.111$kg · H_2O/kg · 건조고체

3 깁스상률 : $F = 2 - \pi + N$(F는 계의자유도, π는 상의 수, N는 화학종의 수)

상의 수 : 기체, 액체(총 2개), 화학종의 수 : 물, 아르곤(총 2개)

$\therefore\ F = 2 - 2 + 2 = 2$

4 ① 오버슈트는 응답이 정상상태 값을 초과하는 정도를 나타내는 양으로 다음과 같이 감쇠계수만의 함수를 갖는다.

$$\text{(overshoot)} = \frac{B}{A} = \exp\left(-\frac{\pi\zeta}{\sqrt{1-\zeta^2}}\right)$$

② 응답이 최초의 피크에 이르는 데에 소요되는 한 진동주기의 절반에 해당되는 시간이다.

③ 오버슈트와 진동주기를 측정하면, 감쇠계수, 시간상수 등을 알 수 있고, 최종적으로 전달함수를 구할 수 있다.

④ 감쇠계수가 1에 접근할수록 응답의 진폭은 점점 감소한다.

5 $4NH_3 + 5O_2 \rightarrow 4NO + 6H_2O$

이론적 산소량을 x라고 하면 $5\times 32 : 4\times 30 = x : 15$

$\therefore\ x = \frac{5\times 32\times 15}{4\times 30} = 20\text{kg}$

$\therefore$ 실제 소요공기량$= 20\times 1.35\times \frac{1}{0.21} = 128.6\text{kg}$

6 기상에 대한 공급액과 환류비에 관한 식을 이용하여 해결한다. $y_f = \frac{\alpha x_f}{(\alpha-1)x_f+1}$, $R_m = \frac{x_D - y_f}{y_f - x_f}$

㉠ $y_f = \frac{\alpha x_f}{(\alpha-1)x_f+1} = \frac{1.5\times 0.5}{(1.5-1)\times 0.5+1} = \frac{3}{5} = 0.6$ (α : 휘발도)

㉡ $R_m = \frac{x_D - y_f}{y_f - x_f} = \frac{x_D - 0.6}{0.6-0.5} = 0.6,\quad \therefore x_D = 0.66$

7 문제의 조건에 의한 전단응력에 관한 식은 다음과 같다. $\tau=\mu\frac{du}{dy}$

$\therefore\ \frac{du}{dy}=5-2y$, $\mu=0.005Pa\cdot s$, 이므로 $\tau=\mu\frac{du}{dy}=0.005\times5=0.025Pa$ ($y=0$일 때)

8 $C + O_2 \rightarrow CO_2$

$12 : 44 = 70 : x$

$x = 70\cdot 44/12 = 256.7\text{kg}$

9 열량 $Q=UA\Delta T=800\times2\times(120-20)=160{,}000\text{kcal/hr}$

10 교반의 목적

㉠ 성분의 균일화

㉡ 물질전달속도의 증가

㉢ 열전달속도의 증가

㉣ 물리적, 화학적 변화의 촉진

㉤ 분산액 제조

11 손익분기점

㉠ 총생산비 = 총수입

㉡ 수익 = 0

㉢ 총생산비 $\propto$ 생산속도(고정비용이 일정할 때)

12 포화 용해도는 용매 100g에 최대로 녹을 수 있는 용질의 g수를 의미한다.

㉠ 14wt% $NaHCO_3$ 수용액 5kg에 들어있는 용질은 $5\text{kg}\times0.14=0.7\text{kg}$, 용매는 $5\text{kg}-0.7\text{kg}=4.3\text{kg}$

㉡ 포화 용해도 : $\frac{9.6\text{gNaCO}_3}{100\text{gH}_2\text{O}}=\frac{96\text{gNaCO}_3}{1000\text{gH}_2\text{O}}=\frac{0.096\text{kgNaCO}_3}{1\text{kgH}_2\text{O}}$

$\therefore$ 석출되는 양=(50℃에 녹아있는 용질의 양)−(20℃에 최대로 녹을 수 있는 용질의 양)

$$=0.7kg-\frac{0.096\text{kgNaCO}_3}{1\text{kgH}_2\text{O}}(\text{포화용해도})\times4.3\text{kg}(\text{총 용매량})=0.2872\text{kg}$$

13 $Q=A\cdot u$에서 $u=\frac{Q}{\frac{\pi}{4}D^2}$, $\therefore\ u\propto\frac{1}{D^2}$

14 ① $Re=\rho uD/\mu=(Inertial\ forces)/(Viscous\ forces)$
② $Sc=\nu/D=(Viscous\ diffusion rate)/(Mass\ diffusion rate)$
③ $\Pr=\nu/\alpha=(Momentum\ diffusivity)/(Thermal\ diffusivity)$
④ $Le=Sc/\Pr=(Thermal\ diffusivity)/(Mass\ diffusivity)$

15 회분식 반응기 설계 식을 통해 문제를 해결한다. $\frac{dC_A}{dt}=r_A$
㉠ 반응속도 식 $r_A=-kC_A$
㉡ 설계식과 결합 후 양변 적분 $\frac{dC_A}{dt}=-kC_A \Rightarrow -\frac{1}{k}\int_{C_{A0}}^{C_A}\frac{dC_A}{C_A}=\int_0^t dt \Rightarrow \frac{1}{k}ln\frac{C_{A0}}{C_A}=t$
㉢ 파라미터 대입 $\frac{1}{k}\ln\frac{C_{A0}}{C_A}=t \Rightarrow \frac{1}{0.5s^{-1}}ln\frac{C_{A0}}{C_A}=7s \Rightarrow C_{A0}=C_A\times e^{3.5}=0.2\times33.12=6.624\text{mol/s}$
$\therefore$ 전화율 $=\frac{\text{반응한 }A\text{의 몰수}}{\text{공급된 }A\text{의 몰수}}=\frac{6.624\text{mol/L}-0.2\text{mol/L}}{6.624\text{mol/L}}=0.97$

16 막분리공정은 상변화를 수반하지 않는 분리공정으로 다른 공정에 비해 에너지가 절약되고 간단하다.

17 이성분계 이상용액에서 기액평형일 때, 다음과 같은 식이 이용된다. $y_1=\frac{x_1P_1^*}{P_2^*+(P_1^*-P_2^*)x_1}$
(y_1 : 성분1의 기상몰분율, x_1 : 성분1의 액상 몰분율, P_1^* : 순수한 성분1의 증기압, P_2^* : 순수한 성분2의 증기압)
$\therefore y_1=\frac{x_1P_1^*}{P_2^*+(P_1^*-P_2^*)x_1}=\frac{2x_1}{1+(2-1)x_1}=0.7 \Rightarrow \frac{2x_1}{1+x_1}=0.7 \Rightarrow 1.3x_1=0.7 \Rightarrow x_1=\frac{7}{13}$

18 ① 원통형 관이 아닌 상부에 기체가 있는 흐름이므로 기체와 만나는 지점에서는 전단응력이 최소이다. 따라서 유체속도는 최대가 된다.
② 경사면과 액체가 만나는 경계지점에서 전단응력이 최대이므로 유체속도는 0이다.
③ 벽 쪽에서의 전단응력이 최대이므로 속도가 0이다. 따라서 벽 근처에서의 속도구배가 최대이며, 벽 쪽과 멀어질수록 속도구배는 점점 감소한다.
④ 비압축성 뉴턴 유체이면서, 층류를 형성하며 흐르게 되면 속도분포는 포물선 형태이다. 수식으로 표현하면 2차함수의 형태를 가진다.

19 충전탑의 높이(Z) = 이동단위수$(N.T.U)\times$ 이동단위높이$(H.T.U)=5\times4=20$

20 우선 C를 2몰, 나머지 원소를 1몰로 고정한 후 원자량을 구하면 다음과 같다.
∴ 24+1+16+14=55g/mol이며 수소 5몰을 더해 60으로 만들면 180의 약수가 된다.
∴ 60×3=180g/mol이 되므로 이에 포함되는 총 수소의 몰수는 6×3=18mol이다.

제4회

1	②	2	①	3	②	4	①	5	④	6	④	7	④	8	②	9	③	10	④
11	③	12	②	13	②	14	④	15	①	16	②	17	④	18	③	19	③	20	②

1 ① 밀도=질량/부피 (으)로 구성된 유도단위 이다.
③ 압력=힘/면적 (으)로 구성된 유도단위 이다.
④ 속도=거리/시간 (으)로 구성된 유도단위 이다.

2 공간시간 … 주어진 조건하에서 반응기 체적만큼의 반응물을 처리하는 데 필요한 시간을 말한다.

3 ㉠ 전기량=전류×시간이다. ∴ $q = I \times t = 15\text{A} \times 9,650\text{s} = \frac{15\text{C}}{\text{s}} \times 9,650\text{s} = 144,750\text{C}$

㉡ $1.5\text{F} = \frac{144,750\text{C}}{96,500\text{C}}$

㉢ 1가 금속이므로 1F를 흘려주었을 때 1mol의 도금이 석출된다. 따라서 1.5F를 흘려주면 1.5mol이 석출된다.
∴ 1.5F에 1.5mol 도금된 양이 300g이므로 1mol이 도금되었을 시 질량은 200g이다.

4 비휘발도 $\alpha = \frac{y_a/x_a}{y_b/x_b} = \frac{0.66/0.34}{0.52/0.48} = 1.79$

($\because$ 기상에서의 에탄올의 몰분율$= \frac{3.3}{3.3+1.7} = 0.66$, 물의 몰분율$= 1 - 0.66 = 0.34$)

5 포화도$= \frac{\text{절대습도}}{\text{포화습도}} \times 100$이므로 $60 = \frac{H}{0.086} \times 100$
∴ $H = 0.0516\text{kg} \cdot \text{H}_2\text{O/kg}$ · 건조공기

6 질량보존법칙 $m_J + m_A = m_B$를 이용한다. (밀도는 동일하다고 가정한다.)

㉠ $m_J = \rho V_J A_J = \frac{\pi}{4} D^2 \rho V_J = \frac{\pi}{4} 2^2 \rho V_J$

㉡ $m_A = \rho V_A A_A = \frac{\pi}{4} D^2 \rho V_A = \frac{\pi}{4}(10^2 - 2^2)\rho V_A$

㉢ $m_B = \rho V_B A_B = \frac{\pi}{4} D^2 \rho V_B = \frac{\pi}{4} 10^2 \rho V_B$

∴ $m_J + m_A = m_B \Rightarrow \frac{\pi}{4} 2^2 \rho V_J + \frac{\pi}{4}(10^2 - 2^2)\rho V_A = \frac{\pi}{4} 10^2 \rho V_B \Rightarrow 4V_J + 96V_A = 100V_B$

$\Rightarrow 0.04V_J + 0.96V_A = V_B$

7 농축된 수분의 양을 X라 하면 $\frac{X}{(10+X)} \times 100 = 80$, $X = 40\text{kg}$

10% 수산화나트륨 수분량 $= 100 \times (1 - 0.1) = 90$

제거하여야 할 수분은 $90 - 40 = 50\text{kg}$

8 2차공정 전달함수의 일반적인 형태는 다음과 같다. $G(s) = \frac{Y(s)}{X(s)} = \frac{K}{\tau^2 s^2 + 2\tau\zeta s + 1}$

주어진 전달함수가 $G(s) = \frac{4}{s^2 + 2s + 16}$ 이므로 위의 형태와 맞추면 다음과 같다.

$$\therefore\ G(s) = \frac{4/16}{\frac{1}{16}s^2 + \frac{1}{8}s + 1} = \frac{1/4}{\frac{1}{16}s^2 + \frac{1}{8}s + 1}$$

$$K = \frac{1}{4},\quad \tau^2 = \frac{1}{16} \Rightarrow \tau = \frac{1}{4},\quad 2\tau\zeta = \frac{1}{8} \Rightarrow 2 \times \frac{1}{4}\zeta = \frac{1}{8} \Rightarrow \zeta = \frac{1}{4}$$

9 확대손실 $F = \frac{(u_1 - u_2)^2}{2g} = \frac{(4-1)^2}{2 \times 9.8} \fallingdotseq 0.46\text{kg중} \cdot \text{m/kg}$

10 환류비$(R) = \frac{L}{D} = 2.55$에서 $2.55 = \frac{L}{1}$, $L = 2.55$ (L : 환류액, D : 유출액, F : 공급량)

$F = D + W$, $F_{xf} = D_{x_D} + W_x$

$F \times 0.4 = (1 \times 0.995) + (F - 1) \times 0.01$, $0.39F = 0.985$, $F = 2.53\text{kgmol/hr}$

11 헨리상수 $H = \frac{a}{22.4} = \frac{0.76}{22.4} = 0.0339$

※ **헨리의 법칙** … 일정한 온도에서 일정량의 용매에 녹는 기체의 질량은 압력에 비례하지만 부피는 압력에 관계없이 일정하다.

12 **냉매의 조건** … 비점이 적당히 낮고, 증발잠열이 크며, 응축압력은 낮고, 임계온도가 낮고, 부식성이 없으며, 안전성이 높고, 전기전열성이 좋은 것이어야 한다.

13 퓨리의 법칙 $q = -k\frac{\Delta T_{2-1}}{\Delta x} = k\frac{\Delta T_{1-2}}{\Delta x}$ 식을 이용한다. (k : 열전도도, Δx : 두께, ΔT_{1-2} : 초기–나중 온도변화)

위의 식을 온도에 대해서 정리하면 $\Delta T_{1-2} = q\frac{\Delta x}{k}$ 가 된다.

㉠ $\Delta T = \Delta T_1 + \Delta T_2$ (ΔT_1 : 단열벽돌에서의 온도변화량 ΔT_2 : 외벽에서의 온도변화량)

㉡ $\Delta T_1 = q\frac{\Delta x_1}{k_1}$, $\Delta T_2 = q\frac{\Delta x_2}{k_2}$

$\therefore\ \Delta T = \Delta T_1 + \Delta T_2 \Rightarrow \Delta T = q\dfrac{\Delta x_1}{k_1} + q\dfrac{\Delta x_2}{k_2} \Rightarrow \Delta T = q\left(\dfrac{\Delta x_1}{k_1} + \dfrac{\Delta x_2}{k_2}\right)$ (단 정상상태라 가정)

$\therefore\ q = \dfrac{\Delta T}{\left(\dfrac{\Delta x_1}{k_1} + \dfrac{\Delta x_2}{k_2}\right)} \Rightarrow q = \dfrac{(298\text{K} - 268\text{K})}{\left(\dfrac{0.1\text{m}}{0.2\text{W/m}\cdot\text{K}} + \dfrac{0.1\text{m}}{1.0\text{W/m}\cdot\text{K}}\right)} = 50\text{W}$

14 공기에 가해진 열량을 구하면 다음과 같다. $Q = mC_p\Delta T$

$\therefore\ Q = mC_p\Delta T = 5\text{kg/s} \times 0.4\text{kcal/kg}\cdot℃ \times (50℃ - 0℃) = 100\text{kcal/s}$

15 추출장치의 종류

㉠ **고-액 추출장치** : Dorr교반기, Bollmann추출기, Hildebrant추출기, 케네디추출기, Bonotto추출기, Rotocel추출기

㉡ **액-액 추출장치** : 혼합침강기(Mixer-settler), 분사탑, 다공판탑, 제어판탑, 원심추출기, 교반탑, 쉬벨탑, 맥동탑

16 다단계 물질전달에서의 관련 식은 다음과 같다. 물질전달속도 : $R_A = \dfrac{C_{A1} - C_{A2}}{1/k_{m1}A + L/D_{Am}A + 1/k_{m2}A}$ 여기서 분모는 물질전달의 총 저항을 의미한다. 분모의 각 항은 대류 혹은 막에서의 확산에 대한 저항을 의미하고, 값을 비교하여 물질전달에서 지배적인 부분을 알 수 있다. 첫 번째 항은 B액체에 대한 대류의 물질전달 저항이고 이를 계산하면 $\dfrac{1}{5\times10^{-4}\text{m/s}} = 2{,}000\text{s/m}^2$, 두 번째 항은 막에서의 확산의 물질전달 저항이고 이를 계산하면 $\dfrac{200\times10^{-6}\text{m}}{1.0\times10^{-9}\text{m}^2/\text{s}} = 2.0\times10^5\text{s/m}$, 세 번째 항은 C액체에 대한 대류의 물질전달 저항이고 이를 계산하면 $\dfrac{1}{2\times10^{-4}\text{m/s}} = 5{,}000\text{s/m}^2$이다. 따라서 이 시스템에서는 막에서의 물질전달이 지배적이다.

① 액체 B의 유량을 8배로 증가시켜도 막에서의 물질전달이 B용액의 대류에 의한 물질전달에 비하여 100배 더 영향을 미치기 때문에 크게 증가되지는 않는다.

② 막에서의 확산에 의한 물질전달이 B, C용액에 대류에 의한 물질전달보다 각 100배, 40배 더 영향을 미치기 때문에 확산에 대한 물질전달을 크게 하는 것이 전체 물질전달에 가장 큰 역할을 한다. 따라서 막 두께를 감소시키면 확산과 관련된 식 $J_{BC} = -D_{BC}\dfrac{dC_A}{dx}$에서 두께인 dx가 반으로 줄어 물질전달 속도는 2배가 되므로 가장 크게 물질전달 속도를 높일 수 있다.

③ 막에서의 성분 A의 유효확산계수를 반으로 낮추게 되면, 물질전달 속도는 반으로 줄게 된다.

④ 액체 C의 유량을 4배로 증가시켜도 막에서의 물질전달이 C용액의 대류에 의한 물질전달에 비하여 40배 더 영향을 미치기 때문에 크게 증가되지는 않는다.

17 ①②③ 미분쇄기

④ 중간분쇄기

18 일의 양 = 부피변화율 × 압력

$W = P\times\Delta V = 25\times10{,}330\times(6-2) = 1{,}033\times10^6\text{kgf}\cdot\text{m}$

19 수증기를 열원으로 사용시 이점

㉠ 가열이 고르게 되어 국부나 과열염려가 없다.

㉡ 압력조절밸브로 온도조절이 용이하다.

㉢ 다른 유체보다 열전도도가 크며 다중효용증발관으로 조작할 수 있어 경제적이다.

㉣ 증기기관의 폐증기를 이용할 수 있다.

㉤ 비교적 값이 싸며 쉽게 얻을 수 있다.

20 ① 감가상각은 시간의 흐름에 따른 자산의 가치 감소를 회계에 반영하는 것이다.

② 매 회계기간에 동일한 금액을 상각하는 감가상각방법은 정액법 이다.

③ 투자자본수익률은 투자한 자본에 대한 수익의 비율을 말한다.

④ 운전비용은 장치를 운전하고 공정을 운영하는 데 들어가는 비용으로 원료비, 유지보수 비용, 운전 시 발생되는 에너지 비용 등을 포함한다.

제5회

1	③	2	③	3	①	4	④	5	④	6	②	7	③	8	②	9	①	10	②
11	①	12	①	13	②	14	③	15	②	16	②	17	①	18	③	19	②	20	③

1 $\dfrac{\text{공급속도}}{\text{체적}}$ = 공간속도이므로 $\dfrac{8m^3/hr}{4m^3} = 2hr^{-1}$

※ **공간속도** … 주어진 조건하에 처리속도를 말하며 단위시간당 반응기 부피의 몇 배에 해당하는가를 나타낸다.

2 ① Feedforward 제어 : 외부교란 변수를 사전에 측정하여 제어에 이용함으로써 외부에 미치는 영향을 미리 보정해주도록 하는 제어이다.

② ①번과 동일한 설명의 내용이다.

③ 공정의 입력을 제어에 이용한다.

④ 교란을 측정할 수 있는 센서와 교란 동특성 모델이 필요하다.(감지기, 제어기, 가동장치 등)

3 자본비용은 자금사용의 대가로 부담하는 비용으로서 자본제공자의 입장에서 요구수익률로 간주한다. 따라서 화학공장을 예를 들면 공장으로부터 양산되는 제품의 요구수익률을 기준으로 부담하는 비용은 공장의 토지 및 건물 비용, 장치 구입 및 설치비용, 배관비용, 유지 및 보수비용 등이 포함되지만, 노무 및 복지비용은 노동비용에 포함되므로 ①은 자본비용에 속하지 않는다.

4

상대휘발도(비휘발도) $\alpha = \dfrac{\dfrac{y_a}{x_a}}{\dfrac{y_b}{x_b}} = \dfrac{\dfrac{0.75}{0.4}}{\dfrac{0.25}{0.6}} = 4.5$

5

$q = \dfrac{T}{R} = \dfrac{T_1 - T_2}{\dfrac{1}{kA}} = \dfrac{750 - 250}{\dfrac{0.25}{0.2 \times 1}} = 400\text{kcal/hr}$

6

추제의 조건

㉠ 선택도가 커야한다.

㉡ 회수가 용이해야 한다.

㉢ 값이 저렴하고 화학적으로 안정적이어야 한다.

㉣ 비점 및 응고점이 낮아야 한다.

㉤ 부식성과 유동성이 없고 추질과의 비중차가 클수록 좋다.

7

① 비압축성 뉴턴유체는 관의 벽과 가까이 있을 경우 마찰손실에 의해 유속이 줄어든다. 따라서 관의 벽과 가장 먼 지점인 관의 중심에서 최대 속도가 된다.

② 층류이면서 비압축성 뉴턴유체는 원통형 관속에서 포물선의 속도분포를 가지지만, 수두손실은 속도에 직선적으로 비례하여 감소하기 때문에 평균 유속은 이에 최대속도의 1/2배가 된다.

③ 질량유량의 차원은 (질량/시간)이다. 관의 단면적×평균유속×밀도의 곱으로 나타내어 차원을 재 구성하면 (길이^2×길이/시간×질량/길이^3 = 질량/시간), 질량유량과 동일한 차원으로 구성된다. 또한 이렇게 표현되는 식을 Hagen-Poiseuille 식이라고 부른다.

④ 층류이면서 비압축성 뉴턴유체는, 전단응력이 관의 중심으로부터 직선형태로 감소하는 경향을 보이며, 관의 중심에서는 속도가 최대, 관의 벽쪽에서는 속도가 0이다. 또한 속도는 포물선의 분포를 띄는 특징을 보인다.

8

추출률$=1 - \dfrac{1}{\left(1+\dfrac{mS}{B}\right)^n} = 1 - \dfrac{1}{\left(1+\dfrac{2.2\times 80}{10}\right)^1} = 0.946$

알데히드 추출량$= 0.946 \times 11 = 10.41\,\text{kg}$

9

㉠ **압력 : **면적당 받는 힘 ∴ $1Pa = \dfrac{1\text{N}}{1\text{m}^2} \Rightarrow \dfrac{x}{100\text{cm}^2} \times \dfrac{(100\text{cm})^2}{1\text{m}^2} = 100\text{kPa} = 100{,}000\text{Pa}$

∴ 스프링이 받는 힘$(x) = 1{,}000\text{N}$

㉡ 스프링이 받는 힘 $F = ky$ (k : 스프링 상수, y : 변화된 길이) ∴ $F = ky = 50\text{N/cm} \times y\text{cm} = 1{,}000\text{N}$

∴ 변화된 길이$(y) = 20\text{cm}$

10 $y_a = \dfrac{P_A}{P} \times x_a$ 에서 $P_A = \dfrac{y_a}{x_a} \times P = \dfrac{0.673}{0.458} \times 760 \fallingdotseq 1{,}117\text{mmHg}$

11 Hess의 법칙을 이용하여 표준반응열을 구한다.

(다)식이 완성되기 위해서는 각 식에서 2를 곱한 후 (가)식에서 (나)식을 빼면 된다. 즉 (다)의 표준반응열은 다음과 같다.

$\therefore\ 2 \times (-94.1\text{kcal/mol} - (-26.4\text{kcal/mol})) = -135.4\text{kcal/mol}$

12 Boundary Conditions

㉠ r=R일 때, $C_A(r) = C_{A,R}R/r$ 의 식에 대입하면 $C_A = C_R$

㉡ r=∞일 때, $C_A(r) = C_{A,R}R/r$ 의 식에 대입하면 $C_A = 0$ (r=∞인 경우는 입자 표면에서 먼 거리이다.)

$\therefore N_A = -D_A \dfrac{dC_A}{dr} \Rightarrow N_A = -D_A\left(\dfrac{C_A}{r}\Big|_{r=\infty} - \dfrac{C_A}{R}\Big|_{r=R}\right) = \dfrac{C_{A \cdot R}D_A}{R}$

13 $\text{공극률}(\epsilon) = 1 - \dfrac{\text{겉보기밀도}}{\text{진밀도}} = 1 - \dfrac{1.5}{2} = 0.25$

14 100kg의 소금물을 기준으로 한 NaCl 수지는

$100 \times 0.1 = (100 - x)0.3$, $\therefore x = 66.7$

$\text{증발률} = \dfrac{66.7}{100 - 10} \times 100 = 74.11 \fallingdotseq 74\%$

15 일방확산

㉠ 개념 : 정상상태에서 한 물체는 정지되어 있거나 확산되지 않는 상태에서 다른 물질만이 확산이 되는 경우를 말한다.

㉡ 종류 : 기체흡수, 추출, 수증기증발 등

16 펌프 성능 계수 : $(T_h - T_c)/T_h$

$T_h = (80.6°\text{F} - 32°\text{F}) \times 5℃/9°\text{F} = 27℃ = 300\text{K}$, $T_c = (5°\text{F} - 32°\text{F}) \times 5℃/9°\text{F} = -15℃ = 258\text{K}$

$\therefore\ (T_h - T_c) = 42\text{K}$, $(T_h - T_c)/T_h = 42/300 = 0.14$

$\therefore$ 최소일의 양 : (열펌프 성능 계수)×(냉장고로부터 얻은 열량) ⇒ $0.14 \times 3{,}500\text{cal} \times 4.18\text{J/cal} = 2{,}048.2\text{J}$

17 마찰계수 및 유체의 평균 유속과 압력강하의 관계 $\Delta P = \left(\dfrac{4fL}{D}\right)\left(\dfrac{\rho V^2}{2g_c}\right)$ (원형 배관인 경우)

$\therefore$ 마찰계수(f)와 평균유속(V)를 각 2배, 1/2배로 증가시킨다면, $2 \times \left(\dfrac{1}{2}\right)^2 = \dfrac{1}{2}$ 배가 된다.

(참고 : 직선 원형 배관에서 난류인 경우 마찰계수는 $\dfrac{1}{\sqrt{f}} = -4\log\left[\dfrac{\epsilon}{3.7d} + \dfrac{1.255}{Re\sqrt{f}}\right]$ 식으로 구할 수 있다.)

18 이상기체 상태방정식 $PV=nRT$를 이용한다. (P : 압력, V : 부피, n : 몰수, R : 기체상수, T : 온도)

㉠ 몰수 : 질량/분자량 ⇒ 6,400g/30g/mol · ≒213mol

㉡ 부피 : $1m^3$=1,000l

$$\therefore\ P=\frac{nRT}{V}=\frac{213mol\times 0.082atm\cdot l/mol\cdot K\times 400K}{1,000l}\fallingdotseq 7.00atm$$

∴ 절대압력 = 대기압+게이지압 ⇒ 7atm(절대압력) − 1atm(대기압) = 6atm(게이지압)

19
$$총괄열전달계수=\frac{1}{\frac{1}{h_1}+\frac{l_2}{k_2}+\frac{1}{h_3}}=\frac{1}{\frac{1}{6,000}+\frac{0.005}{40}+\frac{1}{8,000}}\fallingdotseq 2,400kcal/m^2\cdot hr\cdot ℃$$

(h_1, h_3 : 경막열전달계수, l : 열전달길이, k_2 : 열전도도)

20 ① τ(전단응력) $=\mu\frac{du}{dy}$ 이며 식을 통해서 확인 할 수 있듯이 속도구배에 비례하며, 이러한 유체를 뉴턴 유체라고 한다. 또한 이에 대한 비례상수 μ는 점도로써 단위는 g/cm · s이다.

② 빙햄 유체는 일정한 전단 응력 이상에서만 유체의 흐름이 일어나며, 전단응력은 속도구배에 비례한다.

③ 속도구배가 증가함에 따라 점도가 증가하는 유체를 팽창성 유체(dilatant fluid)라 한다.

④ 점탄성 유체는 응력이 존재하면 탄성의 특성을 보이며 응력이 사라지면 점성인 유체의 특성을 보인다.